PD 模式识别方法

郑殿春　郑秋平　著

科学出版社

北　京

内 容 简 介

本书阐述了局部放电(PD)产生的机理及其危害,并结合模拟 PD 模型的实验研究,展示了作者应用人工智能理论方法在 PD 信号模式识别研究所获得的成果。本书以小波原理、信号分析和数据挖掘技术为基础,以模式识别方法、神经网络理论和智能算法为核心,分别论述了 PD 信号消噪、特征量提取和特征空间压缩方法,并详细阐明了应用神经网络(NN)方法、模糊原理、混沌理论实现 PD 信号模式分类的全过程。

本书可作为高电压与绝缘技术、电力系统与控制、高压电气设备运行状态监控等相关专业硕博研究生的参考书,也可供相关领域科研工作者和技术人员阅读。

图书在版编目（CIP）数据

PD 模式识别方法 / 郑殿春,郑秋平著. —北京:科学出版社,2023.3
ISBN 978-7-03-075201-7

Ⅰ. ①P⋯　Ⅱ. ①郑⋯　②郑⋯　Ⅲ. ①局部放电–模式识别
Ⅳ. ①O461.2

中国国家版本馆 CIP 数据核字（2023）第 046416 号

责任编辑:余 江 / 责任校对:王 瑞
责任印制:吴兆东 / 封面设计:迷底书装

科学出版社 出版
北京东黄城根北街 16 号
邮政编码:100717
http://www.sciencep.com

北京中科印刷有限公司 印刷
科学出版社发行　各地新华书店经销

*

2023 年 3 月第 一 版　开本:787×1092　1/16
2023 年 12 月第二次印刷　印张:13
字数:308 000

定价:98.00 元
（如有印装质量问题,我社负责调换）

前　　言

　　局部放电现象是触发高压电气设备绝缘故障的根源，局部放电水平也是评估高压电气设备绝缘状态的重要技术指标之一。因此，局部放电现象的研究一直是科学家和高电压技术领域科技工作者关注的热点。

　　导致局部放电的原因非常复杂，其主要原因有两方面：一是高压电气设备绝缘结构的复杂性和绝缘介质的多样性；二是设备制造工艺技术上的瑕疵和运行环境的影响。由此导致高压电气设备绝缘系统中发生电场畸变的不确定性，即发生局部放电故障的随机性。即使相同的电场畸变（或绝缘缺陷），在高压电气设备中的不同位置引起的局部放电特征也不尽相同。

　　局部放电发生过程总是伴随着物理化学现象，科研人员利用这些物理化学信息作为基本量，以此探索和挖掘局部放电现象物质运动行为规律与能量交换过程的本质，揭示局部放电与绝缘性能劣化过程的内在关联性，并试图建立高压电气设备绝缘故障诊断、属性分类以及预期寿命的预测预报方法，为电力设备的安全可靠运行和管理智能化提供技术依据。

　　本书的第 1 章概述了不同电气设备、不同电介质和不同绝缘缺陷（故障）的 PD 信号特性，归纳了用于电气设备故障诊断分类和预报智能技术的 PD 信号模式特征种类，以及模式分类器设计优化和智能算法。第 2 章阐述了模式识别的基本方法和原理。第 3 章论述了 PD 产生的机理和危害，并着重论述了交流电压下局部放电信号的统计量表征方法、统计分布参数的计算依据、局部放电指纹形成原理和模拟实验结果。第 4 章阐述了关于局部放电信号的小波变换特征、含噪声局部放电信号模型以及基于小波方法的去噪算法。第 5 章论述了基于局部放电信号指纹特征的人工神经网络识别算法及其实验结果。第 6 章详细论述了支持向量机的 PD 模式识别算法。第 7 章论证了模糊聚类 PD 模式识别方法和实验仿真结果。第 8 章阐述了基于小波神经网络的 PD 模式识别方法。第 9 章阐述了混沌理论 PD 模式识别方法，揭示了局部放电信号中的混沌现象、混沌特性、特征量以及提取方法，并进行了 PD 模式识别实验和结果比较。第 10 章对 PSO 算法原理、优化神经网络算法、PCA 降维算法进行详细阐述，在此基础上给出了五类 PD 模式识别实验结果。

　　局部放电信号模式识别是多学科相互交叉、相互渗透的综合性理论和技术的运用。检测技术手段的进步，以及高速、高精度、宽带和大存储量的局部放电信息仪器设备的运用，促进了高压电气设备局部放电数据采集的日臻完备。而随着人工智能（AI）技术的运用和计算资源的丰富，机器学习和深度学习算法已经被广泛且深入应用到众多领域，这必将推动高压电气设备运行状态监测、故障诊断和预报智能化的进程。

　　本书第 1、3、4 章由哈尔滨理工大学郑殿春撰写，第 2 章、第 5～10 章由机械工业仪器仪表综合技术经济研究所郑秋平撰写。全书由郑殿春构思组稿。

    PD 模式识别方法涉及不同的学科领域，作者只能针对科研工作过程所涉及和涵盖的相关学科理论与方法进行阐释，难以给出系统性论述。但是本书始终沿袭局部放电信号模式识别这条主线，力求从内容、结构及写作上做到知识系统性、逻辑缜密性、方法可靠性和技术先进性。

    由于作者水平有限，书中难免会有纰漏，请同仁不吝赐教。

作　者

2022 年 7 月于哈尔滨

目　　录

第 1 章 绪 论

国际大电网会议(CIGRE) 23.10 工作组的调查报告统计结果指出,1985 年以前投入运行的高压电气设备故障中,绝缘故障占 60%;1985 年以后投入运行的高压电气设备故障中,绝缘故障占 51%。随着系统电压等级的提高和设备容量的增大,高压电气设备发生绝缘故障的概率也在增加,这是电气设备绝缘介质承受的工作电场强度也相应增大所导致的必然结果[1]。

由电介质物理理论可知,电场作用下的绝缘老化失效是由局部放电触发并伴随着物理化学等现象联合老化循序渐进的过程,击穿是其最终的表现形式。产生局部放电的主要原因是绝缘结构配合不合理,使其电场分布不均匀,在某些局部区域电场分布发生畸变,电场强度达到或超过电介质的耐电电场强度而触发该区域击穿。高电压电气设备的绝缘结构比较复杂,使用的绝缘介质多种多样,容易导致整个绝缘系统的电场分布不均匀。又由于设计或制造工艺不完善使不同绝缘介质的分界面含有气隙,或是在长期运行过程中绝缘受潮,在电场作用下水发生分解产生气体,形成气隙或气泡放电条件。另外,固体绝缘介质内部存在缺陷或混有杂质,或者绝缘结构中存在某些不良的电气连接,均会导致局部电场集中,而在电场集中的区域易发生固体绝缘介质沿面放电和悬浮电位放电。

虽然高压电气设备的设计、制造、检验均依据 IEC 标准,但由于高压电气设备结构特点和制造工艺的复杂性,其结构缺陷和绝缘介质杂质存在具有不确定性,因此导致绝缘系统中产生电场畸变的不确定性,即发生局部放电现象的随机性。即使相同的电场畸变(绝缘缺陷)在高压电气设备中的不同位置引起的局部放电特性也不相同,给高压电气设备的绝缘故障的诊断、定位、识别和剩余期寿命预报造成很大的困难[2]。

高速检测仪器的发明和相关学科的理论进步,极大地促进了高压电气设备绝缘故障诊断、定位、模式分类和预报技术的快速发展,经过科研人员的努力已经取得了令人瞩目的学术成就。

1.1 PD 特性与表征

随着电力工业的迅猛发展,高压电气设备的绝缘水平检测技术受到学术界的广泛关注,尤其是局部放电在线监测技术和故障诊断及其预报方法取得了长足的进步。每年在国内外学术期刊上发表的数以千计的研究论文,主要聚焦在局部放电信号采集方法、特征量提取技术、模式分类器设计方法以及识别网络优化算法等方面。

1.1.1 PD 源与信号特性

局部放电(partial discharge，PD)发生过程总是伴随着物理化学现象，由此产生不同类别的 PD 原始信息。科研人员利用这些丰富的 PD 原始信息，探索和挖掘局部放电产生的物质运动本质和能量交换过程，并建立局部放电及其绝缘性能劣化过程的内在关联性，由此建立了高压电气设备绝缘故障诊断、属性分类以及预期寿命的预测预报理论和方法，并获得了工程应用和实践检验[3]。

T. Okamoto 等研究发现，局部放电引起的电流脉冲相位分布形态与产生局部放电的绝缘缺陷之间有着密切的对应关系，真实地刻画了局部绝缘缺陷击穿的物理过程，可直接运用测得的局部放电脉冲信号的波形特征对放电源属性进行分类[4,5]。

文献[6]的试验结果表明，局部放电过程所辐射的电磁波频谱特性与局部放电源的几何形状以及放电间隙绝缘强度有关。当放电间隙比较小或放电间隙绝缘强度高时，放电时间短，电流脉冲的陡度大，辐射高频电磁波的能力也显著增强。

气体绝缘开关(gas insulation switchgear，GIS)中存在支撑绝缘子，造成其特性阻抗及波阻抗不连续，当局部放电脉冲激发的电磁波在 GIS 中传播时会激发出谐振现象。这种高频波在 GIS 中多次折反射，不仅以横向电磁(TEM)波方式传播，还会建立高次模波即横向电波(TE)和横向磁(TM)波。A.G.Sellars 和 S.Okab 研究发现在 GIS 中由自由导电微粒、悬浮导体、支撑绝缘子表面导电微粒所造成的电晕有不同的电磁波谱，这些电磁波信号的频率与无线电视频信号频率区别明显，运用电磁波信号作为 GIS 局部放电故障的检测量，可以实现对高压电气绝缘状态监测和故障诊断[7]。

W. R Rutgers 等经过实验研究提出，当电力变压器内部发生局部放电时，也伴随着电磁波辐射[8]。这种放电激发的电磁波具有很宽的频谱，它以 TEM 波的形式向外传播。文献[9]给出了在实验室条件下，变压器油局部放电脉冲电流波形及其所辐射的高频电磁波的试验模型及其信号检测和分析方法。实验结果表明，变压器油中的局部放电电流脉冲具有极快的脉冲上升沿，可以激励出 1.5GHz 以上的高频电磁。文献[10]用实验方法获得了变压器油局部放电所激励的超高频电磁波信号特性，不同的电极构型产生的局部放电信号对应着相应的超高频电磁波形态特征。

无论气体、液体还是固体绝缘介质，在外施电场激励触发局部放电过程中，能量交换致使介质分子间产生剧烈的碰撞，宏观上形成一种以声能形式表现出来的压力波。

有些研究人员利用声信号波形序列和声信号频谱序列进行局部放电的模式识别。GIS 中的声源来自带电粒子的运动碰撞设备的壳体振动，虽然这种振动加速度是很微小的，但是可以用灵敏的检测仪器如加速度传感器、超声波探头等进行检测。传感器与设备电器回路无任何联系，因此环境电磁干扰不影响声测法的灵敏度。

B.S.Hansen 等的研究指出，气体绝缘电气设备中的局部放电过程的电子碰撞、电离、附着、复合过程激发出不同的光子光谱信息，不同气体介质的放电光谱不相同[11]。另外，发射光子的数量与光波波长均依赖于气体介质种类、气体压力和电场强度。局部放电的光输出测量方法是所有检测技术中最敏感的，因为一个光电倍增管可以测到甚至一个光子的发射。但是由于射线会被气体、绝缘支撑件等强烈地吸收，而且会有"死角"出现，并且由于壳体内壁光滑而引起的反射所带来的影响，此检测方法的灵敏度还不高。

D. J. Hamilton 等的研究指出，在 GIS 中发生的局部放电会引起 SF_6 气体分子的分解，其分解物随着局部放电量的不同而不同，因此可以通过测量局部放电引起的气体介质分解物的含量对局部放电特性进行分析。但是气室中的吸附剂、干燥剂以及断路器动作时产生的电弧可能会影响测量精度[12]。

O. Vanegas 的研究利用绝缘油中特征气体含量对油-纸绝缘电气设备的局部放电故障进行诊断[13]。油-纸绝缘结构发生故障时所产生的气体成分和含量与故障类型和严重程度密切相关，不同性质的故障，介质分解产生不同种类的气体；而同一类属性的故障，由于故障程度不同，产生的气体含量也不相同。所以，根据油中气体的组分和含量可以判断是否发生故障、故障属性及故障的危害程度。

局部放电过程发生的物理化学现象具有不同的时空表现形式，每一种形式都可以表征局部放电现象，以揭示局部放电现象与电场畸变之间的内在联系。对于不同类型的高压电气设备、不同种类的测试技术和不同的信号处理方法，应该选择不同的局部放电表现形式作为基本量，以便对局部放电发生、发展及其相关性进行分析研究。

1.1.2　PD 信号的模式特征

局部放电信号包含丰富的信息，但很多时候，这些信息是杂乱、冗余甚至是多维的，难以直接用于其模式识别和分类。特征提取是模式信息的进一步分析过程，其目标是寻找一组更加易于分析、计算的特征参数，包含尽量多的原模式有效信息，研究如何把高维特征空间压缩到低维特征空间以便有效地设计分类器。目前，多采用以下方法进行局部放电信号特征量的提取。

1）相位统计特征

在工频交流电压作用下，局部放电的发生具有明显的相位特征。每个局部放电脉冲具有特定的幅值以及相对于工频实验电压特有的相位角，因此可以把局部放电基本参数（放电量 q 和脉冲放电次数 n）看作放电发生相位角 φ 的函数，用于表示局部放电特征。若在整个相位轴上进行测量，则可以得到相位函数的分布：脉冲次数分布 $H_n(\varphi)$ 和平均脉冲高度分布 $H_{qn}(\varphi)$；在交流电压的正半周和负半周，上述分布明显不同，于是就得到四种分布函数，对电压的正半周有 $H_{qn}^+(\varphi)$ 和 $H_n^+(\varphi)$，对电压的负半周有 $H_{qn}^-(\varphi)$ 和 $H_n^-(\varphi)$。因此，这四种分布可以作为描述绝缘缺陷的局部放电特征[14]。

F. H. Kreuger 等为了方便对这些特征分布进行定量分析，引入有关标准正态分布的统计算子：畸变度 S_k、针峰度 K_u、针峰数 p_c、正交相关系数 Q、修正的相关系数 mcc，将这些算子应用于上述的四种分布，可得到 15 个参数，这些算子化的参数不但将局部放电信号浓缩，而且表征不同的 PD 源[15]。

2）脉冲波形特征

在局部放电测量中应用高速采样和宽带检测技术，可以记录每个放电脉冲的时域波形。不同类型的放电与其电流脉冲信号的波形是相对应的，可直接用测得的局部放电脉冲信号的波形特征对放电源进行分类。提取局部放电信号波形的特征量包括时域、幅值域、频域等，作为分类器的学习训练输入样本。提取脉冲信号波形的联合时频特征用于表征局部放电模式也是一种有效的方法，这种特征的提取可以采用时-频联合函数分析信号的方法，主要包括短时 Fourier 变换（STFT）、Wigner-Ville 分布（WVD）和 Cohen 时频分布等[16]。

文献[17]采用自回归（AR）模型参数作为波形特征量，AR 模型是根据波形模拟均方误差为最小原则建立的。研究结果表明，由 AR 模型得到的一组描述局部放电波形的系数，在一定程度上能反映波形的特征，可以作为局部放电模式分类器的输入量。但是，由于局部放电的复杂性，以及某些类放电波形的相似性，只用 AR 模型系数作为特征量会导致对某些放电的识别率不高。

3）放电统计特征

由于局部放电具有明显的随机性，而且它可能随放电位置的不同以及局部电场强度和电压作用时间而发生变化，因此可以采用与随机特性有关的识别方法，即提取统计参数特征作为局部放电信号特征量。

高压电气中可能同时存在多种不同的缺陷，不同类型的局部放电会产生具有不同幅值分布的脉冲族。Weibull 统计参数与每个局部放电之间都存在着对应关系，可以采用混合的 Weibull 函数法对局部放电信号进行特征提取和分类，并用 Weibull 参数值作为样本构成特征量的知识库。文献[18]对放电脉冲幅值分布进行 Weibull 分析，将得到的统计参数特征作为神经网络的输入特征量。研究结果证实，单一 PD 信号幅值分布符合两参数Weibull 分布，混合 PD 信号幅值分布符合混合 Weibull 分布。

4）分形特征

分形学是以复杂事物（信息）为研究对象的新兴学科，其分形信息论是用信息度量理论原理和方法来研究信号的分形及其度量与属性。由于高压电气设备结构的复杂性和局部放电的随机性，局部放电信号呈现为一种无周期的有序态，总体表现为无序性与局部规律性，这使得局部放电信号具有分形特征。基于分形理论和方法的局部放电模式识别研究结果也证明了 PD 信号的多种模式集合具有分形特征，属于分形几何研究的对象范畴[19]。

5）矩特征

矩特征是一种广泛应用于图像识别分类的模式量形式，它在统计意义上描述了一幅灰度图像中所有像素点的整体分布，与最基本的图像形状特征密切相关。文献[20]从电力变压器局部放电在线检测应用的实际问题出发，提出并研究了采用由局部放电图像灰度重心、主轴方向矩特征以及相关统计特征构成的统计特征集进行变压器的内部 PD 与其外部 PD 分类的辨识方法。

6）小波变换系数及分形混合特征

文献[21]将小波理论应用于局部放电信号的特征分析，研究结果表明，随着 PD 放电量的增大，小波变换的图谱分布由高频区移向低频区，同时低频分量的时延也增大；不同的故障类型具有不同的放电量，即具有不同的小波变换的图谱分布。文献[22]将小波分析技术与分形理论结合对局部放电信号进行分析。首先将局部放电信号进行小波包分解，使信号变为不同尺度下的时频分量，然后计算每个尺度分量的分维数，通过分维数的量化分析, 得到各尺度下的 PD 信号的分形特征。文献[23]研究了小波分析与分形理论的互补性, 从局部放电信号小波分解后的能量谱图中提取 PD 信号特征, 将局部放电信号的逼近能量谱和精细结构能量谱的分形维数作为局部放电模式特征, 不同 PD 放电源具有不同的分形维数。

7) 混沌参数特征

近年来, 混沌理论已应用于高压电气设备绝缘故障信号的特征量提取及模式识别技术领域。研究表明, 局部放电并不是一个完全的随机过程, 其放电过程中也存在着混沌现象。局部放电的混沌分析方法 (CAPD) 从连续放电脉冲之间的关联性着手, 能够有效地表征绝缘缺陷产生的 PD 信号模式特征。文献[24]将油纸绝缘局部放电时间序列进行混沌分析, 将相空间重构参数和混沌特征参数作为特征量, 应用径向基神经网络对五种典型油纸绝缘局部放电进行模式识别, 获得了较高的识别率。文献[25]通过计算交联聚乙烯电缆电树枝生长过程局部放电时间序列的混沌特征参数来证明电树枝老化过程中的局部放电是一个混沌过程, 研究还发现其局部放电过程的非线性动力学特性与外施电压、放电通道电导率以及电树枝形状有关。由此可见, 基于混沌理论的 PD 特征量提取以及模式识别方法具有鲜明的特点。

特征量提取就是为 PD 模式识别系统设计确定合适的特征空间, 给分类器设计提供良好的基础。随着快速、高精度、大容量存储检测仪器的发明和先进的数据信息分析处理算法的运用, 将会涌现出更合理的 PD 特征形式和提取方法。

1.2 模式分类器及其优化

20 世纪 90 年代, 模式识别方法开始应用于局部放电类型的识别, 以代替放电谱图的目测判断, 显著提高了识别的科学性和有效性。模式识别理论正朝着智能化的方向发展, 即增强系统的自适应能力、学习能力以及容错能力等。但是, 一方面由于很多非确定性因素影响局部放电信号的采集, 另一方面对局部放电信号中所包含信息的内涵及规律尚未完全清楚, 至今还没有公认的诊断方法和技术所遵循。不同的测量系统需要构造不同的局部放电模式特征空间, 而局部放电模式分类效果的优劣取决于分类器结构及其相应的分类算法。

1.2.1 PD 模式分类器

目前普遍应用的 PD 模式识别 BP(back propagation)神经网络存在一些缺陷, 如识别率不高、网络拓扑结构没有相应依据、网络学习训练可能陷入局部极小等。理论和实践表明, 对于具体的 PD 模式识别问题, 由于三层 BP 神经网络已经可以有效地映射各种任意函数, 因此确定神经网络结构的关键问题就变成如何确定隐层的神经元数目。隐层单元数的选取与网络所处理问题的复杂程度有关。隐层单元过少会使网络划分的空间粗糙, 其知识表达和联想记忆能力下降。但当隐层单元数达到某一数值后, 再增加隐层单元数对提高网络的性能并不利, 反而会使网络泛化能力下降, 收敛速度减慢, 降低网络运行效率。最佳隐层单元数的确定可以采用自适应算法进行神经网络结构优化，提高网络训练学习效率并加快其收敛速度。但是，有陷入局部极小的可能，而网络初始权值只能凭经验选取而没有理论依据；同时网络的结构与输入特征量(矩阵向量)的提取相分离；以上问题的存在，影响局部放电模式识别的正确率。

小波神经网络概念和算法的基本思想是用小波元代替神经元，即用确定的小波函数代替 Sigmoid 函数作为神经网络的激活函数，通过仿射变换建立起小波变换与网络系数之间的连接，并应用于逼近 $L(R_n)$ 中的函数 $f(x)$[26]。

小波神经网络继承它们各自的优势并具有以下特点：①小波神经元及整个网络结构的确定有可靠的理论依据，可避免 BP 神经网络等结构设计上的盲目性；②网络权系数线性分布和学习目标函数的凸性，使网络的训练过程从根本上避免了局部最优等非线性优化问题；③网络的学习比较快，并具有鲁棒性。这些优势有利于模式分类器的构成、学习训练，因此应用于局部放电模式识别领域，将会提高高压电气绝缘故障在线监测、诊断、预报及其属性分类的准确率。

文献[27]研究分析了 BP 神经网络、正交型小波神经网络、基于自适应特征提取的小波神经网络的 PD 模式识别效果，认为基于自适应特征提取的小波神经网络是其中最佳网络，其不但结构简洁，而且具有较高的识别率。

文献[28]将神经网络与模糊学中的模糊逻辑相结合，并将两者的优点结合构建模糊神经网络进行了局部放电模式识别研究。结果发现，基于 T-S 模型的模糊神经网络在PD 识别分类过程中充分展现了神经网络分布存储、并行处理与模糊逻辑推理两者的特征优势。

支持向量机(support vector machine，SVM)是最近几年出现并获得研究者青睐的基于小样本的模式识别方法。支持向量机的算法基于结构风险最小化原则，能避免学习时陷入人工神经网络那样的局部最小情况，在故障样本较少的情况下能够较好地体现支持向量机的优越性[29]。文献[30]进行了将支持向量机应用到变压器运行状态监测评估和预期寿命预报的工作中，研究结果表明该网络在此技术领域具有广阔的应用前景。

但是，局部放电有本身的特点和规律，局部放电信号的时频特性以及网络拓扑结构和激励函数类型都会影响或决定网络的性能和识别效果。随着相关学科的发展和测量技术的进步，必将会涌现出更多新型网络类型，满足电力工业发展的需要。

1.2.2　全局优化算法

模式分类器的选择及优化是模式识别的重要课题之一。分类器种类多样，对不同类型特征向量的分类性能可能存在较大区别。研究较多且已比较成熟的传统分类器主要有最近邻法、贝叶斯网络、K-均值聚类(K-means)等。BP 神经网络存在自身的限制与不足，如需要较长的训练时间、收敛于局部极小值等，使得算法在实际应用中不是处处胜任。因此，近十几年来，许多学者对其做了深入的研究，提出了许多优化算法，包括网络结构和学习算法两个方面。网络结构的优化主要有附加动量法、归一化权值更新法、弹性反向传播算法(RPROP)和自适应学习率法等；学习算法的优化主要有共轭梯度法、拟牛顿法、列文伯格-马夸尔特(Levenberg-Marquardt)法、快速传播算法、δ-δ 方法、扩展卡尔曼滤波法、二阶优化和最优滤波法等。

人工神经网络(artificial neural network，ANN)、支持向量机等机器学习算法是目前研究的热点[31]。Wei Lee Woon 使用油纸绝缘缺陷的超声检测数据，基于功率谱密度特征，比较了决策树、随机森林、梯度推进和支持向量机四种机器学习算法的分类效果，并运用模拟退火法及蚁群算法等对分类器进行优化，进一步提高了识别率[32]。

1.3　发　展　趋　势

局部放电模式识别是以模式识别理论和信息处理技术为核心，以数学方法与计算机为主要工具，实现高压电气设备在线运行过程的绝缘 PD 属性分类、故障诊断及预报的科学方法。随着高速、高精度、宽带和大存储量的局部放电信息仪器设备的运用，局部放电信号采集处理技术趋于完善。人工智能技术的运用、计算资源的丰富、深度学习网络的开发以及群智能算法的应用，将加速实现高压电气设备运行状态监测、绝缘故障诊断和预报的智能化进程。

1.3.1　深度学习与深度神经网络

深度学习的概念起源于人工神经网络的发展，主要由输入层、隐层和输出层组成[33]。另外，作为一种具有一定层次结构和相应训练算法且包含多个隐层的神经网络，它可以通过学习和组合底层特征来形成更加抽象的高层表示属性类别或特征，以发现数据的分布式特征表示。因此，深度学习的本质可理解为一种复杂的非线性模型学习。深度学习的实质，即实验数据可以通过构建含有多隐层的网络模型进行训练，这能够提取到更丰富的特征，进而提升 PD 模式的分类精度。在深度学习中，深度网络模型是手段，特征学习是目的。深度神经网络与传统神经网络相比，其不同之处在于：①它使用了较深的网络结构；②强调了特征学习在深度神经网络中的重要性，通过逐层变换的方式可以将原空间中的特征表达映射到新的特征空间中，从而有利于 PD 模式分类的实现。与人工选取特征相比，利用大数据的自动学习特征，能够更有效地刻画数据的内在信息。而深度神经网络通过非线性的深度网络学习，能够学习到非常复杂的函数，并展现出强大的从少量样本集中学习到数据集本质特征的能力。深度神经网络通过"逐层初始化"的无监督学习方式有效地解决了训练上的难度。可以预见，深度学习及其深度神经网络必将在高电压电气设备局部放电故障诊断、模式分类、寿命预报的智能监控技术领域获得广泛应用。

1.3.2　群智能算法

群智能算法是一种新兴的演化计算技术，已成为越来越多研究者的关注焦点，它与人工生命，特别是进化策略以及遗传算法有着极为特殊的联系。群智能算法是一种具有"生成检验"特征的迭代搜索算法。算法的基本思想是通过模拟自然界生物的群体行为来构造随机优化算法[34,35]。此算法将搜索空间中的点模拟成自然界生物群体中的个体，将搜索和优化的过程模拟成群体中个体的进化或者觅食的过程，用问题的目标函数值模拟个体对环境的适应能力，搜索和优化过程中用好的可行解取代较差可行解的迭代过程，模拟成自然界中个体的优胜劣汰过程或迷失过程。群智能算法的合作性、分布性、鲁棒性和快速性的特点使生物群体在没有全局信息的情况下，为寻找问题的解提供了快速可靠的基础，也为系统的复杂性研究以及人工智能、认知科学等领域的基础理论问题研究开创了新的研究方向。因为算法收敛速度快、设置参数少、容易实现、能有效地解决复杂优化问题，所以在函数优化、神经网络训练、数据挖掘、模式识别、智能计算等领域得到了广泛应用，已经渗入科学、工程和工业的几乎所有领域。

　　综上可知，PD 的信号检测、特征提取、特征空间优化、分类器构建及其算法优化等关键技术和理论方法都将伴随着其他领域学科的进步而获得同步发展，为高电压设备运行状态监测、故障诊断及其预报提供科学依据和技术支持。

参 考 文 献

[1] BOECK W, et al. Insulation co-ordination of GIS: return of experience, on site tests and diagnostic techniques[J]. Electra, 1998, 176(2): 67-97.

[2] 苑舜. 高压开关设备状态监测与诊断技术[M]. 北京: 机械工业出版社, 2001.

[3] 郑殿春. 气体放电数值仿真方法[M]. 北京: 科学出版社, 2016.

[4] BOGGS S A. Electromagnetic techniques for fault and partial discharge location in gas insulated cables and substations[J]. IEEE transactions on power apparatus and systems, 1982, 101: 1935-1941.

[5] BORSCHE T, HILLER W. Novel characterization of PD signals by real-time measurement of pulse parameters[J]. IEEE transactions on dielectrics and electrical insulation, 1999, 6(1): 51-55.

[6] SELLARS A G, Farish O. Assessing the risk of failure due to particle contamination of GIS using the UHF technique[J]. IEEE transactions on dielectrics and electrical insulation, 1994, 1(2): 323-331.

[7] OKABE S, KOTO M. Insulation characteristics of GIS space for very fast transient overvoltage[J]. IEEE transactions on power delivery, 1996, 11(1): 110-114.

[8] RUTGERS W R, FU Y H. UHF PD-detection in a Power Transformer[A]. 10th International symposium on high voltage engineering, Montreal, 1997: 219-222.

[9] RUTGERS W R, VAN DEN AARDWEG P, LAPP A, et al. Transformer PD measurements: field experience and automated defect identification[A]. 13th International conference on gas discharge and their application, Glasgow, 2000: 872-875.

[10] WARD B H. A survey of new techniques in insulation monitoring of power transformers[J]. IEEE electrical insulation magazine, 2001, 17(3): 16-23.

[11] HANSEN B S, LEVRING F. Optical investigations of the spatial and temporal development of partial discharges in polyethylene[C]. IEEE international conference on electrical insulation, Philadelphia, 1982: 296-299.

[12] HAMILTON D J, PEARSON J S. Classification of partial discharge sources in gas-insulated substations using novel preprocessing strategies[C]. IEE proceedings-science measurement and technology, 1997, 144(1): 17-24.

[13] VANEGAS O. Diagnosis of oil-insulated power apparatus by using neural network simulation[J]. IEEE transactions on dielectrics and electrical insulation, 1997, 4(3): 290-299.

[14] ABDULLAHI A M, RICARDO A, JORGE A A, et al. Artificial neural network application for partial discharge recognition: survey and future directions[J]. Energies, 2016, 9(8): 1-18.

[15] KREUGER F H, GULSKI E, KRIVDA A. Classification of partial discharges[J]. IEEE transactions on electrical insulation, 1993, 28: 917-931.

[16] BORSCHE T, HILLER W, FAUSER E. Novel characterization of PD signals by real-time measurement of pulse parameters[J]. IEEE transactions on dielectrics and electrical insulation, 1999, 6(1): 51-56.

[17] CACCIARI M, CONTIN A, MONTANARI C G. Use of a mixed Weibull distribution for the identification of partial discharge phenomena[J]. IEEE transactions on dielectrics and electrical, 1995, 2(6): 1167-1171.

[18] CONTIN A, MONTANARI G C, FERRARO C. PD source recognition by Weibull processing of pulse height distribution[J]. IEEE transactions on dielectrics and electrical insulation, 2000, 7(1): 48-49.

[19] CANDELA R, MIRELLI G, SCHIFANI R. PD recognition by means of statistical and fractal parameters and a neural network[J]. IEEE transactions on dielectrics and electrical insulation, 2000, 7(1): 87-94.

[20] 李新, 成小瑛, 孟小红. 电气设备局部放电灰度图像的矩特征提取研究[J]. 矿业安全与环保, 2003, 30(6): 17-31.

[21] 赵中原, 邱毓昌, 王建生. 小波均方谱及其在局放信号监测中的应用研究[J]. 高压电器, 2001, 37(2): 12-17.

[22] MALLAT S, HWANG W L. Singularity detection and processing with wavelets [J]. IEEE transactions on information theory, 1992, 38(2): 617-643.

[23] GULSKI E, KRIVDA A. A combined ANN and expert system tool for transformer fault diagnosis[J]. IEEE transactions on EI, 1996, 3(2): 207-212.

[24] LUO Y F, JI H Y, HUANG P. Chaotic characteristics of time series of partial discharges in oil-paper insulation and their applications in pattern recognition[J]. Przegląd elektrotechniczny, 2011, 87(7): 219-224.

[25] CHEN X R, XU Y, CAO X L. Nonlinear time series analysis of partial discharges in electrical trees of XLPE cable insulation samples[J]. IEEE transactions on dielectrics and electrical insulation, 2014, 21(4): 1455-1461.

[26] ZHANG Q, BENVENISTE A. Wavelet networks[J]. IEEE transactions on neutral network, 1992, 3(6): 889-898.

[27] 郑殿春. 基于 BP 网络的局部放电模式识别[D]. 哈尔滨: 哈尔滨理工大学, 2005.

[28] 何兰香. 基于 T-S 模型的模糊神经网络局部放电模式识别方法[D]. 哈尔滨: 哈尔滨理工大学, 2009.

[29] 汪德才. 小样本 PD 信号支持向量机模式识别方法[D]. 哈尔滨: 哈尔滨理工大学, 2011.

[30] 肖燕彩. 支持向量机在变压器状态评估中的应用研究[D]. 北京: 北京交通大学, 2008.

[31] 黄志辉. 人工神经网络优化算法研究[D]. 长沙: 中南大学, 2009.

[32] WOON W L, EI-HAG A, HARBAJI M. Machine learning techniques for robust classification of partial discharges in oil-paper insulation systems[J]. IET science, measurement & technology, 2016, 10(3): 221-227.

[33] 卢伟东. 基于深度学习的智能电网安全检测[D]. 南京: 南京邮电大学, 2020.

[34] 周凌云. 几种典型群智能算法及其更新机制研究[D]. 武汉: 武汉大学, 2018.

[35] 杨滨. 智能计算及应用研究[D]. 长春: 吉林大学, 2010.

第2章 模式识别与优化算法

模式是存在于时间和空间中可以观察的事物与现象,模式表现为具有时间和空间分布的信息。20世纪50年代,随着计算机软硬件技术的快速发展,模式识别迅速成长为一门集数学、计算技术、信息控制等学科于一体的综合学科。自此之后,模式识别的研究范畴不断拓宽,研究体系不断完善,也成为机器学习、人工智能的重要分支,为机器智能技术发展发挥了积极的推动作用。模式识别是人工智能自然演化的结果,其核心是应用数学方法和计算机工具实现从各类实际应用复杂数据中智能地、自动地提取有价值知识的模式,满足特定识别任务的需求。此时模式识别就等同于模式分类,处理对象是各种应用数据,主要任务是构造一个分类函数或分类模型,该模型把数据样本映射到一个事先定义的类的学习过程中。

应用计算机进行模式识别时,信息在进入计算机之前通常要经过取样和量化,在计算机中具有时空分布的信息表现为向量即数组,数组中元素的序号可以对应时间与空间。模式识别可以看成是从具有时间和空间分布的信息向着符号所做的映射。

为了有效地实现分类识别,需要对原始数据进行变换,获得最能反映分类本质的特征,这就是特征提取和选择的过程。通常将原始数据组成的空间称为测量空间,将分类识别赖以进行的空间称为特征空间,通过变换,可把维数较高的测量空间中表示的模式变为维数较低的特征空间中表示的模式。

2.1 识 别 方 法

模式识别是指对表征事物或现象的各种形式的(数值的、文字的和逻辑关系的)信息进行处理和分析,以对事物或现象进行描述、辨认、分类和解释的过程,是信息科学和人工智能的重要组成成分。模式识别研究的目的在于将人所具有的对各种事物与现象进行分析、描述与判断的部分能力赋予机器,而模式识别研究的内容是利用计算机对各种事物或现象进行分类,并在错误概率最小的条件下使识别结果尽量与客观事物或现象相符合。广义的模式识别包括对被识别对象的信号的采集、存储、量化、预处理、特征提取和模式分类。

2.2 识 别 系 统

对于具体分类应用,一个典型的模式分类过程至少需要四个组成部分,即数据获取、数据预处理、分类决策和分类器构造[1]。从运行顺序来看,模式识别分为两大阶段:训练阶段和分类决策阶段。训练阶段对应着分类器构造环节,根据训练集部分已知类别样本的信息执行相应的构造处理，构建分类模型的过程。分类决策阶段是在测试集上使用分类器对待识别样本进行分类的过程。

模式识别系统的架构单元功能如下。

(1)数据获取：借助硬件设备，从外界获取样本数据。应用对象不同、描述对象的信息不同、关注的分类特征不同，所采取的获取数据方法和原理也不同。在实际数据获取应用中，提取原始数据中分类关注的特征信息，通过采样、量化等方式对原始数据信息进行处理，将其转换成计算机可直接处理的矩阵或者向量。

(2)数据预处理：目的是对输入的实际数据进行降噪、异常数据清除、标准化、变换、规约等处理，在不破坏原始数据特性的基础上，强化有用数据，提高模式分类的质量。

(3)模式特征提取：通过一定的方法将经过预处理的数据进行变换，获得能在最大限度上代表模式类本质的特征量，简单地说，就是原始数据组成的高维测量空间转换为分类赖以进行的低维特征空间。

(4)分类器构造：模式分类的核心环节，即建立分类器数学模型过程，可将其抽象为数学模型。首先通过学习已知类别的样本集得到一个目标函数，然后把未知类别的样本映射到一个预先定义的类标号中。完成学习一定数量已知类别的训练样本或原型样本后，再运用选定的分类评价准则不断调整和优化目标函数参数，进而实现分类器的构造。

(5)分类决策：在特征空间中用模式识别方法对待识别对象进行分类。

2.3　特征量与特征空间

模式识别系统的一个关键问题是确定适当的特征空间，特征空间的优化方法有特征选择和特征组合优化两种。特征选择的含义是为了给分类器的设计成功提供良好的基础，所选择的特征空间应能使同类事物现象的样本分布具有紧致性。反之，若该特征空间中混杂着不同类别的样本，则无论选择怎样的设计方法，分类器的准确性也无法提高，而特征组合优化，则是将原特征空间通过一种映射变换加以改造后得到一个新的更精简的特征空间。

2.3.1　特征量

简单地说，某种模式在时间和空间上都分布了丰富的信息，而模式识别的分类思想就是通过分析这些分布在时间与空间上的信息把某种具体的事物划分到某一个具体类别中去，其复杂性主要表现在整个模式识别过程中并没有客观的识别分类标准，因此模式识别系统需要采用一组与分类相关的参数来进行描述待识别客观现象的形态，这样的一组与分类相关的参数称为模式识别系统的特征量。因为实际问题中原始信息的采集和测量往往受多方面条件的限制，一些重要的特征常常无法容易得到，所以构造模式识别系统最棘手的任务是特征量的获取，而特征量的选择也制约着模式分类器的结构与分类效果。针对不一样的模式分类器选择不一样的特征量，往往会得到不一样的识别效果。对局部放电特征量的提取和选择就是典型的例子，因为现场存在着很多干扰信号，这些干扰信号往往会使监测的可靠性和灵敏度受到严重的影响，并且不同种类局部放电特征量的选取，在各种识别算法中也有不一样的分类效果[2,3]。

2.3.2　特征空间

分类判别是指当已经知道若干样本的类别和其中每个样本的特征时，对待测样本进行判别。模式识别系统设计的一个关键问题就是确定合适的特征空间，为分类器设计提供良好的基础，选择并采用的特征空间应能使各类样本都分布在不同的区域内，也就是保证同类样本分布具有很强的紧致性。

特征空间的设计过程通常需要对特征空间逐步地进行优化，这种特征优化的关键在于对维数较高的特征空间进行改造，以使其某些方面的性能得到提高，简单来说就是将初始维数较高的特征空间变换为维数较低的特征空间，这个过程就是特征空间的降维优化，以使优化后的特征空间在后续的分类计算过程更有优势。

2.4　特征的可分性

对于具体的模式识别任务，不一定每种特征都能在模式分类中获得较为理想的识别效果。在特征选择上，从 n 个特征中选择出 m 个特征，有 C_n^m 种组合方式，哪一种特征组合的分类效果最好，需要用一个定量的准则来衡量；同样在特征提取上，有各种变换方法把 n 维特征向量变换为 m 维特征向量，哪一种变换得到的 m 维特征向量的分类效果最理想，也需要用一个准则来衡量。

2.4.1　特征可分性测量

标量特征可分性测量标准就是在选择特征量时仅根据特征序列中单个特征的分类能力来选择最优序列，而不考虑模式特征序列中单个特征量之间的关联性[4]。

为研究对于不同类（如 ω_1、ω_2）某一特征的特征值是否具有可分性，可以用基于统计假设检验描述此问题，即

$$\begin{cases} H_1 : 特征值具有可分性 \\ H_0 : 特征值不具有可分性 \end{cases} \tag{2-1}$$

式中，H_0 称为零假设；H_1 称为选择性假设。利用统计信息的方法分析实验数据，可做出接受或非 H_0 的判定。

令 $x_i (i = 1, 2, \cdots, N)$ 是 ω_1 类中的某一特定特征的样本值，其均值为 μ_1；相应地，对于另一个类 ω_2，有 $y_i (i = 1, 2, \cdots, N)$，其均值为 μ_2。这样，式 (2-1) 的检验问题就可转化为对两类特征值的均值 $\mu_1 - \mu_2$ 不为零的检验：

$$\begin{cases} H_1 : \Delta\mu = \mu_1 - \mu_2 \neq 0 \\ H_0 : \Delta\mu = \mu_1 - \mu_2 = 0 \end{cases} \tag{2-2}$$

令

$$\bar{z} = \frac{1}{N}\sum_{i=1}^{N}(x_i - y_i) = \bar{x} - \bar{y} \tag{2-3}$$

对此问题分两种情况进行讨论。

1. 已知方差的情况

设 $\{x_i\}$ 的方差为 σ_1^2，而 $\{y_i\}$ 的方差为 σ_2^2；在 ω_1 类和 ω_2 类中，选用 N 个不一样的样本集合，用 $\bar{z}$ 表示一个随机变量，所以它的数学期望可以表示为

$$E(\bar{z}) = \frac{1}{N}E\left[\sum_{i=1}^{N}(x_i - y_i)\right] = \sum_{i=1}^{N}E(x_i - y_i) = \mu_1 - \mu_2 \tag{2-4}$$

因此，$\bar{z}$ 为 $\mu_1 - \mu_2$ 的无偏估计。$\bar{z}$ 的方差 $\sigma_{\bar{z}}^2$ 为

$$\sigma_{\bar{z}}^2 = \frac{1}{N}(\sigma_1^2 + \sigma_2^2) \tag{2-5}$$

由此，定义检验统计值为

$$q = \frac{\bar{z} - (\mu_1 - \mu_2)}{\sigma_{\bar{z}}/\sqrt{N}} \tag{2-6}$$

在 H_0 下，$\bar{z}$ 的概率密度函数逼近高斯分布 $N\left(\mu_1 - \mu_2, \dfrac{\sigma_{\bar{z}}^2}{N}\right)$，由此可得

$$P_{\bar{z}}(\bar{z}) = \frac{\sqrt{N}}{\sqrt{2\pi}\sigma_{\bar{z}}}\exp\left(\frac{N(\bar{z} - (\mu_1 - \mu_2))^2}{\sigma_{\bar{z}}^2}\right) \tag{2-7}$$

因此，在 H_0 下，q 的概率密度函数近似服从正态分布 $N(0,1)$。对于显著水平 ρ，随机变量 q 以 $1-\rho$ 的概率位于置信区间 $D = [-q_\rho, q_\rho]$。表 2-1 所示的正态分布 $N(0,1)$ 的变量概率与置信区间 $D = [-q_\rho, q_\rho]$。

表 2-1　正态分布的变量概率与置信区间

$1-\rho$	0.8	0.85	0.9	0.95	0.98	0.99	0.998	0.999
q_ρ	1.282	1.440	1.645	1.967	2.326	2.576	3.090	3.291

于是，检验假设的判定分为以下几个步骤完成：
（1）计算 q；
（2）选择显著水平 ρ；
（3）从表 2-1 中找出对应于 $1-\rho$ 概率的置信区间 D；
（4）如果 $q \in D$，则接受 H_0，否则接受 H_1。

2. 未知方差的情况

在此情况下，应先估计方差值，即

$$\hat{\sigma}_{\bar{x}}^2 = \frac{1}{N-1}\sum_{i=1}^{N}(x_i - \bar{x})^2 \qquad (2\text{-}8)$$

$$\hat{\sigma}_{\bar{y}}^2 = \frac{1}{N-1}\sum_{i=1}^{N}(y_i - \bar{y})^2 \qquad (2\text{-}9)$$

$$\hat{\sigma}_{\bar{z}}^2 = \hat{\sigma}_{\bar{x}}^2 + \hat{\sigma}_{\bar{y}}^2 \qquad (2\text{-}10)$$

这样，可得

$$q = \frac{\bar{z} - (\mu_1 - \mu_2)}{\hat{\sigma}_{\bar{z}}^2/\sqrt{N}} \qquad (2\text{-}11)$$

此时，如果 z 是高斯分布的随机变量，可以认为 q 服从自由度为 $2(N-1)$ 的 t 分布，表 2-2 给出了 t 分布的各不同显著水平和自由度的置信区间。

表 2-2　t 分布的各不同显著水平和自由度的置信区间

自由度	$1-\rho$				
	0.9	0.95	0.975	0.99	0.995
10	1.81	2.23	2.63	3.17	3.58
11	1.79	2.20	2.59	2.10	3.50
12	1.78	2.18	2.56	3.05	3.43
13	1.77	2.16	2.53	3.01	3.37
14	1.76	2.15	2.51	2.98	3.33
15	1.75	2.13	2.49	2.95	3.29
16	1.75	2.12	2.47	2.92	3.25
17	1.74	2.11	2.46	2.90	3.22
18	1.73	2.10	2.44	2.88	3.20
19	1.73	2.09	2.43	2.86	3.17
20	1.72	2.09	2.42	2.84	3.16

2.4.2　类可分性测度

仅根据特征向量的单个特征的分类能力来选择特征向量并不能获得理想的效果，因为每个特征之间不可避免地存在着相互联系，而这种相互联系对模式的分类能力普遍存在着一定的影响。因此，定义衡量特征向量分类能力的两种方法如下。

1. 发散性

在贝叶斯分类准则中，当给定两个类 ω_1 和 ω_2 以及一个特征向量 x 时，比率

$\ln \dfrac{P(x|\omega_1)}{P(x|\omega_2)} \equiv D_{12}(x)$ 反映出了特征向量 x 在类 ω_1 和类 ω_2 之间区分能力方面的信息。考虑 x 取不同值的情况，有

$$D_{12} = \int_{-\infty}^{\infty} P(x|\omega_1) \ln \frac{P(x|\omega_1)}{P(x|\omega_2)} \mathrm{d}x \tag{2-12}$$

$$D_{21} = \int_{-\infty}^{\infty} P(x|\omega_2) \ln \frac{P(x|\omega_2)}{P(x|\omega_1)} \mathrm{d}x \tag{2-13}$$

$$d_{12} = D_{12} + D_{21} \tag{2-14}$$

d_{12} 即"发散性"，是特征向量 x 关于类 ω_1 和类 ω_2 可分性的测度，对多个类别的情况而言，可用平均发散性来做 x 关于此多类情况的可分性的测度，即

$$d = \sum_{i=1}^{M} \sum_{j=1}^{M} P(\omega_i) P(\omega_j) d_{ij} \tag{2-15}$$

$$d_{ij} = D_{ij} + D_{ji} \tag{2-16}$$

如果特征向量值的分布符合高斯分布 $N(\mu_i, \Sigma_i)$ 和 $N(\mu_j, \Sigma_j)$，则

$$\begin{aligned}
d_{ij} &= \frac{1}{2} \mathrm{trace} \left\{ \Sigma_i^{-1} \Sigma_j^{-1} + \Sigma_j^{-1} \Sigma_i^{-1} - 2I \right\} \\
&\quad + \frac{1}{2} (\mu_i - \mu_j)^{\mathrm{T}} (\Sigma_i^{-1} + \Sigma_j^{-1})(\mu_i - \mu_j)
\end{aligned} \tag{2-17}$$

对于一维情况，式(2-17)变为

$$d_{ij} = \frac{1}{2} \left(\frac{\sigma_j^2}{\sigma_i^2} + \frac{\sigma_i^2}{\sigma_j^2} \right) + \frac{1}{2} (\mu_i - \mu_j)^2 \left(\frac{1}{\sigma_i^2} + \frac{1}{\sigma_j^2} \right)$$

式(2-17)中，trace 为求矩阵的迹，等于矩阵特征值的和，从式(2-17)可以知道，类的可分性需要同时考虑特征均值的可分性以及特征的方差。而且，如果方差显著不同，即使均值相同，d_{ij} 也可能很大。因此，即使类均值一致，区分类仍然是可能的。

2. 散布矩阵

在前面内容中定义的发散性的一个主要缺点就是不容易计算高斯分布。考虑 l 维空间特征向量样本分布之间的关系，定义下列矩阵。

(1)类内散布矩阵。

类内散布矩阵为

$$S_\omega = \sum_{i=1}^{M} P_i S_i \tag{2-18}$$

式中，S_i 为 ω_i 类的协方差矩阵，其计算式为

$$S_i = E \left[(x - \mu_i)(x - \mu_i)^{\mathrm{T}} \right] \tag{2-19}$$

P_i 为 ω_i 类的先验概率，即 $P_i \approx n_i / N$ ，n_i 为 N 个总样本中属于 ω_i 类的样本数。很明显，$\mathrm{trace}\{S_\omega\}$ 是所有类的特征的方差的平均测度。

（2）类间散布矩阵。

类间散布矩阵为

$$S_b = \sum_{i=1}^{M} P_i (\mu_i - \mu_0)(\mu_i - \mu_0)^{\mathrm{T}} \tag{2-20}$$

式中，μ_0 为全局平均向量，其计算式为

$$\mu_0 = \sum_{i=1}^{M} P_i \mu_i \tag{2-21}$$

显然，$\mathrm{trace}\{S_b\}$ 是每一类的均值和全局均值之间平均距离的测度。

（3）混合散布矩阵。

混合散布矩阵为

$$S_m = E\left[(x - \mu_0)(x - \mu_0)^{\mathrm{T}} \right] \tag{2-22}$$

可以证明

$$S_m = S_\omega + S_b \tag{2-23}$$

$\mathrm{trace}\{S_m\}$ 是特征值关于全局均值的方差的测度。

根据前面讨论的内容可以知道，当选择特征向量的可分性准则时，既要考量特征向量的均值，也要注意特征向量的方差，那么就有准则：

$$J_1 = \frac{\mathrm{trace}\{S_m\}}{\mathrm{trace}\{S_\omega\}} \tag{2-24}$$

在 l 维空间中，每一类的样本都很好地聚类均值周围，而且不同类是完全分离时，式（2-24）的计算值很大，有时用 S_b 代替 S_m。如果用行列式代替迹（trace），则产生另一个标准。由于散布矩阵是对称正定的，因此它们的本征值是正的。当行列式和它们的乘积相等时，迹等于本征值之和。因此，J_1 值越大，相应的准则值 J_2 也越大，有

$$J_2 = \frac{|S_m|}{|S_\omega|} = \left| S_\omega^{-1} S_m \right| \tag{2-25}$$

实际应用中，经常将 J_2 改为 J_3：

$$J_3 = \mathrm{trace}\left\{ S_\omega^{-1} S_m \right\} \tag{2-26}$$

准则 J_1、J_2 和 J_3 相互之间呈比例关系，如果 J_1 越大，J_2、J_3 也越大；J_2 越大，J_1、J_3 也越大；J_3 越大，J_1、J_2 也越大。在实际中，由于 J_1 的计算量大，常取 J_2 或 J_3 作为特征向量类可分性测度。

2.4.3　特征子集的选择

在定义了一系列准则来测量单个特征和/或特征向量的分类效果后，下面进入问题的

关键，即从 m 个原始特征中选择 l 个特征作为子集，这里介绍两类方法。

1. 标量特征选择

标量特征选择是可以将特征量进行单独处理的方法,采用如类可分阈值曲线(ROC)、类可分概率准则(FDR)和类一维发散性判据等,任何一种类可分性测量标准均可以作为每一个特征量的计算准则值 $C(k), k=1,2,\cdots$。特征以 $C(k)$ 降序排列,选择其中 l 个 $C(k)$ 值最好的特征来生成特征向量。

对于多类问题,可以用均值或总和来计算 $C(k)$,也可以对每一对类间的一维发散性 d_{ij} 进行计算,则每一个特征对应的 $C(k)$ 有以下关系:

$$C(k) = \min_{i,j} d_{ij}$$

也就是说,用所有类中的最小发散性值替代均值。对于给定 "max/min" 的特征选择任务,选择具有最大 $C(k)$ 值的特征就等于选择最好的 "最坏" 类分离能力的特征。在某些情况下,这种方法有更好的鲁棒性。

单独地处理特征的主要优点是计算简单。然而,这种方法没有考虑特征之间存在的相互关系,所以若处理多个特征就必须考虑它们之间的相关性问题。

相关性的准则阐述如下:

令 $x_{nk}(n=1,2,\cdots,N, k=1,2,\cdots,m)$ 是第 n 个样本的第 k 个特征,其中任意两个特征之间的互相关系数为

$$\rho_{ij} = \frac{\sum_{n=1}^{N} x_{ni} x_{nj}}{\sqrt{\sum_{n=1}^{N} x_{ni}^2 \sum_{n=1}^{N} x_{nj}^2}} \tag{2-27}$$

可以证明 $|\rho_{ij}| \leqslant 1$。这个选择过程包含以下步骤。

(1)选择一个类可分性准则 C,为每一个可用特征 $x_k(k=1,2,\cdots,m)$ 计算其值。按降序排序,选择具有最好 C 值的特征,并设为 x_{i_1}。

(2)为了选择第二个特征,在已选中的 x_{i_1} 和剩余的 $m-1$ 个特征之间,计算式(2-27)定义的互相关系数,即 $\rho_{i_1 j}(j \neq i_1)$。

(3)将满足下列条件的特征作为 x_{i_2}：

$$i_2 = \arg\max_j \left\{ \alpha_1 C(j) - \alpha_2 |\rho_{i_1 j}| \right\}, \quad 对于所有 j \neq i_1$$

式中, α_1 和 α_2 是决定两项相对重要性的加权系数。对于下一个特征的选择,不仅要考虑类可分性测量 C,还要考虑已选择特征的相关性,直到第 k 步。

(4)选择 $x_{i_k}(k=3,4,\cdots,l)$,以便当 $j \neq i_r(r=1,2,\cdots,k-1)$ 时,有

$$i_k = \arg\max_j \left\{ \alpha_1 C(j) - \frac{\alpha_2}{k-1} \sum_{r=1}^{k-1} |\rho_{i_r j}| \right\}$$

即考虑所有已选择特征的平均相关性。

这个过程的改进形式有很多,通过优化式(2-28)可找到最好的系数:

$$\left\{\alpha_1 C_1(j) + \alpha_2 C_2(j) - \frac{\alpha_3}{k-1}\sum_{r=1}^{k-1}\left|\rho_{i_r,j}\right|\right\} \tag{2-28}$$

2. 特征向量提取方法

特征的提取,就是要从 m 个特征中提取 l 个组成最有效的特征向量。将特征作为标量处理可以简化计算,但在特征向量相关性高的情况下用这种方法处理得到的特征向量会造成识别效果欠佳;而如果在"最优化"原则的基础上根据特征向量可分性测度标准选择特征向量,又会使计算量显著增加。通常采用以下优化搜索方法。

1)顺序后向选择

例如,令 $m=4$,原始可用特征为 x_1, x_2, x_3, x_4。希望从中选择两个,步骤如下。

(1)选择类可分性准则 C,为特征向量 $[x_1, x_2, x_3, x_4]^T$ 计算其 C 值;

(2)剔除一个特征,对每一种可能的组合 $[x_1, x_2, x_3]^T$、$[x_1, x_2, x_4]^T$、$[x_1, x_3, x_4]^T$ 和 $[x_2, x_3, x_4]^T$ 计算其相应的准则值,根据结果,选择出具有最高准则值的组合,如 $[x_1, x_2, x_3]^T$;

(3)从选定的三维特征向量中去掉一个特征,对每一种组合 $[x_1, x_2,]^T$、$[x_1, x_3]^T$、$[x_2, x_3]^T$ 计算其准则值,再找出准则值最高的组合,该组合就是所需要的特征向量。

由上述步骤可知,在特征向量顺序后向选择方法中,用到的组合数为 $1+0.5(m+1)m-l(l+1)$,比完全搜索过程的组合数要少得多,但在实际应用中,特征向量中的各个特征是相互关联的,那么就无法保证最优的 k 维特征向量必定是从最优的 $k+1$ 维特征向量中选择出来的。

2)顺序前向选择

顺序前向选择的步骤如下。

第 1 步:选择类可分性准则 C,计算每一个特征的准则值,选择具有最高值的特征,如 x_1。

第 2 步:将所有包括已经选择的特征(如 x_1)的二维向量进行组合,计算各个向量的准则值,然后选择准则值最高的向量。

⋮

第 $k+1$ 步:组合所有包含已选择的 k 维向量组成 $k+1$ 维向量,并算出各个向量的准则值,选出准则值最高的 $k+1$ 维向量。

如此进行下去,直到选择出具有最高准则值的 l 维向量。

2.4.4 最优特征生成

到目前为止,以"被动"方式使用类可分性测量准则,是为了测量某种方式产生的特征分类的效果。以"主动"方式使用这些测量准则,即作为特征生成过程的一个完整部分。此问题可归纳为：如果 x 是测量样本的 m 维向量，将其变换成另一个 l 维向量 y，使所采用的类可分性测量准则最优。由此定义线性变换为

$$y = A^{\mathrm{T}} x \tag{2-29}$$

式中，A^{T} 是一个 $l \times m$ 矩阵。可以使用前面所提到的任何一种准则，很明显，优化过程的复杂度很大程度上依赖于所选择的准则。用包含矩阵 S_ω 和 S_b 的 J_3 散布矩阵准则，可证明这种方法。它的优化是明显的，同时又具有一些独特性质。令 $S_{x\omega}$、S_{xb} 是 x 的类内和类间散布矩阵，根据各自的定义，相应的 y 矩阵为 $S_{y\omega} = A^{\mathrm{T}} S_{x\omega} A$，$S_{yb} = A^{\mathrm{T}} S_{xb} A$，这样 y 子空间中的 J_3 准则为

$$J_3(A) = \mathrm{trace}\left\{ (A^{\mathrm{T}} S_{x\omega} A)^{-1} (A^{\mathrm{T}} S_{xb} A) \right\} \tag{2-30}$$

主要的任务是计算使式(2-30)取得最大值的 A。A 需满足：

$$\frac{\partial J_3(A)}{\partial A} = 0 \tag{2-31}$$

可以证明：

$$\frac{\partial J_3(A)}{\partial A} = -2S_{x\omega} A (A^{\mathrm{T}} S_{x\omega} A)^{-1} (A^{\mathrm{T}} S_{xb} A)(A^{\mathrm{T}} S_{x\omega})^{-1} + 2S_{xb} A (A^{\mathrm{T}} S_{x\omega} A)^{-1} = 0$$

或者

$$(S_{x\omega}^{-1} S_{xb}) A = A(S_{y\omega}^{-1} S_{yb}) \tag{2-32}$$

不难看出，式(2-32)与本征值问题关系密切，它简化了公式，可通过一个线性变换使得

$$B^{\mathrm{T}} S_{y\omega} B = I, \quad B^{\mathrm{T}} S_{yb} B = D \tag{2-33}$$

同时使 $S_{y\omega}$ 和 S_{yb} 对角化。变换向量的类内和类间散布矩阵为

$$\hat{y} = B^{\mathrm{T}} y = B^{\mathrm{T}} A^{\mathrm{T}} x \tag{2-34}$$

式中，B 为一个 $l \times l$ 矩阵；D 为一个 $l \times l$ 对角矩阵。注意，在从 y 到 $\hat{y}$ 转化的过程中没有丢失代价 J_3 值，这是因为在 l 维子空间的线性变换下，J_3 是一个常数。事实上，有

$$\begin{aligned} J_3(\hat{y}) \mathrm{trace}\left\{ S_{\hat{y}\omega}^{-1} S_{\hat{y}b} \right\} &= \mathrm{trace}\left\{ (B^{\mathrm{T}} S_{y\omega} B)^{-1} (B^{\mathrm{T}} S_{yb} B) \right\} \\ &= \mathrm{trace}\left\{ B^{\mathrm{T}} S_{y\omega}^{-1} B \right\} \\ &= \mathrm{trace}\left\{ S_{y\omega}^{-1} S_{yb} B B^{-1} \right\} \\ &= J_3(y) \end{aligned}$$

合并式(2-32)和式(2-33)，可得

$$(S_{x\omega}^{-1} S_{xb}) C = C D \tag{2-35}$$

式中，C 为一个 $m \times l$ 矩阵，$C = AB$。式(2-35)是一个典型的特征值-特征向量的问题，对角矩阵 D 的对角元素是 $S_{x\omega}^{-1} S_{xb}$ 的本征值，C 的列元素是相应的本征向量。然而，$S_{x\omega}^{-1} S_{xb}$

是一个 $m \times m$ 矩阵,问题是在 M 个本征值中,选择哪个 l 作为式(2-35)的解。根据其定义, S_{xb} 矩阵的秩是 $M-1$,其中 M 是类的数量。因此, $S_{x\omega}^{-1}S_{xb}$ 的秩也是 $M-1$,且有 $M-1$ 个非零本征值。下面主要考虑两种可能的情况。

1) $l = M-1$

首先构成 C 矩阵,它的列是 $S_{x\omega}^{-1}S_{xb}$ 的 $M-1$ 个特征向量单位范数,构成变换向量:

$$\hat{y} = C^T x \tag{2-36}$$

式(2-36)保证了 J_3 的最大值。事实上,从 m 到 $M-1$ 减少数据数量的过程中,正如 J_3 测量结果所显示的,并没有降低类的可分能力。实际上,有

$$J_{3,x} = \text{trace}\left\{S_{x\omega}^{-1}S_{xb}\right\} = \lambda_1 + \cdots + \lambda_{M-1} \tag{2-37}$$

和

$$J_{3,\hat{y}} = \text{trace}\left\{(C^T S_{x\omega}C)^{-1}(C^T S_{xb}C)\right\} \tag{2-38}$$

重写式(2-35),得到

$$C^T S_{xb} C = C^T S_{x\omega}CD \tag{2-39}$$

合并式(2-38)和式(2-39),得到

$$J_{3,\hat{y}} = \text{trace}\left\{D\right\} = \lambda_1 + \cdots + \lambda_{M-1} = J_{3,x} \tag{2-40}$$

式(2-40)表明,关于 M 类问题的贝叶斯分类器,存在 M 个条件概率 $P(\omega_i|x), i=1,2,\cdots,M$,由于它们相加之和为 1,因此只有 $M-1$ 个是独立的。通常, $M-1$ 是 M 类分类任务所需的最少决策函数的个数。因此,线性运算 $C^T x$ 计算了 $\hat{y}$ 的 $M-1$ 个元素,并看作最优线性分类器,它的优化和 J_3 有关。如果分类器是线性的,这个过程可描述为特征选择和分类器设计的结合。

2) $l < M-1$

在这种情况下, C 由 $S_{x\omega}^{-1}S_{xb}$ 的 l 个最大本征值的本征向量组成。事实上,给定的 J_3 是相应的本征值的和,这保证了其值最大。

2.5 分类器优化算法

模式分类器的选择及优化是模式识别的重要课题之一。分类器种类多样,对不同类型特征向量的分类性能可能存在较大区别。模式识别算法的设计通常都是以追求"最优"为目的,尽量使所设计的系统具有最优性能,这种最优是针对某种设计准则来说的,常用的准则有最小误差率准则、最小风险准则、近邻准则、Fisher 准则、均方误差最小准则、感知准则等。设计模式识别系统最基本的方法就是设计准则并使该准则达到最优的条件,同时确定准则函数以实现优化的计算框架。在这里采用什么样的准则是分类器设计的核心问题之一,设计者的思路不同,采用的准则就会不同,其分类器的分类效果也会不同。神经网络的应用过程涉及全局最优问题,寻优的过程是一个搜索过程[5]。目前在

局部放电模式识别技术领域常用的神经网络优化算法有随机梯度法、模拟退火算法和遗传算法。

2.5.1　随机梯度法

用 E 表示目标函数，x 为参数，则 $E = E(x): \varSigma \rightarrow \mathbf{R}$，$\varSigma$ 为 $\mathbf{R}^n$ 的子集，称为搜索空间。搜索的目的是在 $\varSigma$ 中找到 x^*，使得 $E = E(x^*)$ 达到最小。随机梯度法是对 E 加一个噪声扰动：

$$\tilde{E}(x,N) = E(x) + c(t)\sum_{i=1}^{n} x_i N_i(t) \tag{2-41}$$

式中，$N = (N_1, N_2, \cdots, N_n)^{\mathrm{T}}$ 为独立噪声源；$c(t)$ 为控制噪声幅值的参数，噪声的作用是可使 $E(x)$ 跳出局部极小值，一般有 $t \rightarrow \infty$，$c(t) \rightarrow 0$，一种典型的方式为

$$c(t) = \beta \mathrm{e}^{-\alpha t}, \quad \beta \neq 0, \alpha > 0 \tag{2-42}$$

若仍按随机梯度法搜索，则有

$$\begin{aligned} x(t+1) &= x(t) - \mu \nabla_x \tilde{E}(x,N) \\ &= x(t) - \mu \left[\nabla_x E(x) + c(t)N(t) \right] \end{aligned} \tag{2-43}$$

其中参数 $\mu(>0)$ 非常重要，它在算法的收敛过程起着至关重要的作用。由式 (2-43) 可见，$x(t)$ 一方面朝着梯度下降方向移动，同时还有一项随机移动，可以避免陷入局部极小点。本方法中 β 和 α 的选择很重要。β 控制噪声幅值，需要足够大才能保证不陷入局部极小，但太大则随机运动占优势，使得搜索过程长。α 值大，则收敛快，但可能陷入局部极小；α 值太小，则收敛变慢。

2.5.2　模拟退火算法

模拟退火算法 (simulated annealing，SA) 是模仿固体物质的退火过程。众所周知，高温物质降温时其内能随之下降，如果降温过程充分缓慢，则在降温过程中物质体系始终处于平衡状态，从而降到某一低温时其内能最小；反之降温太快，则降到同一低温时会保持内能。模拟退火算法步骤如下：

(1) 随机给定初始状态 x，选择合适的退火策略 (温度下降的规律)，给初始温度 T_0 以足够高的值。

(2) 令 $x' = x + \Delta x$ (Δx 为很小的均匀分布的随机扰动)，并计算 $\Delta E = E(x') - E(x)$。

(3) 若 $\Delta E < 0$，则接受 x' 为新的状态，否则以概率 $p = \exp\left(\dfrac{-\Delta E}{kT}\right)$ 接受 x'，其中 k 为玻尔兹曼常量。具体做法是产生 $0 \sim 1$ 的随机数 a，若 $p > a$，则接受 x' 为新状态，否则仍留在状态 x。

(4) 重复步骤 (2) 和 (3)，直至系统达到平衡状态 (实际上重复到预先给定的次数即可)。

(5) 按步骤 (1) 给定的退火策略下降 T，重复步骤 (2)~(4)，直至 $T = 0$ 或达到某一预

定的低温。

由以上步骤可知，$\Delta E > 0$ 时仍有一定概率（T 越高，概率越大）接受 x'，因此可以跳出局部极小点。从理论上讲，温度下降应不快于 $T(t) = \dfrac{T_0}{1 + \ln t}$，$t = 1, 2, \cdots, T_0$ 为起始温度，实际上常用式(2-44)给出退火降温的函数关系：

$$T(t) = \alpha T(t-1) \tag{2-44}$$

式中，α 为小于 1，但接近于 1 的数，参考值为 $0.85 \leqslant \alpha \leqslant 0.98$；$t$ 为时间变量。

为了加快收敛速度，有人提出了改进方法，如快速模拟退火算法、自适应模拟退火算法等。

2.5.3 遗传算法

地球上的生物在漫长的进化过程中，逐渐从简单的低等动物一直发展到高等动物，这是一个绝妙的优化过程，它主要靠自然环境的选择，即"物竞天择""优胜劣汰"。在颇受重视的模仿生物进化过程的寻优算法中，遗传算法（GA）是研究得最多的。

个体(individual)指一个生物体，个体对环境的适应程度用适应值(fitness value)表示（对应于目标函数）。个体的适应值决定它本身的染色体(chromosome)，在算法中染色体往往用某一长度的字符串表示，字符串中的一位对应一个基因(gene)。一定数量的个体组成一个群体(population)。遗传算法中的主要操作有选择(selection)、交叉(crossover)和变异(mutation)。

一个群体经遗传操作后产生新的群体，称为新一代(new generation)。遗传算法的步骤如下：

(1)选择合适的编码方案，把变量(特征)转换为染色体(字符串)。例如，用二进制编码时，希望参数 x 搜索的精度为 6 位十进制数字，x 在 $[a,b]$ 等分为 6 个区间，由 $(b-a) \cdot 10^6 \leqslant 2^m - 1$ 可知二进制串长应为 m，此时某二进制串 k 对应的十进制数为

$$x = a + \text{decimal}(k)_2 \frac{b-a}{2^m - 1} \tag{2-45}$$

式中，$(k)_2$ 为 k 对应的二进制。

(2)选择合适的参数，包括群体大小(所含个体数 M)、交叉概率 p_c 和变异概率 p_m。

(3)确定适应值函数 $f(x)$，一般是求适应值最大，若求最小，则可求 $-f(x)$ 最大，$f(x)$ 应为正值，否则可加上一个固定常数。

(4)随机产生一个初始群体(含 M 个个体)。

(5)对每一染色体(串)计算其适应值 f_i，同时计算群体的总适应值：

$$F = \sum_{i=1}^{M} f_i \tag{2-46}$$

(6)选择，计算每一串的选择概率 $p_i = \dfrac{f_i}{F}$ 及累积概率 $q_i = \sum_{j=1}^{i} p_j$。

选择一般通过旋转滚花轮(roulette，其上按各 p_i 大小分成大小不等的扇形区)。旋转

M 次即可选出 M 个串。在计算机上实现的步骤为：产生[0,1]间随机数 r，若 $r<q_1$，则第一串 v_1 入选，否则选 v_2，使满足 $q_{i-1}<r<q_i$（$2\leqslant i\leqslant m$），显然适应值大的入选概率大（这种选择是放回去的选择，即 f 大的个体可再次选中）。

（7）交叉。

① 对每串产生[0,1]间随机数 r，若 $r<p_c$，则该串参与交叉操作，如此选出交叉的一组后，随机配对。

② 对每一对，产生 $[1,m]$ 间的随机数以确定交叉的位置。设在第 k 位，交叉操作如下：

$$(b_1b_2\cdots b_kb_{k+1}\cdots b_m) \qquad (b_1b_2\cdots b_kc_{k+1}\cdots c_m)$$
$$\Rightarrow$$
$$(c_1c_2\cdots c_kc_{k+1}\cdots c_m) \qquad (c_1c_2\cdots c_kb_{k+1}\cdots b_m)$$

（8）变异。若变异概率为 p_m，则可能变异的位数的期望值为 $p_m\cdot m\cdot M$（m 为染色体串长，M 为群体大小），每一位以等概率变异，具体步骤如下：

① 对每一串中的每一位产生[0,1]间随机数 r，若 $r<p_m$，则该位变异；

② 实行变异操作（原为 0 的变为 1，原为 1 的变为 0）。

若新个体数达到 M，则已形成一个新群体，转向步骤（5）；否则转向步骤（6），继续进行遗传操作。

当然，分类器种类多样，对不同类型特征向量的分类性能可能存在较大区别。随着检测技术的发展、人工智能理论的进步以及数理学科的进步，对于不同的检测系统采集的原始局部放电信号可能会生成不同的特征模式向量空间，可能有多种类型的识别网络选择，以及涌现出不同种类的全局优化算法。

参 考 文 献

[1] 边肇祺，张学工. 模式识别[M]. 北京：清华大学出版社，2000.
[2] 郑殿春. 基于 BP 网络的局部放电模式识别[D]. 哈尔滨：哈尔滨理工大学，2005.
[3] 何兰香. 基于 T-S 模型的模糊神经网络局部放电模式识别方法[D]. 哈尔滨：哈尔滨理工大学，2009.
[4] 李晶皎，朱志良，王爱侠. 模式识别[M]. 北京：电子工业出版社，2004.
[5] 张乃尧，阎平凡. 神经网络与模糊控制[M]. 北京：清华大学出版社，1998.

第 3 章 PD 与指纹特征

在高压电气设备的绝缘结构设计过程中，电场强度很难做到均匀分布[1]。当绝缘中的局部区域电场强度达到该区域介质的击穿电场强度值时，该区域就会出现放电现象，但并未形成贯穿于两电极导体之间的放电通道，即整个绝缘系统并没有击穿，仍然保持绝缘状态[2]。造成电场分布不均匀的因素很多，主要包括以下方面。

(1)高压电气设备结构本身导致的电场分布不均匀。在电机线棒端部、电力变压器高压引线及电缆接头等的电场强度畸变比较严重，需要采取特殊技术措施使电场均匀分布以消除局部放电现象。

(2)介质不均匀，绝缘体由各种复合介质构成，如气体-固体组合、液体-固体组合、不同固体组合等。在交变电压作用下，绝缘介质中的电场强度分布是反比于介电常数的，因此介电常数小的绝缘介质中的电场强度一定大于介电常数大的绝缘介质中的电场强度。

(3)电极导体表面加工粗糙、装配过程留有毛刺或混入金属导电粒子都会触发局部区域的局部放电现象。此外，在高电场强度中若有悬浮电位的金属导体存在，也会在其边缘感应出很强的电场强度；在电气设备的各连接处，如果接触不好，也会在距离很微小的两个接触点间产生高电场强度；这些都可能造成局部放电。

(4)绝缘介质不纯净，含有气泡或其他杂质。绝缘体内的气泡可能是产品制造过程残留下的，也可能是在产品运行中由于热胀冷缩在不同材料的界面上出现了裂缝，或者因绝缘材料老化而分解出气体。

局部放电会逐渐腐蚀、损坏绝缘材料，使放电区域不断扩大，最终导致整个绝缘结构整体击穿。因此，必须把局部放电限制在一定水平之下。高电压电工设备都把局部放电的测量列为检查产品质量的重要指标，产品不但出厂时要做局部放电检验，其局部放电必须符合相关标准约定，否则就不是合格产品，不能投入系统运行。即使合格的设备在投入运行之后还要继续对局部放电水平参数进行长期监测，其量值参数作为设备绝缘老化诊断、设备故障预报和预期寿命评估判定准则的依据。

3.1 诱发 PD 的理化过程

采用固体绝缘介质的电气设备，难免在其绝缘结构中含有气隙。产生气隙的原因很多，如设备制造安装过程残留在绝缘结构中的气隙，设备运行过程有机材料进一步固化或裂解而释放出气体形成的气隙，运行过程中承受机械应力如振动、热胀冷缩等导致绝缘介质局部开裂而形成的气隙。众所周知，高压电气设备的绝缘体系都是由组合电介质构成的，由于不同种类介质的电学特性，其界面可能存在极化电荷、电场畸变等现象[3,4]。

以上所列举的实例都是产生局部放电的结构性诱因。

3.1.1　介质内部局部放电

最简单的情况是在固体介质内部含有一个气隙，如图 3-1(a)所示。图中，c 是气隙，b 是与气隙串联部分的介质，a 是除了 b 之外其他部分的介质。假定这一介质是处在平行板电极之中，在交流电场作用下气隙和介质中的放电过程可以用图 3-1(b)所示的等效电路进行分析。

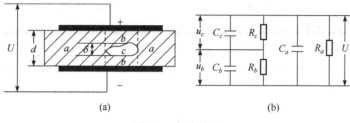

(a)　　　　　　　　　　　　　　(b)

图 3-1　气泡模型

假定在介质中的气隙是扁平状且是与电场方向相垂直的，如图 3-2 所示，则按电流连续性原理可得

$$U_c Y_c = U_b Y_b \tag{3-1}$$

$$\frac{u_c}{u_b} = \frac{\sqrt{\gamma_b^2 + (\omega \varepsilon_0 \varepsilon_{rb})^2}}{\sqrt{\gamma_c^2 + (\omega \varepsilon_0 \varepsilon_{rc})^2}} = \frac{\delta}{d - \delta} \tag{3-2}$$

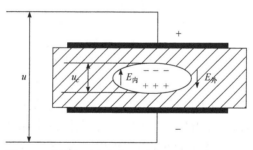

图 3-2　绝缘介质内部气隙放电空间电荷的分布

在工频电场中，若 γ_c 和 γ_b 均小于 $10^{-11}(\Omega \cdot m)^{-1}$，则式(3-2)可简化为

$$\frac{E_c}{E_b} = \frac{U_c / \delta}{U_b / (d - \delta)} = \frac{\varepsilon_{rb}}{\varepsilon_{rc}} \tag{3-3}$$

在直流电场中，有

$$\frac{E_c}{E_b} = \frac{\gamma_b}{\gamma_c} \tag{3-4}$$

式(3-1)~式(3-4)中，E_c、E_b 分别为气隙和介质中的电场强度(V/m)；U_c、U_b 分别为气隙和介质上的电压(V)；Y_c、Y_b 分别为气隙和介质的导纳(1/Ω)；ε_{rc}、ε_{rb} 分别

为气隙和介质的相对介电常数；γ_c、γ_b 分别为气隙和介质的等效电导率（$(\Omega \cdot m)^{-1}$）；δ、d 分别为气隙和介质的厚度（m）。

由此可见，在工频电场中气隙中的电场强度是介质中电场强度的 $\varepsilon_{rb}/\varepsilon_{rc}$ 倍。通常情况下，$\varepsilon_{rc} \approx 1$，$\varepsilon_{rb} > 2$，即气隙中的电场强度要比介质中的电场强度高很多，而另外气体的击穿电场强度即气隙发生击穿时的电场强度一般比固体的击穿电场强度低。因此，在外加电压足够高时，气隙首先被击穿，而周围的介质仍然保持其绝缘特性，电极之间并没有形成贯穿两电极的通道，即所谓的局部放电。

诚然，即使在介质中不含有气隙或油隙，只要是介质中的电场分布是极不均匀的，也会发生局部放电现象，因为纯净电介质只存在于理论上。

气隙发生放电时，气隙中的气体发生分解，使气体分子分离为带电的质点，在外加电场作用下，正离子沿电场方向移动，电子（或负离子）沿相反的方向移动，于是这些空间电荷建立了与外施电场 $E_{外}$ 方向相反的电场 $E_{内}$，这时气隙内的实际电场强度为

$$E_c = E_{外} - E_{内} \tag{3-5}$$

即气隙上的电场强度下降了，或者说气隙上的电压降低了 ΔU_c。于是，气隙中的实际电场低于该气体的击穿电场强度，气隙中的放电暂时停止了。在气隙中发生这样一次放电过程的时间很短促，约为 10^{-8}s 数量级，而油隙中发生这样一次放电过程的时间比较长，可达 10^{-6}s 数量级。

如果外施正弦工频交流电压瞬时值上升使得气隙上的电压 U_c 达到气隙的击穿电压 U_{cb}，气隙即刻发生放电又在瞬间下降 ΔU_c，于是气隙上的实际电压低于气隙的击穿电压，放电暂时停止，对应于图 3-3 中 1 的位置。然后，气隙上的电压又随外加电压瞬时值的增加而上升，直到气隙上的电压又达到气隙的击穿电压 U_{cb} 时，气隙又发生放电，在此瞬间气隙的电压又下降 ΔU_c，于是放电又暂停。假定气隙表面的电阻很高，前一次放电产生的空间电荷没有泄漏掉，则此时气隙中放电电荷建立的反向电压为 $-2\Delta U_c$。以此类推，如果在外施电压的瞬时值达到峰值之前发生了 n 次放电，每次放电产生的电荷都是相等的，则在气隙中放电电荷建立的电压为 $-n\Delta U_c$。在外加电压过峰值后，气隙上的外加电压分量 $U_{外}$ 逐渐减小，当 $U_{外} = |-n\Delta U_c|$ 时，气隙的实际电压等于零，对应于图 3-3 中 2 的位置。外施电压的瞬时值继续下降，当 $|U_{外} - n\Delta U_c| = U_{cb}$ 时，即气隙上的实际电压达到击穿电压时，气隙又发生放电，然而放电电荷的移动方向取决于在此之前放电电荷所建立的电场 $E_{内}$，于是减少了原来放电所积累的电荷，使气隙上的实际电压为 $|U_{外} - n\Delta U_c| < U_{cb}$，于是放电暂停，对应于图 3-3 中 3 的位置。此后随外施电压继续下降到负半周，当重新达到 $|-U_{外} - (n-1)\Delta U_c| < U_{cb}$ 时，又发生放电，放电后气隙上的电压为 $|-U_{外} - (n-2)\Delta U_c| < U_{cb}$，于是放电又停止。以此类推，直到外加电压达到负峰值，这时气隙中放电电荷建立的电压为 $n\Delta U_c$。随着电压回升，在一段时间内 $|U_{外} + n\Delta U_c| < U_{cb}$ 不会出现放电，直到 $|U_{外} + n\Delta U_c| = U_{cb}$ 时气隙又发生放电。放电后气隙上的电压为 $|U_{外} + (n-1)\Delta U_c| < U_{cb}$，于是放电又暂停，对应于图 3-3 中 4 的位置。由此可见，在正弦

交流电压下，局部放电是出现在外加电压的一定相位上，当外加电压足够高时在一个周期内可能出现多次放电，每次放电都有一定的间隔时间。

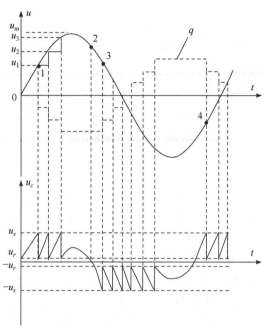

图 3-3 正弦工频交流电压 u 下的空间电荷 q 和气隙电压 U_c 变化示意图

3.1.2 介质沿面局部放电

绝缘体表面的局部放电过程与内部放电过程是基本相似的，如图 3-4(a) 所示。把电极与介质表面之间发生放电的区域所构成的电容记为 C_c，与此放电区域串联部分介质的电容记为 C_b，其他部分介质的电容记为 C_a，则上述等效电路及放电过程同样适用于表面局部放电。不同的是现在的气隙只有一边是介质，而另一边是导体，放电产生的电荷只能累积在介质的一边，因此累积的电荷少了，更不容易在外加电压绝对值的下降相位上出现放电。另外，如果电极系统是不对称的，放电只发生在其中一个电极的边缘，则出现的放电图形是不对称的。当放电的电极是接高压、不放电的电极是接地时，在施加电压的负半周是放电量少，放电次数多；而正半周是放电量大，而次数少，如图 3-4(b) 所示。这是因为导体在负极性时容易发射电子，同时正离子撞击阴极产生二次电子发射，使得电极周围气体的起始放电电压低，因此放电次数多而放电量小。如果将放电的电极接地，不放电的电极接高压，则放电的图形也反过来，即正半周放电脉冲是小而多，负半周放电脉冲是大而少。若电极是对称的，即两个电极边缘电场强度是一样的，则放电的图形也是对称的。

表面的局部放电过程与内部放电过程是基本相似的，不同的是气隙一端是导体，其他一端是电极，则放电产生的电荷积累在介质中，并在其介质表面发生的放电现象。由于电极和介质的作用的不对称性，放电脉冲分布不对称。放电相位主要集中在工频电压 20°～90° 和 200°～270°。若放电的电极接高压，不放电的电极接地，则负半周出现的放电量较少,但是放电次数较多;正半周的放电量较大,但放电次数较少,如图 3-4(b)所示。若放电的电极接地,不放电的电极接高压,则图形相反。

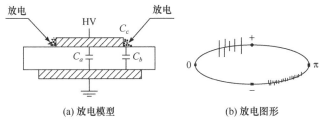

(a) 放电模型　　　　　　　(b) 放电图形

图 3-4　表面局部放电[5]

3.1.3　电晕放电

电晕放电是发生在导体周围全是气体的情况下,气体中的分子是自由移动的,放电产生的带电质点也不会固定在空间的某一位置上,因此放电过程与上述固体或液体绝缘中含有气泡的放电过程不同。以尖对板的电极系统为例,如图 3-5(a)所示,在针尖附近就发生放电,由于在负极性时容易发射电子,同时正离子撞击阴极发生二次电子发射,使得放电总是在针尖为负极性时先出现,这时正离子很快移向针尖电极而复合,电子在移向平板电极过程中,附着于中性分子而成为负离子,负离子迁移的速度较慢,众多的负离子在电极之间,使得针尖附近的电场强度降低,因此放电暂停。之后,随着负离子移向平板电极,或外加电压上升,针尖附近的电场又升高到气体的击穿电场强度,于是又出现第二次放电。这样,电晕的放电脉冲就出现在外加电压负半周的 90°,出现的放电脉冲几乎是等幅值、等间隔的,如图 3-5(b)所示。随着电压的升高,放电大小几乎不变,而次数增加。当电压足够高时,在正半周也会出现少量幅值大的放电。正负半周波形是极不对称的,如图 3-5(c)所示。

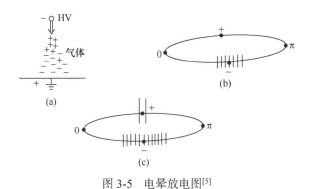

图 3-5　电晕放电图[5]

3.2　局部放电的危害

根据大量的故障高电压电气设备解剖样本分析以及可靠性实验结果,证明局部放电现象是导致绝缘损坏的主要原因之一。近年来,这方面的研究工作已积累了丰富的实践经验和学术成果。局部放电现象对绝缘产生的破坏作用可概括为以下几种基本形式。

(1)局部放电产生的高能电子和离子的轰击,造成电介质表面的电腐蚀,又加上能量消耗产生局部过热,导致发生局部放电位置的高聚物分子链裂解。

(2)局部放电过程产生臭氧、硝酸以及其他产物,与电介质材料起化学反应,使绝缘材料劣化,降低绝缘性能。

(3)局部放电产生的紫外线、X 射线等辐射,促使电介质材料的分子链在高能量射线的作用下断裂而丧失绝缘性能。

实际上各种破坏形式可能是同时存在的,也可能是以某一破坏形式为主,这取决于绝缘材料的本征性能和设备运行的工况条件。

实践和理论均证明,局部放电现象是导致高压电气设备绝缘损坏的主要因素,其丧失电介质性能的理化过程可以从以下方面加以解释。

(1)内部放电破坏过程。此过程可以分为三个阶段。第一阶段是局部放电产生的化学反应使介质表面上出现沉淀物,它们的介电系数和电导系数一般都比气隙周围介的高,因此在沉淀物的附近发生电场集中,局部放电就逐渐转移到电场强度高的各点上。第二阶段是在各个放电的集中点上,绝缘介质进一步被腐蚀。这些放电的集中点往往是在气隙底部的边缘上,这是由于气隙壁底部的电阻因沉淀物的覆盖而变小,放电电荷沿气隙壁向底部集聚,在气隙底部的边缘积聚了许多空间电荷,造成此处的电场集中。第三阶段是在较高的电压下,在绝缘介质被腐蚀的凹陷边缘的尖端,其电场强度可能达到该材料的本征击穿强度,这时材料被局部击穿。接着尖端又向前推移,在新的尖端附近又发生新的局部击穿,经过一定时间的发展,放电通道的长度逐渐增加,而且分支也逐渐增多,形成了树状放电,最终放电的通道贯穿于电极间的电介质。

(2)表面局部放电对高聚物的破坏。在表面局部放电中带电粒子对材料的轰击造成电介质的腐蚀,以及放电过程产生的臭氧等生成物加剧了电介质绝缘性能丧失的化学反应。表面局部放电一般都比较强烈,电子撞击介质具有的能量将超过10eV,而高聚物的键能一般低于10eV,因此,电子的轰击足以使高聚物分子链断裂,造成表面腐蚀。当表面局部放电是处在空气中时,空气中的氧和水容易放电生成臭氧、硝酸等。因此,绝缘材料与这些生成物起化学反应而变质。在表面局部放电比较强烈时,如放电能量超过10^{-7}J,在材料表面的放电通道上可能发生局部过热,以致该处材料发生软化或击穿。

(3)局部放电对油纸绝缘的破坏。油纸绝缘中的局部放电,在起始放电时很不稳定,经常是间断地出现。局部放电可能发生在气隙中,也可能发生在油隙中。通常情况下,油隙中放电的起始电压和放电量都比气隙中的高得多。如果油的吸气性能好,即使在开始时有些气隙放电,但逐渐会使大气隙分为小气隙,最终都会被油所吸收,因此油隙的放电是主要的危险。如果油的吸气性能不好,加上在放电过程中不断地放出新的气体,就会使小气隙变成大气隙,气隙放电越来越严重。这种情况下,气隙放电往往成为主要的危险,而且会很快导致击穿。油的吸气特性与下列因素有关:①电场强度的提高,会使放出的气体增加,在低电场强度下时吸气的油在高电场强度下可能变为放气;②温度升高时,放出的气体一般趋向于增加;③油的密度和折射率增大,会减少放气甚至变为吸气。由此可见,在高电场强度和高温下局部放电就显得更为严重。

根据各种模拟实验可以发现局部放电对电介质老化速度的影响主要表现在以下几方面。①电场强度。电场强度对电老化速度有显著影响，在电场作用下绝缘介质中局部放电的发展是老化的主要原因。当电场强度增高时，会有更多和更严重的气隙或缺陷发生放电，放电量、放电次数、放电能量都增大了，因此很快就发生击穿。②频率。实验证明，在一定电场强度下，放电重复率越高，材料损坏得越快，放电重复率与施加电压的频率是成正比的，因此局部放电造成绝缘材料损坏的速度也随电压频率的增高而成正比例地加快。③气隙的形状和放电的位置。在一定的绝缘厚度中气隙电场方向的长度增加，将会加速局部放电对绝缘的破坏作用。当介质内存在多个气隙时，若气隙的排列是沿电场方向并行的，则各气隙放电是独立的。若各气隙是沿电场方向前后串联的，则一个气隙放电就会触发另一个气隙放电，而且两个气隙放电的发展容易贯穿一起而加速绝缘的破坏。在实际绝缘结构中的电场分布往往是不均匀的，在电场强度高的地方出现的气隙放电将比电场强度低的地方更为有害。④温度和湿度。温度和湿度对局部放电特性的影响是比较复杂的，在不同条件下往往会导致完全相反的结果，因此应特别注意做具体分析。温度升高会加速由于局部放电而发生的化学反应和局部放电通道过热，这些都会促使材料加速老化。另外，温度升高有利于高温下成形的绝缘结构消除机械应力和缩小气隙，从而减弱局部放电，延长寿命。湿度增大往往会延长电老化的寿命，这是由于水的电导系数和介电系数都比较大，再加上局部放电过程与臭氧一起形成了酸性半导电层，电场分布得到改善，从而使局部放电减弱甚至间断。对于漆膜、层压制品以及油纸绝缘等，当湿度增大时，往往会降低放电起始电压，增大介质损耗，从而加快局部放电对材料的破坏。⑤机械应力。实验证明，绝缘材料内存在机械应力会使电老化寿命缩短。

3.3　交流电压下的 PD 表征方法

实验证明，局部放电发生时，在放电位置出现电荷转移和交换现象，因此在一个与之相连的回路中就会产生脉冲电流，通过检测此脉冲电流来测量局部放电的方法称为脉冲电流法(ERA 法)[6]。

根据局部放电机理和电路理论，图 3-1(a) 所示的气泡模型可以简化为图 3-6 所示的等效电路。前者试样的一端要接地，后者试样的两端都不能接地。并联测试回路中通过试样的工频电流不经过检测阻抗，因此在试样容量大或容易发生击穿或闪络时，用并联回路比较安全。串联回路的优点是在选用较大的 C_k 时，可将高压部分来的干扰削弱。并联回路和串联回路均由试样 C_x、耦合电容器(隔离电容器) C_k 和检测阻抗 Z_d 组成。耦合电容的作用是将试样局部放电产生的脉冲信号耦合到检测阻抗上。在串联测试回路中 C_k 又起隔离工频高压的作用，使检测阻抗处于低电位。耦合电容器在实验电压下不允许产生局部放电，而且残余的电感要足够小，以免在测试回路中产生振荡。检测阻抗的作用是取样，当试样产生局部放电时，检测回路中就有脉冲电流，于是检测阻抗两端就会出现脉冲电压，其幅值、波形及信号传播速度取决于局部放电量和测试回路参数，检测阻抗的响应特性尤为关键。

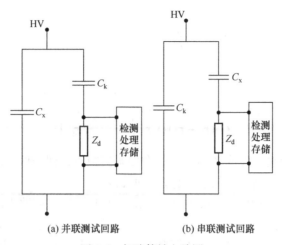

(a) 并联测试回路　　　　　　　　　　　　(b) 串联测试回路

图 3-6　气隙等效电路图

从检测阻抗取得的局部放电信号是很微弱的，例如，当试样电容为 10^{-6} F 、放电量为 10^{-12} C 时，试样两端的电压变化约为 1μ V ，因此必须经放大后才能在示波器或记录仪器上显示或记录。放大器应具有低噪声(信噪比应不小于 $2 : 1$)、高放大倍数以及合理的检测频带匹配特点。放大器的输出电压不仅取决于 U_d 和理想放大倍数，而且正比于放电器的频带宽度和 $U_d\tau_d$ 的乘积，而二者的乘积与输入电压波形所围的面积有关。由此可见，要提高测量的灵敏度，放大器必须有足够的增益和频带宽度，但增大增益和加宽频带都会使噪声加大。

除了放大器的噪声，还有测试回路的噪声，测试回路的噪声主要取决于检测阻抗中的电阻热噪声。在通常情况下，测试回路的噪声比放大器的噪声小，特别是当试样的电容大时。为了提高灵敏度可以在测试回路和放大器之间接入一个升压变压器，使被测信号和回路的噪声同时增大，变压器的变比可以选择为使回路的噪声略大于放大器的噪声。

当试样产生局部放电时，脉冲电流对检测阻抗 R_C 两端的电容充电使其电压上升，与此同时 R_C 两端的电荷又经电阻 R 放电，使 R_C 两端的电压下降。当电压上升的时间常数比下降的时间常数下得多时，R_C 两端的电压很快上升，U_d 按指数形式下降，即 R_C 两端电压随时间的变化为

$$U_d(t) = U_d \mathrm{e}^{-\frac{t}{\tau_d}} = \frac{q_a}{C_r} \mathrm{e}^{-\frac{t}{\tau_d}} \tag{3-6}$$

$$\tau_d = R_d \left(C_d + \frac{C_x C_k}{C_x + C_k} \right) = R_d C_m \tag{3-7}$$

式中，τ_d 为检测回路的时间常数。

如果试样中一次局部放电持续的时间比较长，即放电产生的脉冲电流上升时间常数 τ_d 较大或检测回路的时间常数 τ_0 很小，这时检测阻抗两端的电压随时间的变化为

$$U'_{\mathrm{d}}(t) = \frac{q_{\mathrm{a}}}{C_{\mathrm{r}}}\frac{\tau_{\mathrm{d}}}{\tau_{\mathrm{d}}-\tau_0}\left(\mathrm{e}^{-\frac{t}{\tau_{\mathrm{d}}}}-\mathrm{e}^{-\frac{t}{\tau_0}}\right) \tag{3-8}$$

其幅值为

$$U'_{\mathrm{d}} = \frac{q_{\mathrm{d}}\tau_{\mathrm{d}}}{C_r(\tau_{\mathrm{d}}-\tau_0)}\left[\left(\frac{\tau_{\mathrm{d}}}{\tau_0}\right)^{-\frac{\tau_{\mathrm{d}}}{\tau_{\mathrm{d}}-\tau_0}}-\left(\frac{\tau_{\mathrm{d}}}{\tau_0}\right)^{-\frac{\tau_{\mathrm{d}}}{\tau_{\mathrm{d}}-\tau_0}}\right] \tag{3-9}$$

由此可见，无论是增大或减小，τ_{d} 都会使幅值减小，即降低了测量的灵敏度。在通常情况下，为了得到较高的灵敏度，总是要求 $\tau_{\mathrm{d}} \ll \tau_0$。

如果采用 RLC 检测阻抗，当试样发生局部放电时，测试回路中的脉冲电流先对电容 C_{d} 充电，之后 $C_{\mathrm{d}}L_{\mathrm{d}}$ 中储存的能量交替转换产生了谐振。同时，因 R_{d} 的存在这种振荡是衰减的，如果脉冲电流的上升时间比振荡的周期小得多，则 RLC 两端的电压可表示为

$$U_{\mathrm{m}}(t) = U_{\mathrm{d}}\,\mathrm{e}^{-\alpha_{\mathrm{d}}}\cos\omega_{\mathrm{d}}t \tag{3-10}$$

式中，ω_{d} 为谐振角频率；$\alpha_{\mathrm{d}} = \dfrac{1}{2R_{\mathrm{d}}C_{\mathrm{m}}}$ 为衰减系数，R_{d} 为检测阻抗的电阻，C_{m} 为检测阻抗两端的总电容。

如果脉冲电流上升时间系数与谐振的周期可以相比，那么检测阻抗两端的电压应为

$$U'_{\mathrm{m}}(t) = U_{\mathrm{d}}\frac{1}{\sqrt{\tau_0{}^2+\omega_{\mathrm{d}}{}^2+1}}\left[\mathrm{e}^{-\frac{t}{\tau_{\mathrm{d}}}}\cos(\omega_{\mathrm{d}}t-\phi)-\mathrm{e}^{-\frac{t}{\tau_{\mathrm{d}}}}\cos\phi\right] \tag{3-11}$$

式中，$\phi = \arctan\tau_0\omega_{\mathrm{d}}$。

因此，只要选用窄频带的选频放大器就可以得到被测信号的大部分能量，即获得足够高的测量灵敏度。

在局部放电测试中，当施加在试样上的电压很高时，放电次数明显增加，每次放电相隔的时间将相应缩短。为了能正确测定放电次数和避免相邻二次脉冲信号叠加造成测量放电量的误差，要求测试装置有足够的分辨能力。整个测试装置的分辨能力取决于检测回路、放大器以及显示仪器的分辨能力中最小的一个。检测回路的分辨能力取决于脉冲信号衰减的时间常数。当局部放电产生的脉冲间隔时间小到接近于 3 倍检测回路的时间常数时，检测阻抗两端的脉冲信号便出现明显的叠加现象。若脉冲信号的间隔时间不小于 3 倍的测试回路的时间常数，则上述的叠加误差可以忽略。放大器的分辨能力取决于放大器的频带宽度。

3.4　局部放电模拟

在电气设备的绝缘系统中，各部位的电场强度往往是不相等的，当局部区域的电场强度达到该区域绝缘的击穿电场强度时，该区域就会出现放电，但这放电并没有贯穿施加电压的两导体之间，即整个绝缘系统并没有击穿，仍然保持绝缘性能，这种现象称为局部放电。

导致电场不均匀的因素很多。电气设备的电极系统容易导致不对称现象，如尖对板、尖对圆柱体等电极系统。在电机线棒与铁心的连接部位、变压器高压绕组的出线端和电力电缆接头盒等部位的电场容易产生畸变，若这些部位(或区域)不采取特殊的绝缘措施，很容易首先触发局部放电现象。因为这些部位的电介质结构不均匀，各种复合电介质结构，如气体介质-固体介质组合、液体介质-固体介质组合以及不同固体介质组合等。在交变电场作用下，电介质中的电场强度反比于电介质的相对电常数 ε_r。因此介电常数小的介质承受较高的电场强度分量。气体的相对介电常数接近于 1，各种固体、液体介质的相对介电常数都要比它大 1 倍以上，而固体、液体介质的击穿电场强度一般要比气体介质的大几倍到几十倍，因此，绝缘体中有气泡存在是产生局部放电的最普遍原因。绝缘体内的气泡可能是产品制造过程中残留下的，也可能是在产品运行中由于热胀冷缩在不同材料的界面上出现了裂缝，或者因绝缘材料老化而分解出气体。此外，在高电场强度中若有电位悬浮的金属体存在，也会在其边缘感应出很高的电场强度。又在电气设备的各连接点处，如果接触不好，也会在距离很微小的两个连接点间产生高电场强度，这些都可能造成局部放电[7,8]。

3.4.1　模型构建与 PD 信号采集

介质中存在诸多不同缺陷，而不同缺陷导致电场分布的均匀程度也不相同，致使局部放电的理化过程和信号波形也不相同。因此，为模拟不同电场分布，将电场划分为极不均匀电场、不均匀电场和稍不均匀电场。极不均匀电场用尖-尖电极系统模拟；不均匀电场用尖-板电极和尖-球电极模拟；而稍不均匀电场用球-球电极和球-板电极模拟。

为模拟电场分布的不均匀性，本书使用行业标准的黄铜材料设计并制作了五对实验模型，它们是球-板、球-球、尖-板、尖-球和尖-尖电极系统，尖-尖、尖-板和尖-球的间隙分别为 10mm，而球-板和球-球的间隙为 12mm。点电极都是直径为 4mm 的铜圆柱，尖端角为 30°。板状电极为直径为 100mm 的铜圆板，经表面抛光和倒角，两个球形电极均为实心铜球，经表面抛光后直径分别为 10mm 和 20mm。这五对实验模型如图 3-7 所示。球-球电极的电场不均匀系数为 $g_e = 1.05$，近似于均匀电场($g_e = 1.0$)；球-板电极的电场不均匀系数为 $g_e = 1.22$，属于稍不均匀电场；而尖-板、尖-球和尖-尖电极的电场不均匀系数 $g_e = 4.27$，属于极不均匀电场[9]。

放电室是由有机玻璃材料制成的圆柱体，直径为 450mm，高度为 600mm，壁厚为 15mm，如图 3-8 所示。此外，实验前必须先清洁、干燥和抽空反应室，然后注入干净、

(a) 球-板电极　　　　　　　(b) 球-球电极　　　　　　　(c) 尖-板电极

(d) 尖-球电极　　　　　　　　　(e) 尖-尖电极

图 3-7　局部放电模拟电极模型

干燥的空气。放电室中气体的压力取决于实验的需要，温度始终保持在 20℃。根据实验要求，将五对 PD 电极依次固定在腔室的底部，电极间隙不仅可以自由调节，而且电极本身应该易于安装和拆卸。

实验工作在电磁屏蔽实验室中进行，实验原理如图 3-9 所示。PD 信号的采集由 Hipotronics DDX-7000 数字 PD 检测器完成。为了满足信号分析、处理和 PD 识别分类的需求，以整数倍的多个循环长度来获取、存储和截取 PD 信号。实验过程中，共采集 1000 个原始 PD 数据，即每个 PD 模型收集了 200 个。

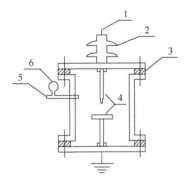

图 3-8　有机玻璃 PD 室

1-高压线；2-绝缘子；3-密封圈；4-电极系统；
5-充气阀；6-压力表和温度计

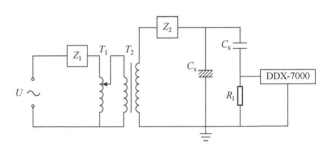

图 3-9　PD 信号采集原理

Z_1、Z_2-低通滤波器；T_1-调压器；T_2-变压器；
C_s-标准电容器；C_x-试样电容；R_1-检测阻抗

图 3-10 为五种模型发生局部放电时的正弦轨迹信号，将 PD 脉冲显示在正弦波形上，有助于相位的辨识。

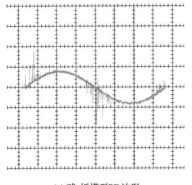
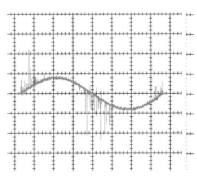

(a) 球-板模型PD波形　　　　　　　(b) 球-球模型PD波形

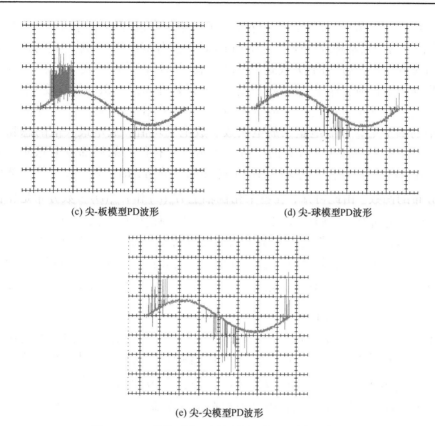

(c) 尖-板模型PD波形　　　　　　　　　　(d) 尖-球模型PD波形

(e) 尖-尖模型PD波形

图 3-10　五种模型发生局部放电时的正弦轨迹信号

3.4.2　交流电压下 PD 统计量的表征

交流电压下的局部放电信号的瞬态值仅由三个独立的量表示：放电量 q_i、起始放电电压 u_i 和发生局部放电的相位角 φ_i，如图 3-11 所示，其中 N_{q+} 和 N_{q-} 分别为正弦交流电压正、负半周的放电脉冲数。如果在电压的半个周期内发生更多的局部放电，则 q_i、u_i 和 φ_i 均可以通过计算获得。由于正弦交流电压的周期性，在出现局部放电的情况下，可

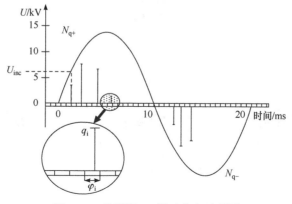

图 3-11　单周期 PD 脉冲分布示意图

以连续采集多个周期的局部放电信号进行分析。实验研究已经证明了局部放电现象的随机性、自仿性且服从某种统计规律，因此衍生出许多分析处理局部放电的方法。交流电压下局部放电相位分布(PRPD)模式，可以提取不同局部放电模式下的 $\varphi\text{-}q\text{-}n$ 的三维谱图，此方法是目前交流工频局部放电信号分析处理和模式识别的有效方法[10-14]。

一个电压周期被分成代表相位角轴($0°\sim360°$)的相位窗口。统计并确定每个相位窗口中的四个量，即放电量、放电次数、放电平均值和放电最大值的总和。参数 $H_n(\varphi)$ 是每个相位角脉冲数分布的函数，表示每个相位窗的局部放电脉冲个数的分布；参数 $H_{qn}(\varphi)$ 表示每个相位窗局部放电脉冲幅值分布，即一相位窗平均局部放电脉冲高度分布的函数。由此可知，在整个相位轴上 $H_n(\varphi)$ 和 $H_{qn}(\varphi)$ 参数分布是相位的函数。根据先前的研究，我们已经知道，放电在电压周期内产生两个数据序列，并且对于电压周期的每一半周，都可以测量半周的放电两个参数序列。但是，对于每个电压周期的一半，在相似的触发条件下，可以预期获得相似的放电参数序列。因此，对于 $H_n(\varphi)$ 和 $H_{qn}(\varphi)$，在不同的正负半周上，衍生出来 $H_n^+(\varphi)$ 和 $H_{qn}^+(\varphi)$ 分布在正半周，而 $H_n^-(\varphi)$ 和 $H_{qn}^-(\varphi)$ 分布在负半周。

如上所述，五个不同的 PD 信号波形，在一个正弦周期(2π)内分别被划分为 N 个相位窗口，如图 3-11 所示。计算出每个相位窗的 n、q 和 φ，然后可以确定参数序列 $H_n(\varphi)$ 和 $H_{qn}(\varphi)$，以及 $H_n^+(\varphi)$、$H_{qn}^+(\varphi)$、$H_n^-(\varphi)$ 和 $H_{qn}^-(\varphi)$。根据上述方法，实验获得了图 3-12 所示的局部放电模拟电极模型在正弦交流电压下局部放电的 $\varphi\text{-}q\text{-}n$ 的三维谱图。

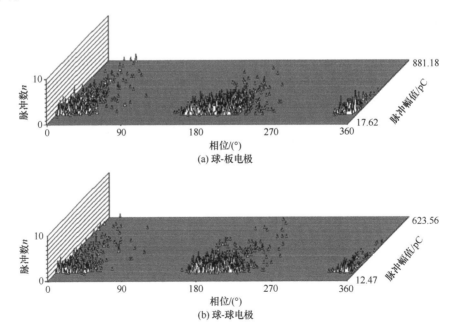

(a) 球-板电极

(b) 球-球电极

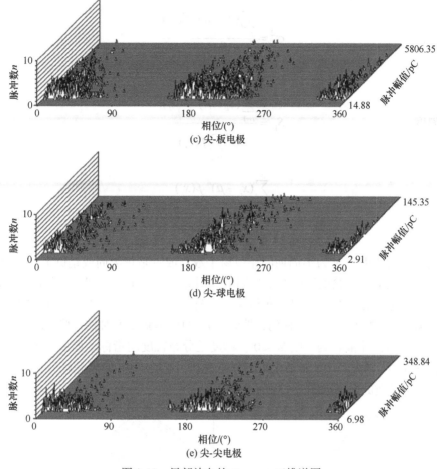

图 3-12　局部放电的 φ - q - n 三维谱图

3.4.3　统计分布参数与指纹

局部放电现象的一个突出特点是它是随机性的,局部电场强度不同,其触发局部放电的作用时间(电压相位角)和放电的位置也不同。可见,各种类型的局部放电之间都有一定的区别。采用随机过程理论能够较好地表述局部放电现象的这一特点。

1. 统计分布参数

将标准单变量统计分析用于表征局部放电单变量分布的统计参数计算,局部放电脉冲量的离散概率密度函数 $y_i = f(x_i)$,相关的统计参数计算如下。

均值:
$$\mu = \frac{\sum_{i=1}^{N} x_i f(x_i)}{\sum_{i=1}^{N} f(x_i)} \tag{3-12}$$

方差：
$$\sigma^2 = \frac{\sum_{i=1}^{N}(x_i - \mu)^2 f(x_i)}{\sum_{i=1}^{N} f(x_i)} \tag{3-13}$$

偏斜度：
$$S_k = \frac{\sum_{i=1}^{N}(x_i - \mu)^3 f(x_i)}{\sigma^3 \sum_{i=1}^{N} f(x_i)} \tag{3-14}$$

峰度：
$$K_u = \frac{\sum_{i=1}^{N}(x_i - \mu)^4 f(x_i)}{\sigma^4 \sum_{i=1}^{N} f(x_i)} - 3.0 \tag{3-15}$$

以上计算公式中，N 为半周期的相位窗个数，或者是正半周或是负半周。由于 PD 活动通常发生在交流实验电压的两个半周上，因此对于两个半周期，应分别计算这些统计量。根据参考正态分布评估偏斜度和峰度。偏斜度是数据相对于正态分布的不对称性或倾斜度的度量。如果分布是对称的，则 $S_k = 0$；如果偏斜度不对称并偏左侧，则 $S_k > 0$；如果偏斜度不对称并偏右侧，则 $S_k < 0$。峰度是分布锐度的指标。如果分布具有与正态分布相同的锐度，则 $K_u = 0$；如果比正态分布锐利，则 $K_u > 0$；如果是扁平的，则 $K_u < 0$。S_k 和 K_u 分布参数的形态如图 3-13 所示。

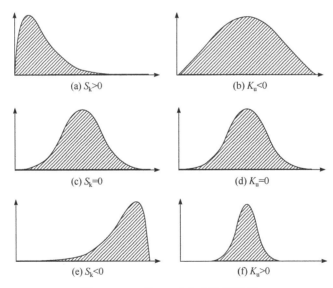

图 3-13　S_k 和 K_u 分布参数的形态

2. 附加参数

表述正弦工频电压任意一周期的正、负两个半周局部放电量的分布差异，即是正、负两个半周局部放电量 Q 不对称性，将其称为局部放电量因数。Q 反映的是 φ-q 谱图中

正半周平均放电量与负半周平均放电量之间的差别，其参数表示为

$$Q = \frac{Q_s^-/N^-}{Q_s^+/N^+} \tag{3-16}$$

式中，Q_s^+ 和 Q_s^- 分别为交流电压正、负半周上的平均脉冲高度分布的局部放电电荷量的总和；而 N^+ 和 N^- 分别为交流电压正、负半周上的局部放电次数。因此，$Q=1$ 意味着交流电压正、负半周上相等的局部放电水平，$Q \approx 0$ 则意味着存在很大的总体差异。

相位不对称度 Φ 反映的是 $\varphi\text{-}q$ 谱图中，正半周局部放电起始相位和负半周局部放电起始相位之间的差异，其表达式为

$$\Phi = \frac{\varphi_{in}^-}{\varphi_{in}^+} \tag{3-17}$$

式中，φ_{in}^+ 和 φ_{in}^- 分别为正弦电压正、负半周上的平均局部放电脉冲分布的起始相位，用于表明两个半周期中触发局部放电的电压相位差异。（注：右上角分别标注+和 – 的 Q、N 和 φ，是正弦电压下局部放电信号波形正半周和负半周的参数量值。）

互相关系数 cc 用于评价局部放电信号正半周与负半周波形轮廓形式上的差异，其表达式如下：

$$cc = \frac{\sum_{i=1}^{N} x_i^+ x_i^- - \sum_{i=1}^{N} x_i^+ x_i^- / N}{\sqrt{\left[\sum_{i=1}^{N}(x_i^+)^2 - \left(\sum_{i=1}^{N} x_i^+\right)^2 \Big/ N\right]\left[\sum_{i=1}^{N}(x_i^-)^2 - \left(\sum_{i=1}^{N} x_i^-\right)^2 \Big/ N\right]}} \tag{3-18}$$

式中，x_i^+ 和 x_i^- 分别为正、负半周窗口 i 平均电荷脉冲的幅值；N 为每个半周上的相位窗数。该参数突显了正半周和负半周中平均电荷脉冲的幅值分布形状的差异。若相同，则 $cc=1$，否则 $cc=0$。

交互因子表明正、负半个周期中局部放电模式的差异，其表达式为

$$mcc = Q \cdot cc \tag{3-19}$$

正弦电压下的局部放电信号的统计分布参数和附加参数较好地刻画了 PD 本质特性，为进一步的信息分析处理奠定了基础。

3. 指纹

指纹是指人的手指末端表皮突线形成的有一定规律的纹线，具有唯一性和固定性，这两个特点为指纹作为身份鉴别提供了客观的依据，而指纹识别技术相对于其他识别方法有许多独到之处，具有很高的实用性和可行性。

借用指纹的概念并运用局部放电统计参数，可以获得局部放电统计参数的柱状图谱，称其为局部放电的指纹图谱。五种 PD 的指纹图谱由 DDX-7000 数字式局部放电检测仪直接获得，如图 3-14 所示。

指纹图谱精确地展示了不同电极构型（电场不均匀系数）局部放电信息特征，也充分

地揭示了不同局部放电现象宏观上的统计性和微观上的随机性，所以指纹图谱参数可以作为局部放电分类的特征向量。图 3-14 表明，每类具有 29 个特征量，即构成了 29 维特征空间，若直接将这高维特征量输入分类器进行学习训练和分类识别，势必引起分类器结构设计复杂，甚至可能导致错误分类的情况。模式识别系统的一个关键问题是确定适当的特征空间，特征空间的优化方法有特征选择和特征组合优化两种。特征选择的含义

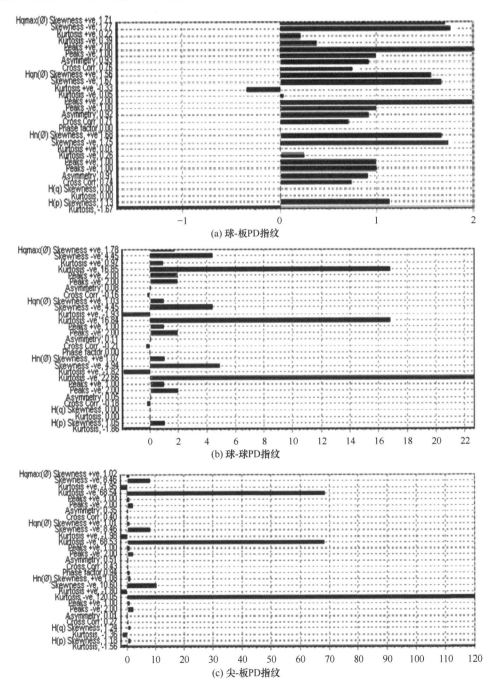

(a) 球-板PD指纹

(b) 球-球PD指纹

(c) 尖-板PD指纹

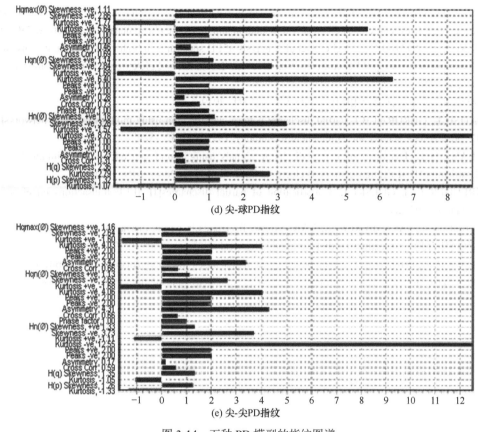

图 3-14　五种 PD 模型的指纹图谱

是为了给分类器的成功设计提供良好的基础，所选择的特征空间应能使同类物体分布具有紧致性，反之若该特征空间中混杂着不同类别的样品，那么无论选择怎样的设计方法，分类器的准确性也无法提高。特征空间的设计过程通常需要对特征空间逐步地进行优化，这种特征的优化在于对维数较高的特征空间进行改造，以使其某些方面的性能得到提高，简单来说就是将初始的维数较高的特征空间变换为维数较低的特征空间，这个过程就是特征空间的降维，以使优化后的特征空间在后续的分类计算中更有优势。特征选择的基本思想就是将原始特征空间中的一些次要特征删掉，进而构造出一个更加精简的新的特征空间；而特征组合优化则是将原始特征空间通过一种映射变换进行改造，以得到一个更加利于分类器工作的新特征空间。

参 考 文 献

[1] 郑殿春. 绝缘结构电场分析有限元法与应用[M]. 北京: 科学出版社, 2012.

[2] 郑殿春. 基于 BP 网络的局部放电模式识别[D]. 哈尔滨: 哈尔滨理工大学, 2005.

[3] 郑殿春. 气体绝缘[M]. 哈尔滨: 东北林业大学出版社, 2001.

[4] 郑殿春. 气体放电数值仿真方法[M]. 北京: 科学出版社, 2016.

[5] 邱昌容, 曹晓珑. 电气绝缘测试技术[M]. 北京: 机械工业出版社, 2011.

[6] 孙学勇. 神经网络在局部放电模式识别中的实验研究[D]. 哈尔滨: 哈尔滨理工大学, 2004.

[7]ZHENG D C, ZHANG C X, CHEN C T, et al. Metallic particle effect on the gas PD in co-axial cylinder electrodes[C]. IEEE conference on electrical insulation and dielectric phenomena, Cancun, 2002: 740-743.

[8] ZHENG D C, ZHANG C X , YU C S, et al. Analysis of PD spectrums in high voltage apparatus insulated with compressed gas[C]. IEEE conference on electrical insulation and dieletric phenomena, Albuquerque, 2003: 585-588.

[9] 郑殿春. SF$_6$介电特性及应用[M]. 北京: 科学出版社, 2019.

[10] SATISH L, GURURAJ B I. Partial discharge pattern classification using multilayer neural networks[J]. IEE proceedings: science measurement & technology, 1993, 140: 323-329.

[11] KRANZ H G. Diagnosis of partial discharge signals using neural networks and minimum distance classification[J]. IEEE transactions on electrical insulation, 1993, 28(6): 1016-1024.

[12] KREUGER F H, GULSKI E. Classification of partial discharges[J]. IEEE transactions on electrical insulation, 1993, 28(6): 917-931.

[13] SAHOO N C, SALAMA M M A, BARTNIKAS R. Trends in partial discharge pattern classification: a survey[J]. IEEE transactions on dielectrics and electrical insulation, 2005, 12（2）: 248-264.

[14] JAMES R E , PHUNG B T. Development of computer-based measurements and their application to PD pattern analysis[J]. IEEE transactions on dielectrics and electrical insulation, 1995, 2(5): 838-856.

第 4 章　PD 信号小波去噪

通常情况下，局部放电信号比较微弱，往往淹没在干扰信号中而不容易分辨和提取，虽然采取比较严格的技术措施，但还是不能彻底屏蔽或消除掉干扰信号的侵入。因此，在对局部放电信号进行模式识别之前，有必要对信号的噪声进行去除。由于干扰信号非常复杂，虽然硬件去干扰技术能够在某种程度上抑制一部分类型的干扰，但其在滤波效果上还无法达到令人满意的程度，因此，局部放电信号去干扰手段中的软件去干扰技术也在随着现代数字信号处理技术的飞速进步而不断更新。

传统的频谱分析(spectral analysis)法在时域中只有固定分辨率，不能满足局部放电脉冲信号时频分析的要求。而小波分析法可以满足局部放电脉冲信号时频分析的局部性质，尤其是它的聚焦作用，反映信号的高频成分，能捕捉到高频瞬变信号并对其细微特征进行"放大"，而宽时窗小波反映信号的低频成分。

4.1　PD 信号小波变换特征

小波变换是一种信号的时间-尺度(时间-频率)分析方法，它具有多分辨率分析(multiresolution analysis)的特点，而且在时频两域都具有表征信号局部特征的能力，是一种窗口大小固定不变但其形状可改变，时间窗和频率窗都可以改变的时频局部化分析方法，即在低频部分具有较高的频率分辨率和较低的时间分辨率，在高频部分具有较高的时间分辨率和较低的频率分辨率，是分析处理非平稳信号的强有力工具。

4.1.1　PD 信号表征

由局部放电模型产生的局部放电信号的波形可知，局部放电脉冲波形信号的上升沿为 1 纳秒至几百纳秒，下降沿为几百纳秒至几千纳秒。此类局部放电脉冲波形信号经过曲线拟合处理，可以表示为指数衰减和指数衰减振荡型脉冲函数形式，其表达式分别为

$$\begin{cases} u_i(t) = V_i e^{-(t-t_i)/\tau_i}, & t \geqslant t_i \\ u_i(t) = 0, & t < t_i \end{cases} \tag{4-1}$$

或表示成

$$u_i(t) = V_i e^{-(t-t_i)/\tau_i} \cdot 1(t-t_i)$$

$$\begin{cases} u_i(t) = V_i \cdot e^{-(t-t_i)/\tau_i} \cos(\omega_i t), & t \geqslant t_i \\ u_i(t) = 0, & t < t_i \end{cases} \tag{4-2}$$

或表示成

$$u_i(t) = V_i \mathrm{e}^{-(t-t_i)/\tau_i} \cos(\omega_i t) \cdot 1(t-t_i)$$

式中，$u_i(t)$ 为第 i 个局部放电脉冲电压（mV）；V_i 为第 i 个局部放电脉冲电压的幅值（mV）；t_i 为第 i 个局部放电脉冲电压脉冲峰值出现的时刻（μs）；τ_i 为第 i 个局部放电脉冲电压衰减常数（μs）；ω_i 为第 i 个局部放电脉冲信号的角频率；$1(t-t_i)$ 为单位阶跃函数。

图 4-1 为用式（4-1）模拟的一组局部放电脉冲信号，是由函数

$$
\begin{aligned}
u(t) = {} & \exp[-(t-4.5\times10^{-4})/(5\times10^{-6})]\cdot1(t-4.5\times10^{-4}) \\
& + 7.0\times\exp[-(t-5.5\times10^{-4})/(5\times10^{-6})]\cdot1(t-5.5\times10^{-4}) \\
& + 5.0\times\exp[-(t-7.5\times10^{-4})/(5\times10^{-6})]\cdot1(t-7.5\times10^{-4}) \\
& + 6.0\times\exp[-(t-8.0\times10^{-4})/(5\times10^{-6})]\cdot1(t-8.0\times10^{-4}) \\
& + 5.5\times\exp[-(t-9.8\times10^{-4})/(5\times10^{-6})]\cdot1(t-9.8\times10^{-4}) \\
& + 7.0\times\exp[-(t-1.7\times10^{-4})/(5\times10^{-6})]\cdot1(t-1.7\times10^{-4})
\end{aligned}
\tag{4-3}
$$

叠加而成的脉冲信号。其中，V_i 分别为 1.0mV、7.0mV、5.0mV、6.0mV、5.5mV、7.0mV；而 t_i 分别为 4.5×10^{-4}μs、5.5×10^{-4}μs、7.5×10^{-4}μs、8.0×10^{-4}μs、9.8×10^{-4}μs、1.7×10^{-4}μs；τ_i 为 5×10^{-6} μs。

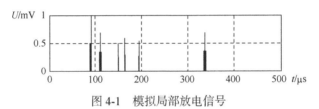

图 4-1　模拟局部放电信号

4.1.2　PD 信号的小波变换特征

高压电气绝缘结构的复杂性以及运行操作环境等不定因素，导致其绝缘局部放电故障发生具有随机性。因此，局部放电信号属于非平稳的随机脉冲信号。数学上，如果信号（或函数）在某点为间断点或某阶导数不连续，则称函数在该点有奇异性，并称该点为奇异点。图 4-1 所示的局部放电信号属于此类信号。

由 Fourier 变换发展而来的小波变换分析法，具有多尺度分析和良好的时频局域化特性，可以准确地捕捉突变信号的特征，并能在不同频带（尺度）上考察信号特征的演化过程。

小波是指时域和频域快速衰减的一类函数 $\psi(x) \in L^2(R)$，其满足

$$\int_{-\infty}^{\infty} \psi(x)\mathrm{d}x = 0 \tag{4-4}$$

$\psi(x)$ 称为基小波或母小波；$\psi_s(x) = \dfrac{1}{s}\psi\left(\dfrac{x}{s}\right)$ 称为展缩小波，s 称为尺度因子，其Fourier 变换 $\hat{\psi}(\omega) = \hat{\psi}(s\omega)$。局部放电脉冲信号函数小波变换是指 $f(x) \in L^2(R)$ 与展缩小波的卷积，连续小波变换为

$$W_s f(x) = f * \psi_s(x) = \frac{1}{s} \int_{-\infty}^{\infty} f(\tau) \psi\left(\frac{x-\tau}{s}\right) \mathrm{d}\tau \tag{4-5}$$

若 $\psi(x)$ 满足条件

$$C_\psi = \int_{-\infty}^{\infty} \frac{|\hat{\psi}(\omega)|}{|\omega|} \mathrm{d}\omega < \infty \tag{4-6}$$

则小波变换是允许小波，此时小波变换是可逆的，其逆变换为

$$f(x) = \frac{1}{C_\psi} \int_{-\infty}^{\infty} \left[\int_{-\infty}^{\infty} W_s f(\tau) \overline{\psi}_s(x-\tau) \frac{\mathrm{d}s}{s} \right] \mathrm{d}\tau \tag{4-7}$$

设 ψ 及其 Fourier 变换 $\hat{\psi}$ 的窗宽分别为 Δ_ψ 和 $\Delta_{\hat{\psi}}$，则 $\Delta_{\psi s} = |s| \cdot \Delta_\psi$，$\Delta_{\hat{\psi}s} = \dfrac{\Delta_{\hat{\psi}}}{|s|}$，所以小波变换的时频窗面积 $\Delta_{\psi s} \cdot \Delta_{\hat{\psi}s} = \Delta_\psi \cdot \Delta_{\hat{\psi}}$ 是不变的，而窗形则随 s 发生变化，其规律为：当 s 增大时，时窗变宽的同时，频窗变窄，相当于对低频成分降低了时域分辨率，提高了频域分辨率，以看清其变化趋势；当 s 减小时，时窗变窄而频窗变宽，即时域分辨率提高，频域分辨率降低，适合于分析高频信号，能看出其变化的细节，小波变换的这种"变焦"特性对奇异信号有着特殊的敏感性。

通常，利用一致 Lipschiz 指数来描述函数（或信号）的局部奇异性，一个函数（或信号）$f(x)$ 在 x_0 处是一致 Lipschiz α，是指当且仅当存在一个常数 K，使得在 x_0 的某一邻域内的任意一点 x，均有

$$|f(x) - f(x_0)| \leqslant K|x - x_0|^\alpha \tag{4-8}$$

若式(4-8)对所有的 $x, x_0 \in (a,b)$ 都成立，则称 $f(x)$ 在区间 (a,b) 上是一致 Lipschiz α。由此可见，函数在某点的 Lipschiz 指数越大，则在该点函数越光滑。当某点 x_0 的 Lipschiz $\alpha < 1$ 时，该点为函数的奇异点[1, 2]。

文献[3]和[4]指出，函数 $f(x)$ 的局部 Lipschiz 奇异性和 $f(x)$ 小波变换的渐进衰减性之间的关系可以表述为：若 $f(x) \in L^2(R)$，$[a,b]$ 为 R 上的闭区间，$0 \leqslant \alpha < 1$，$\forall \omega < 0$，则 $f(x)$ 在 $(\alpha + \omega, b - \omega)$，对 $\forall s > 0$，有

$$|W_s f(x)| \leqslant K \cdot s^\alpha \tag{4-9}$$

式中，$|W_s f(x)|$ 为函数 $f(x)$ 小波变换系数的模，当 x 趋于 x_0 时，$|W_s f(x)|$ 的局部模极大值是 $W_s f(x_0)$，它满足 $\forall \delta > 0$，$\exists |x - x_0| < \delta$，使得 $|W_s f(x)| \leqslant |W_s f(x_0)|$ 成立，不等式至少对 x_0 邻域的一侧成立。对于 x_0 邻域内的某点 x，式(4-9)指出当尺度 s 趋于零时，$|W_s f(x)| = O(s^\alpha)$。对于奇异点 x_0，由于其 Lipschiz 指数小于邻域内其他点的 Lipschiz 指数，所以当 s 充分接近于零时，x_0 处的小波变换系数的绝对值衰减得最慢，从而在 x_0 的邻域内，$|W_s f(x)|$ 收敛到 $|W_s f(x_0)|$，$|W_s f(x_0)|$ 成为模极大值。由于 $0 \leqslant \alpha < 1$，随着尺度的增加，该极大值的幅度平稳地增大，或基本保持不变，即对应函数的奇异点的模极大值点（局部放电脉冲信号出现的时刻或相位）能沿着尺度变化而传递，这是局部放电脉冲信

号小波变换的显著特征，为局部放电信号的去噪研究提供理论依据和方法。

4.2　噪声信号及其小波变换特征

　　自由空间存在各种各样的信号，如电力载波、无线电信号和白噪声等，对局部放电信号而言它们表现为不同的噪声干扰源，直接影响局部放电信号采集结果。白噪声是一种理想化的噪声模型，它含有所有频率的成分，实际上并不存在[5]。白噪声可由 L 个不同幅值、不同时刻、不同相位角的正弦函数模拟：

$$n(x) = \sum_{k=1}^{L} A_k \sin(\omega_k x + \varphi_k) \tag{4-10}$$

式中，A_k、ω_k 和 φ_k 分别为第 k 个正弦函数的幅值、角频率和相位角，而相位角 φ_k 是均匀分布的随机变量。式(4-10)的自相关函数为

$$r_x(m) = \sum_{k=1}^{L} \frac{A_k^2}{2} \cos(\omega_k m) \tag{4-11}$$

式中，m 为时间变量。

　　而相应的功率谱为

$$P_x(e^{j\omega}) = \sum_{k=1}^{L} \frac{\pi A_k^2}{2} \left[\delta(\omega + \omega_k) + \delta(\omega - \omega_k) \right] \tag{4-12}$$

式中，$\delta(\omega + \omega_k)$、$\delta(\omega - \omega_k)$ 为 δ 函数。由此可知，功率谱 $P_x(e^{j\omega})$ 为线谱。图 4-2 所示的白噪声信号是由频率分别为 65kHz、35kHz、75kHz、70kHz、50kHz 和 90kHz 的正弦函数，当 $\varphi_k = 0$ 时叠加而构成的，其函数表达式为

$$\begin{aligned} n(x) = {} & 0.2 \times \sin(2\omega_1 \pi x) + 0.2 \times \sin(2\omega_2 \pi x) \\ & + 1.6 \times \sin(2\omega_3 \pi x) + 0.6 \times \sin(2\omega_4 \pi x) \\ & + 2.4 \times \sin(2\omega_5 \pi x) + 5.6 \times \sin(2\omega_6 \pi x) \end{aligned} \tag{4-13}$$

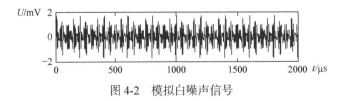

图 4-2　模拟白噪声信号

　　白噪声与奇异信号在小波变换下具有截然不同的特征。设 $n(x)$ 为一实的、方差为 σ 的宽带平稳噪声，则 $n(x)$ 的自相关函数为

$$r_n(u,v) = E[n(u) \cdot n(v)] = \delta(u-v)\sigma^2 \tag{4-14}$$

式中，$E(x)$ 为随机变量 x 的数学期望。

　　设 $n(x)$ 的小波变换为 $W_s n(x)$，对于某一尺度 s，它也是 x 的一个随机过程，而 u 和 v 表示不同时刻，且有

$$|W_s n(x)|^2 = \int_{-\infty}^{\infty} \int_{-\infty}^{\infty} n(u)n(v)\psi_s(x-u)\psi_s(x-v)\mathrm{d}u\mathrm{d}v \tag{4-15}$$

对式(4-15)求数学期望,可得

$$E\left(|W_s n(x)|^2\right) = \int_{-\infty}^{\infty} \int_{-\infty}^{\infty} \sigma^2\delta(u-v)\psi_s(x-u)\psi_s(x-v)\mathrm{d}u\mathrm{d}v = \frac{\|\psi\|^2\sigma^2}{s} \tag{4-16}$$

式(4-16)表明,噪声信号的小波变换的模平方与尺度 s 成反比,相应地,模极大值将随着尺度的增加而减小,这与一般信号的特点正好相反,而且理论上白噪声产生的模极大值随着尺度的递增而减小。

上述分析结果表明,局部放电信号和噪声信号在小波变换上表现出不同的差别,这种差别为从噪声干扰中提取局部放电信号提供了方法和理论依据。通过小波变换方法,可以减小(或消除)噪声信号所对应的局部极大值,而保留局部放电信号奇异点对应的局部极大值。由现代信号分析原理可知,各尺度小波变换的极大值浓缩了该尺度的主要信息,因此用各尺度小波变换的局部极大值和最大尺度的平滑系数可以近似地重构原信号,达到抑制噪声、提高信噪比的目的。

4.3　含噪 PD 信号模型

电力载波等连续周期型干扰可设为正弦调制信号,而白噪声可以由不同幅值、不同时刻、不同相位角的正弦函数构成,它们的幅值远大于局部放电脉冲信号的幅值,可以将局部放电脉冲信号完全淹没。

一个含噪声的一维信号的模型可以表示成如下的形式:

$$s(i) = f(i) + \sigma \cdot e(i), \quad i = 0,1,2,\cdots,n-1 \tag{4-17}$$

式中, $f(i)$ 为局部放电信号; $e(i)$ 为噪声信号; σ 为噪声信号标准方差; $s(i)$ 为含噪的局部放电信号。

图 4-3 和图 4-4 分别为含有连续周期型干扰及白噪声干扰的局部放电脉冲信号。

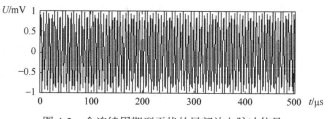

图 4-3　含连续周期型干扰的局部放电脉冲信号

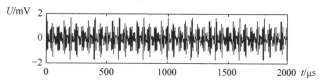

图 4-4　含白噪声干扰的局部放电脉冲信号

4.4　模极大值去噪方法

4.4.1　模极大值的确定和信号重构

由 4.1.2 节的分析可知,基于小波变换的局部放电信号去噪算法的关键问题是如何在小波变换域中把相应信号奇异点的局部极大值和相应噪声的局部极大值区分开,并根据极大值点的相似程度在尺度空间中跟踪信号的极大值点。

在对信号进行小波变换并取得各尺度上的极大值点以后,首先应去掉相应噪声的极大值点,保留信号的极大值点。根据 4.2 节所述,在大尺度上噪声的极大值点数量明显减少,幅度已下降,所以可以用幅度阈值法来区分信号的极大值点和噪声的极大值点。

尺度间极大值点的相似程度主要是由极大值点间的符号、幅度和几何位置的差异来表征的。设 $W_{2^j} f(n)$ 为离散函数 $f(n)$ 在尺度 j 上的二进小波变换,定义尺度 j 上的极大值点 n_k 与尺度 $j+1$ 上的极大值点 n_l 之间的相似系数:

$$C_{k,l}^j = \frac{W_{2^{j+1}} f(n_l) \cdot W_{2^j} f(n_k)}{\max\left(\left|W_{2^{j+1}} f(n_l)\right|^2, \left|W_{2^j} f(n_k)\right|^2\right)} \cdot \exp(-a_j \cdot (n_k - n_l)^2) \tag{4-18}$$

式中, a_j 为相邻因子,其主要用于衡量相邻两个尺度间对应极大值点的相对位移对相似系数的影响。

由相似系数的定义及 4.3 节所述信号和噪声在小波变换模极大值方面表现出的差异可知,在尺度空间中,信号极大值点的相似系数大于噪声极大值点的相似系数。对于含有噪声的信号,由于受到噪声的影响,随着尺度的增加,信号极大值点的幅度会有所下降,但速度比噪声要小得多。用幅度阈值法得到最大尺度 J 上对应信号的极大值点后,寻找在低尺度上这些极大值点所对应的位置。为此,可采用如下所述的尺度间极大值点跟踪匹配算法:对尺度 J 上保留下来的每一个极大值点 n_{kJ},计算它在尺度 $J-1$ 上各极大值点的相似系数,取其中相似系数最大的一个极大值点 n_{kJ-1} 为 n_{kJ} 的匹配点;对尺度 $J-1$ 和 $J-2$ 重复上述过程,得到 n_{kJ-2},以此类推,可得到各尺度上对应信号的极大值点,删除其他极大值点,然后用这些极大值点重构信号。

信号的局部奇异点携带着信号的重要信息,而奇异性被不同尺度上的模极大值刻画。由于噪声和局部放电脉冲信号在小波变换过程表现出不同的特征,含有噪声的局部放电信号经过若干尺度的小波变换后,在不同尺度上只留下局部放电脉冲信号小波变换的模极大值,由此值可以重构局部放电信号,其方法如下。

设 $f(x) \in L^2(R)$, $\{W_{2^j} f(x)\}$ 为二进小波变换,令 $\left(x_n^j\right)_{j,n\in\mathbf{Z}^2}$ 是 $\left|W_{2^j} f(x)\right|$ 取得局部极大值的位置,则需要由 $\left(x_n^j\right)_{j,n\in\mathbf{Z}^2}$ 及相应的函数值 $W_{2^j} f(x_n^j)$ 来重构 $f(x)$。为此,应设法寻找某个函数 $h(x) \in L^2(R)$,其二进小波变换 $W_{2^j} h(x)$ 与 $W_{2^j} f(x)$ 具有相同的模极大值。对于 $h(x)$ 的约束可以用下面两个条件来描述。

(1) 在每级尺度 2^j 上，$W_{2^j}h(x)$ 在 $\left(x_n^j\right)_{j,n\in\mathbf{Z}^2}$ 处取得极大值，且

$$W_{2^j}h(x_n^j)=W_{2^j}f(x_n^j) \tag{4-19}$$

(2) 在每级尺度 2^j 上，$\left|W_{2^j}f(x)\right|$ 只在 $\left(x_n^j\right)_{j,n\in\mathbf{Z}^2}$ 处取得极大值。

对于条件 (1)，由于在 x_0 处的小波变换 $W_{2^j}h(x_0)$ 可表示为

$$W_{2^j}f(x_0)=f*\psi_{2^j}(x_0)=\left\langle f(x),\psi_{2^j}(x_0-x)\right\rangle \tag{4-20}$$

则条件 (1) 等价于

$$\left\langle h(x),\psi_{2^j}(x_n^j-x)\right\rangle=\left\langle f(x),\psi_{2^j}(x_n^j-x)\right\rangle \tag{4-21}$$

若记由函数族 $\left\{\psi_{2^j}(x_n^j-x)\right\}_{n,j\in\mathbf{Z}^2}$ 的线性组合所构成的空间为 U，O 是 U 在 $L^2(R)$ 中的正交补空间，则 $h(x)$ 可写作

$$h(x)=f(x)+g(x)，\quad g(x)\in O \tag{4-22}$$

对于条件 (2)，可以利用下面近似但便于数值计算的凸集约束的方法来代替。由于条件 (1) 已经确定了 $W_{2^j}h(x)$ 在 $\left(x_n^j\right)_{j,n\in\mathbf{Z}^2}$ 处的值，因此可将条件 (2) 修改为使 $\left|W_{2^j}h(x)\right|$ 的平均值尽可能地小。在通常情况下，这导致了 $\left|W_{2^j}h(x)\right|$ 在点列 $\left\{(x_n^j-x)\right\}_{n,j\in\mathbf{Z}^2}$ 处取得极大值。另外，由于 $W_{2^j}h(x)$ 取极大值点的个数取决于函数的 $W_{2^j}h(x)$ 的波动状态，为使 $\left|W_{2^j}h(x)\right|$ 在 $\left(x_n^j\right)_{j,n\in\mathbf{Z}^2}$ 以外尽可能不出现其他极大值点，所以要求 $W_{2^j}h(x)$ 的导数的能量也尽可能地小。为此，引进以下范数：

$$\|h\|_m^2=\left|\left(W_{2^j}h(x)\right)_{j\in\mathbf{Z}}\right|^2=\sum_{j=-\infty}^{\infty}\left(\left|W_{2^j}h(x)\right|^2+2^{2j}\left\|\frac{\mathrm{d}W_{2^j}h(x)}{\mathrm{d}x}\right\|^2\right) \tag{4-23}$$

式中，权 2^{2j} 表示随着尺度的增加，$W_{2^j}h(x)$ 的相对光滑程度。这样条件 (2) 转化为求最小的范数 $\|h\|_m$。

以 $\psi'(x)$ 表示 $\psi(x)$ 的一阶导数。假定对 $\psi(x)$ 存在常数 A 和 B，使得对所有的 $\omega\in\mathbf{R}$，有

$$A\leqslant\sum_{j=-\infty}^{\infty}\left|\hat{\psi}(2^j\omega)\right|^2+\sum_{j=-\infty}^{\infty}\left|\hat{\psi'}(2^j\omega)\right|^2\leqslant B \tag{4-24}$$

则对 $\forall h(x)\in L^2(R)$，有

$$A\|h\|^2\leqslant\|h\|_m^2\leqslant B\|h\|^2 \tag{4-25}$$

因此，$L^2(R)$ 空间的范数 $\|\cdot\|_m$ 和范数 $\|\cdot\|$ 等价。

通过把条件 (2) 转化为求范数 $\|h\|_m$ 的最小值，可知 $h(x)$ 存在唯一解。显然，条件 (1) 意味着 $h(x)$ 一定属于仿射空间 $f+O$，而范数的极小化使得该闭凸集上存在唯一解。实

现上述重构过程的具体算法时，不是直接寻找函数 $h(x)$ ，而是先通过反复投影的方法求出 $h(x)$ 的二进小波变换，然后由它们重构 $f(x)$ 的近似函数。

设 K 为满足下列条件的函数 $\left\{g_j(x)\right\}_{j\in\mathbf{Z}}$ 构成的空间：

$$\left|\left(g_j(x)\right)\right|^2 = \sum_{j=-\infty}^{\infty}\left(\left\|g_j\right\|^2 + 2^{2j}\left\|\frac{\mathrm{d}g_j}{\mathrm{d}x}\right\|^2\right) < \infty \tag{4-26}$$

范数 $\|\bullet\|$ 定义了 K 上的希尔伯特结构。令 V 为一切 $f(x)\in L^2(R)$ 的二进小波变换序列所组成的空间，由式(4-23)、式(4-25)、式(4-26)可知 $V\subset K$ 。令 Γ 表示 K 中对所有 j 和 x_n^j 满足

$$g_j(x_n^j) = W_{2^j}f(x_n^j) \tag{4-27}$$

的元素所组成的空间，易知 Γ 是 K 中的闭子集。因此，满足条件(1)的二进小波函数序列的全体组成的空间 Λ 为

$$\Lambda = V\bigcap\Gamma \tag{4-28}$$

由此下一步的任务转化为在 Λ 中找到使范数式(4-23)最小的元素。

令 P_V 为空间 K 到空间 V 的正交投影算子，P_Γ 为空间 K 到 Γ 上的最佳投影算子，即任取 $h\in K$ ，有 $P_\Gamma h\in\Gamma$ 并满足

$$\|P_\Gamma h - h\| = \min_{g\in\Gamma}\|g - h\| \tag{4-29}$$

记 $P = P_V\cdot P_\Gamma$ ，任取 $Z = \left\{g_j(x)\right\}_{j\in\mathbf{Z}}\in K$ 作为初始函数，则由凸逼近理论可知

$$\lim_{n\to\infty}\left\|P^{(n)}Z - Wf\right\| = 0 \tag{4-30}$$

即通过对空间 V 和 Γ 的反复投影可以得到 Λ 上范数最小的元素[6]。式(4-30)又可写为

$$\lim_{n\to\infty}P^{(n)}Z = P_\Lambda Z \tag{4-31}$$

若 Z 为 K 中的零元素，即 $g_j(x) = 0, j\in\mathbf{Z}$ ，则反复投影收敛到 Λ 中的某个元素上，其式(4-23)的范数为最小。

由于 V 是函数的二进小波变换所组成的空间，设 $\left\{g_j(x)\right\}_{j\in\mathbf{Z}}$ 是某个函数的小波变换，则有

$$W(W^{-1}(g_l(x))_{l\in\mathbf{Z}}) = \left\{g_j(x)\right\}_{j\in\mathbf{Z}} \tag{4-32}$$

式(4-32)表明，在算子

$$P_V = W\cdot W^{-1} \tag{4-33}$$

的作用下二进小波变换是不变的。而 $\forall X = (h_j(x))_{j \in \mathbf{Z}} \in K$ ，显然 $P_V X \in V$ ，因此正交投影算子 P_V 可以通过对 W^{-1} 和 W 的作用而得到。

在 P_Γ 范数 $\|\cdot\|$ 的意义下把 K 空间中的任一序列 $\left\{g_j(x)\right\}_{j \in \mathbf{Z}}$ 映射成 Γ 空间

$$\varepsilon_j(x) = h_j(x) - g_j(x) \tag{4-34}$$

选择 $h_j(x)$ 使得

$$\sum_{j=-\infty}^{\infty} \left(\left\| \varepsilon_j \right\|^2 + 2^{2j} \left\| \frac{\mathrm{d}\varepsilon_j}{\mathrm{d}x} \right\|^2 \right) \tag{4-35}$$

为最小。而若使式(4-35)取最小，则必须使得和式中的每项取最小。设 x_0 和 x_1 为相邻的两个模极大值位置，由于 $\left\{h_j(x)\right\}_{j \in \mathbf{Z}} \in \Gamma$ ，则有

$$\begin{cases} \varepsilon_j(x_0) = W_{2^j} f(x_0) - g_j(x_0) \\ \varepsilon_j(x_1) = W_{2^j} f(x_1) - g_j(x_1) \end{cases} \tag{4-36}$$

在 x_0 和 x_1 之间式(4-35)中每项的极小化等价于下式的极小化：

$$\int_{x_0}^{x_1} \left(\left| \varepsilon_j(x) \right|^2 + 2^{2j} \left| \frac{\mathrm{d}\varepsilon_j(x)}{\mathrm{d}x} \right|^2 \right) \mathrm{d}x \tag{4-37}$$

利用欧拉方程可以求得

$$\varepsilon_j(x) - 2^{2j} \frac{\mathrm{d}^2 \varepsilon_j(x)}{\mathrm{d}x^2} = 0 \tag{4-38}$$

式(4-36)为上述方程的边界条件。方程(4-38)的解为

$$\varepsilon_j(x) = a \cdot \exp(2^{-j} x) + b \cdot \exp(-2^{-j} x) \tag{4-39}$$

式中， a 、 b 为满足边界条件的常数。

在实际计算中，在每级尺度上算子 P_Γ 利用式(4-39)在每两个相邻的极大值点间对 $\left\{g_j^d(n)_{j \in \mathbf{Z}}\right\}_{j \in \mathbf{Z}}$ 进行逐点修正，相当于在 (x_0 , x_1) 之间逐步恢复信息。

4.4.2　去噪仿真算例

图 4-5 是计算机模拟的含正弦载波噪声的局部放电信号，运用上述方法，选择 Haar 小波进行消噪。Haar 小波是一个具有紧支集的正交小波函数，其定义为

$$\psi_{\mathrm{H}} = \begin{cases} 1, & 0 \leqslant x < 1/2 \\ -1, & 1/2 \leqslant x < 1 \\ 0, & 其他 \end{cases} \tag{4-40}$$

Haar 小波同局部放电信号 $f(x)$ 的卷积为

$$W_s f(x) = f \otimes \psi_H(x) = \frac{1}{s} \int_{-\infty}^{\infty} f(\tau)\psi_H\left(\frac{x-\tau}{s}\right)\mathrm{d}\tau \qquad (4\text{-}41)$$

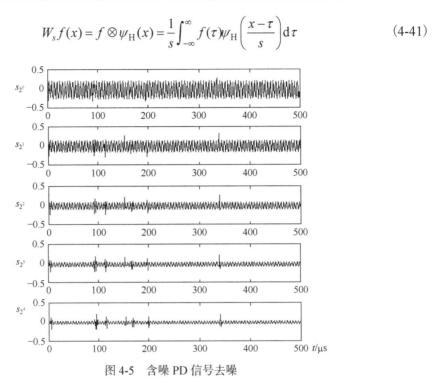

图 4-5　含噪 PD 信号去噪

对含有噪声干扰的信号进行离散二进小波变换,对信号中所有点计算出各尺度的 $w_{2^j}f(x),1 \le j \le J, J$ 为最大尺度;对于信号中的 x_0,计算每个尺度上的 $w_{2^j}f(x_0)$,而 $w_{2^j}f(x_0)$ 对应着局部放电信号的小波变换系数;选出所有尺度下的小波变换系数,即得到局部放电小波变换的模极大值和所在的相位。如图 4-5 所示,其中 s_{2^0} 是局部放电脉冲信号叠加周期性正弦干扰信号的波形,而 s_{2^1}、s_{2^2}、s_{2^3}、s_{2^4} 是对应尺度 2^1、2^2、2^3、2^4 下 s_{2^0} 小波变换后的信号波形。从图 4-5 中可以看出,含噪声信号经过不同尺度的小波变换,其脉冲信号小波变换特征得到充分体现,即随着尺度的增加,脉冲信号小波变换模极大值基本保持不变,且跨尺度传播,而噪声信号小波变换模极大值随着尺度的增加而减小。计算结果表明,此方法很容易将局部放电脉冲信号同正弦载波噪声分离,且具有较高的精度。

基于模极大值的小波去噪算法比较麻烦,计算过程复杂,有时为保证模极大值点的相位不变化,需要增加计算量。

4.5　去噪快速算法

4.5.1　局部放电信号(函数)多尺度逼近

由小波理论可知,局部放电信号(函数) $f(x) \in L^2(R)$ 可以用一串不同尺度 j 的函数序

列 $\left\{f^{j}(x)\right\}$ 进行逼近。若给定等距采样间隔 Δ 并将其作为基本单位，则对应 j 尺度的采样间隔为 $\Delta^{j}=\Delta/2^{j}, j\in\mathbf{Z}$。在固定的 j 尺度上，划分节点为 $\left\{x_{k}^{j}\right\}$，采样值为 $\left\{f(x_{k}^{j})\right\}$，基函数为 $\left\{\phi_{j,k}(x)\right\}$，尤其是当选择基函数为同一函数 $\phi(x)$ 经过平移放缩生成的函数时，如 $\phi_{j,k}(x)=\phi(2^{j}x-k)$，可以得到 j 尺度下的近似函数 $f^{j}(x)$ 为

$$f^{j}(x)=\sum_{k\in\mathbf{Z}}c_{k}^{j}\phi_{j,k}(x),\ \ f^{j}(x)\to f(x) \tag{4-42}$$

在多尺度逼近中，在尺度 j 指标和基函数 $\left\{\phi_{j,k}(x)\right\}$ 确定的前提下，不同的组合系数 $\left\{c_{k}^{j}\right\}$ 对应着式 (4-42) 不同的 $f^{j}(x)$，这些函数可归为同一类函数，且都是由基函数 $\left\{\phi_{j,k}(x)\right\}$ 表述的，都是平方可积分的，将此类函数记为

$$V_{j}=\left\{f^{j}(x)\left|f^{j}(x)=\sum c_{k}^{j}\phi_{j,k}(x),f^{j}(x)\in L^{2}(R)\right.\right\} \tag{4-43}$$

显然，V_{j} 是一函数线性空间，且是 $L^{2}(R)$ 的子空间，$V_{j}\subset L^{2}(R)$。

由上所述，当尺度 j 变动时，因为 $f(x)$ 的近似函数 $f^{j}(x)\in V_{j}$，所以 $f^{j}(x)\to f(x)$。此过程从函数子空间角度可以描述为 $\cdots\subset V_{j}\subset V_{j+1}\subset\cdots\subseteq L^{2}(R)$。于是，$\left\{V_{j}\right\}_{j\in\mathbf{Z}}$ 是一个嵌套式的子空间逼近序列。若在每一个 V_{j} 中取定一个关于 $f(x)$ 的近似函数 $f^{j}(x)$，由此得到的近似函数序列 $\left\{f^{j}(x)\right\}_{j\in\mathbf{N}}$ 是逼近 $f(x)\in L^{2}(R)$ 的。

由文献[6]的 MRA 框架可知，V_{j} 的基函数 $\phi_{j,k}(x)=2^{j/2}\phi(2^{j}x-k)$ 都是由 $\phi(x)$ 经平移放缩表示的，又因为 $V_{j}\subset V_{j+1}$，记 $W_{j}=V_{j+1}/V_{j}$，即 W_{j} 是 V_{j} 在 V_{j+1} 中的补子空间，所以有 $V_{j+1}=V_{j}\oplus W_{j}$，将这种关系传递下去，就有如图 4-6 所示的子空间直和分解关系。

$$\cdots \longrightarrow V_0 \longrightarrow V_1 \longrightarrow V_2 \cdots \longrightarrow V_j \longrightarrow V_{j+1}\cdots \longrightarrow L^2(R)$$

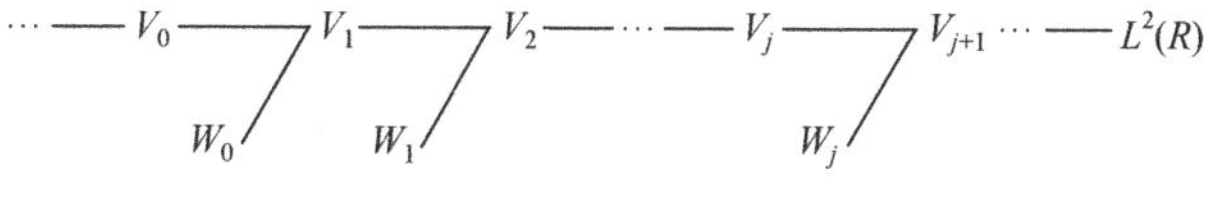

图 4-6　$L^{2}(R)$ 的子空间直和分解关系

这种关系表明，在 MRA 中，既可以用 $\left\{V_{j}\right\}$ 进行多尺度逼近 $L^{2}(R)$，也可以用子空间 W_{j} 的直和表示 $L^{2}(R)$。

S.Mallat 提出的多分辨分析的概念，从空间的概念上形象地说明了小波的多分辨率特性，给出了正交小波构造和变换的快速算法，为信号处理提供了有效工具。

由于 $\left\{V_{j}\right\}$ 是一给定的多分辨分析空间序列，而 $\phi(x)$ 和 $\psi(x)$ 分别是相应的尺度函数和小波函数，设局部放电信号 $f(x)\in V_{0}$，则有

$$f(x) = \sum_{k=-\infty}^{\infty} C_{j,k}\phi_{j,k}(x) + \sum_{j=1}^{J}\sum_{k=-\infty}^{\infty} D_{j,k}\psi_{j,k}(x) \tag{4-44}$$

式中，尺度系数 C_j 和小波系数 D_j 有如下递推关系：

$$\begin{cases} C_{j+1} = H \cdot C_j \\ D_{j+1} = G \cdot C_j, \end{cases} \quad j = 0,1,\cdots,J-1 \tag{4-45}$$

式中，H 为尺度函数对应的低通滤波器；G 为小波函数对应的带通滤波器。

对于滤波器 G，其频带近似等于 $[-2\pi,-\pi]\cup[\pi,2\pi]$，因此 D_{j+1} 描述了 $f(x)$ 在频带 $\left[-2^{-j}\pi,-2^{-j-1}\pi\right]\cup\left[2^{-j-1}\pi,2^{-j}\pi\right]$ 的信号。所以，式(4-45)表明，Mallat 分解算法就是用一组带通滤波器对信号进行滤波，从而将信号分解成不同的频率通道成分，并且每一频率通道成分又按相位进行分解。频率越高者，其相位划分越细，反之则越疏。设 H^* 和 G^* 分别是 H 和 G 的对偶算子，即分别为 H 和 G 的共轭转置矩阵，于是有如下的 Mallat 重构算法：

$$C_j = H^* C_{j+1} + G^* D_{j+1}, \quad j = J-1, J-2, \cdots, 0 \tag{4-46}$$

多分辨分析消噪过程如下：首先对信号进行小波分解，分解过程如图 4-7 所示，局部放电信息通常包含在 cD1, cD2, cD3, $\cdots$ 中，因此，可以以门限阈值等形式对小波系数进行处理，然后对信号进行重构即可达到消噪的目的。

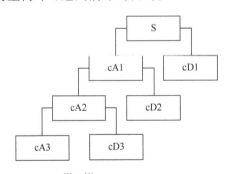

图 4-7　信号小波分解多分辨分析

图 4-8 是在实验室实测的含有载波噪声的局部放电信号，此信号采自一个内导体直径为 50mm、外导体直径为 100mm 的同轴圆柱电极，且在内导体表面安放一个长度为 25.0mm、直径为 1.0mm 的铜丝模拟固定杂质，在常温、常压、空气绝缘的条件下，施加工频电压并混有正弦载波干扰的局部放电信号波形[7]。选用 Dubechies 小波系中的 db3 函数，这是因为 Dubechies 小波提供比 Haar 小波函数更有效的分析和综合，使 Mallat 算法更快捷。经过 6 个尺度的小波变换，由其分解系数判断干扰所在的频率范围为 d2 和 d3，选择零阈值强行将 d2 和 d3 系数置零，置零后的 d2 和 d3 表示为 d̃2 和 d̃3，a6 为尺度 6 上的低频部分，然后将变换系数进行重构，即 $s = a6 + d6 + d5 + d4 + \tilde{d}3 + \tilde{d}2 + d1$，获得局部放电信号波形如图 4-9 所示。

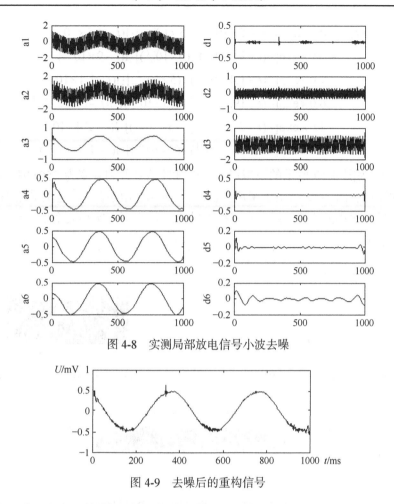

图 4-8　实测局部放电信号小波去噪

图 4-9　去噪后的重构信号

4.5.2　多次小波变换去噪算法

受到多分辨分析 Mallat 算法的启示，以 Haar 小波为例，设 G 为 Haar 小波对应的单位脉冲响应函数，即 $\{1,-1\}$，H 为 $\{1,1\}$。分析小波变换过程可知，式 (4-45) 表示的运算过程是卷积运算。当采用 Haar 小波时，就是将信号与 $\{1,-1\}$ 进行卷积，在第 i 点的小波变换系数为

$$D_{1,i} = C_{0,i-1} - C_{0,i} \tag{4-47}$$

式中，$D_{1,i}$ 为尺度 2^1 上第 i 点处的小波变换系数；C_0 为分析信号。

式 (4-47) 表明，实际上是在求信号在第 i 点处的导数近似值。于是，基于 Haar 小波的一次小波变换是在求信号时域波形的导数，而二次小波变换则是求二阶导数，即导数的变化率，以此类推。由此可知，一次小波变换是将信号只在最小尺度进行分解，二次小波变换是将一次小波变换的结果在最小尺度上再做一次分解，由于局部放电脉冲信号和噪声信号在小波变换过程表现出不同特征，可以将它们分离。图 4-10 所示的模拟局部放电脉冲信号是由式 (4-48) 给出的：

$$
\begin{aligned}
u(t) = {} & 5.0 \times \exp[-(t-4.5\times10^{-5})/(5\times10^{-7})]\cdot 1(t-4.5\times10^{-5}) \\
& + 2.0 \times \exp[-(t-9\times10^{-4})/(5\times10^{-7})]\cdot 1(t-9\times10^{-4}) \\
& + 7.0 \times \exp[-(t-1.4\times10^{-3})/(5\times10^{-7})]\cdot 1(t-1.4\times10^{-3}) \\
& + 6.0 \times \exp[-(t-19.5\times10^{-4})/(5\times10^{-7})]\cdot 1(t-19.5\times10^{-4}) \\
& + 4.0 \times \exp[-(t-2.4\times10^{-3})/(5\times10^{-7})]\cdot 1(t-2.4\times10^{-3}) \\
& + 7.0 \times \exp[-(t-1.7\times10^{-4})/(5\times10^{-6})]\cdot 1(t-1.7\times10^{-4})
\end{aligned}
\tag{4-48}
$$

而图 4-11 为图 4-10 所示的模拟局部放电脉冲信号叠加频率为 250MHz 正弦载波干扰的信号的波形。图 4-12 给出了采用多次小波消噪得出的结果，这里采用 Haar 小波对含噪信号经过五次小波变换，每一次变换的结果均作为下一次小波变换的原始信号，s_{2^0} 是原始信号波形，s_{2^1}、s_{2^2}、s_{2^3}、s_{2^4}、s_{2^5} 是对应尺度为 2^1、2^2、2^3、2^4、2^5 下，s_{2^0} 小波变换后的信号波形。

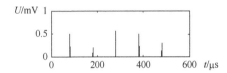

图 4-10　模拟局部放电脉冲信号

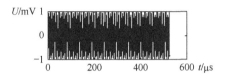

图 4-11　含噪声的模拟局部放电信号

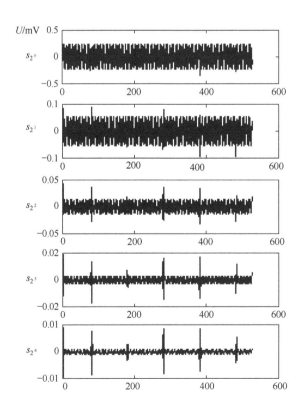

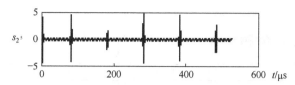

图 4-12　含噪声模拟局部放电信号多次小波变换去噪[7]

从计算结果可以看出，随着尺度的增加，噪声信号的模极大值逐渐减小，而放电信号的模极大值几乎不变，更重要的是，每个局部放电脉冲信号的相位保持不变，也就是说，两尺度之间模极大值点的位置保持一致，避免了模极大值去噪算法中的弊病，并且提高了运算速度和去噪效果。

4.5.3　复合小波变换去噪

图 4-13 是含白噪声的局部放电脉冲信号的小波联合去噪过程。白噪声干扰信号由 65kHz、35kHz、75kHz、70kHz、50kHz、90kHz 不同频率的正弦函数叠加而成；而局部放电脉冲信号 s 是根据式(4-1)构成的，由式(4-49)给出：

$$
\begin{aligned}
u(t) = {} & 4.0 \times \exp[-(t - 6 \times 10^{-4})/(5 \times 10^{-6})] \cdot 1(t - 6 \times 10^{-4}) \\
& + 6.0 \times \exp[-(t - 10^{-3})/(5 \times 10^{-6})] \cdot 1(t - 10^{-3}) \\
& + 5.0 \times \exp[-(t - 1.5 \times 10^{-3})/(5 \times 10^{-6})] \cdot 1(t - 1.5 \times 10^{-3}) \\
& + 8.0 \times \exp[-(t - 8 \times 10^{-4})/(5 \times 10^{-6})] \cdot 1(t - 8 \times 10^{-4}) \\
& + 7.0 \times \exp[-(t - 1.2 \times 10^{-3})/(5 \times 10^{-6})] \cdot 1(t - 1.2 \times 10^{-3})
\end{aligned}
\tag{4-49}
$$

白噪声信号为 y（图 4-4），由式(4-49)生成的局部放电信号 s 和 y 叠加后为信号 $s+y$，从图 4-13(a)可以看出叠加后的信号，局部放电脉冲信号被白噪声干扰信号完全淹没。

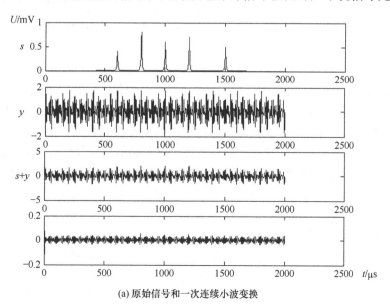

(a) 原始信号和一次连续小波变换

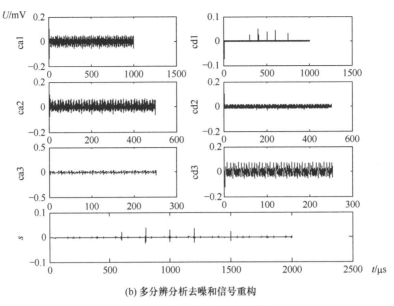

(b) 多分辨分析去噪和信号重构

图 4-13 复合小波去噪过程[7]

首先对含白噪声的模拟局部放电信号进行一次连续小波变换，尺度选择 2^1，小波为 db3，得到小波变换的系数。然后对该小波变换系数进行多分辨分析，得到不同尺度上的小波分解系数，ca1、ca2、ca3 是小波变换的低频系数，而 cd1、cd2、cd3 为小波变换的高频系数。保留最高频下的小波细节系数，cd2 和 cd3 强制等于零，表示为 $\tilde{cd2}$、$\tilde{cd3}$。最后对把保留的高频下的小波细节系数 cd1 和强制为零的系数 $\tilde{cd2}$、$\tilde{cd3}$ 和 ca3（尺度 3 的低频部分）进行重构，即 $s = ca3 + cd1 + \tilde{cd2} + \tilde{cd3}$ 得到去噪后的信号。

多次小波去噪方法比较简单，容易实现，但是要求小波是一个具有紧支集的正交小波函数。复合小波去噪算法可以根据不同的噪声信号，选择两种或两种以上的小波函数进行去噪，获得最佳效果。

综上可知，事实表明小波变换具有良好的时频局域性，它既能提供信号的整体主要特征，又能提供任一局部时间或频域内信号变化的剧烈程度信息，也就是说，小波变换系数具有集中特性，变换后信号的能量主要集中到少数几个系数上，而加性随机噪声的小波变换系数则不具有稀疏性，其能量分散到所有的小波系数上，因此可以通过阈值处理而将噪声去掉。信号与噪声具有某种奇异性，这种局部的奇异性可用 Lipschitz 指数来度量，而信号与噪声的奇异性往往不同，其模极大值在不同的尺度上表现出不同的特性，噪声的模极大值随尺度的增加而迅速减弱，而信号的模极大值则随尺度的增加而增加，因此利用合适的尺度变换就可将信号与噪声分开。

另外，小波去噪还有基于各尺度下小波系数的相关性去噪算法、基于投影原理的匹配追踪去噪算法、基于非正交小波的去噪算法、基于小波包分解的去噪算法，以及基于多小波的去噪算法等，这些仍是目前研究的热点问题。

小波分析方法为获得"干净"的局部放电信号提供了技术手段和理论依据，而"干净"的局部放电信号也为其模式类别的特征提取、特征空间构成、分类器设计奠定了基础。

参 考 文 献

[1] 林京, 刘红星, 沈玉娣, 等. 小波奇异性及其在故障诊断中的应用[J]. 信号处理, 1997, 22(1): 33-35.

[2] COIFMAN R R, WICKERHAUSER M V. Entropy-based algorithms for best basis selection[J]. IEEE transactions on information theory, 1992, 38(2): 713-718.

[3] 张爱军, 蔡汉添. 基于子波变换局部极大值的信号去噪算法[J]. 电路与系统学报, 1997, 2(2): 31-34.

[4] COIFMAN R R, WICKERHAUSER M V. Adapted waveform analysis as a tool for modeling, feature extraction and denoising[J]. Optical engineering, 1994, 33(7): 2170-2174.

[5] 胡广书. 数字信号处理——理论、算法与实现[M]. 北京: 清华大学出版社, 1999.

[6] 徐长发, 李国宽. 实用小波方法[M]. 武汉: 华中科技大学出版社, 2001.

[7] 郑殿春. 基于 BP 网络的局部放电模式识别[D]. 哈尔滨: 哈尔滨理工大学, 2005.

第5章 基于BPNN的PD模式识别

神经网络是人们在模仿人脑处理问题的过程中发展起来的一种新型智能信息处理理论,它通过大量称为神经元的简单处理单元构成非线性动力学系统,对人脑的形象思维、联想记忆等进行模拟和抽象,实现与人脑相似的学习、识别、记忆等信息处理能力。神经网络在经历了几十年的曲折发展之后,在信息科学领域等许多应用方面已显示出了巨大潜力和广阔的应用前景。

神经网络的高速并行处理、分布存储信息等特性符合人类视觉系统的基本工作原则,具有很强的自学习性、自组织性、容错性、高度非线性,以及联想记忆功能和推理意识功能强等特点。人工神经网络是在现代神经科学研究成果的基础上提出来的,其特色在于信息的分布存储和并行协同处理,非常适用于故障诊断这类多变量非线性问题[1]。

5.1 人工神经网络

人工神经网络是由大量处理单元互连组成的非线性、自适应信息处理系统。它是在现代神经科学研究成果的基础上提出的,试图通过模拟大脑神经网络处理、记忆信息的方式进行信息处理。人工神经网络具有以下四个基本特征。

(1)非线性。非线性关系是自然界的普遍特性,大脑的智慧就是一种非线性现象。人工神经元处于激活或抑制两种不同的状态,这种行为在数学上表现为一种非线性关系。具有阈值的神经元构成的网络具有更好的性能,可以提高容错性和存储容量。

(2)非局限性。一个神经网络通常由多个神经元广泛连接而成。一个系统的整体行为不仅取决于单个神经元的特征,而且可能主要由单元之间的相互作用、相互连接所决定,是通过单元之间的大量连接实现模拟人类大脑的非局限性。联想记忆是非局限性的典型例子。

(3)非常定性。人工神经网络具有自适应、自组织、自学习能力。神经网络不但处理的信息可以有各种变化,而且在处理信息的同时,非线性动力系统本身也在不断变化,经常采用迭代过程描写动力系统的演化过程。

(4)非凸性。一个系统的演化方向,在一定条件下将取决于某个特定的状态函数。例如,能量函数,它的极值相应于系统比较稳定的状态。非凸性是指这种函数有多个极值,故系统具有多个较稳定的平衡态,这将导致系统演化的多样性。

人工神经网络并没有完全地真正反映大脑的功能,它只是对生物神经网络进行某种抽象、简化和模拟。人工神经网络的信息处理通过神经元之间的相互作用来实现,知识与信息的存储表现为网络元件互连分布式的物理联系。人工神经网络的学习和识别取决于各神经元连接权系数的动态演化过程。人工神经网络结构和工作机理基本上是以人脑的组织结构(大脑神经元网络)与活动规律为背景的，它反映了人脑的某些基本特征，但并不是要对人脑部分的真实再现，可以说它是某种抽象、简化或模仿。

人工神经网络模型主要考虑网络连接的拓扑结构、神经元的特征、学习规则等。目前，已有近百种神经网络模型[2]。学习是神经网络研究的一个重要内容，它的适应性是通过学习实现的。根据环境的变化，对权值进行调整，能改善系统的行为。Hebb 提出的学习规则为神经网络的学习算法奠定了基础。Hebb 学习规则认为学习过程最终发生在神经元之间的突触部位，突触的联系强度随着突触前后神经元的活动而变化。在此基础上，人们提出了各种学习规则和算法，以适应不同网络模型的需要。有效的学习算法，使得人工神经网络能够通过连接权值的调整，构造客观事物或现象的内在表征，形成具有特色的信息处理方法，信息存储和处理体现在网络的连接中。

5.1.1　BPNN 算法

虽然多层网络可以解决非线性可分问题，但是有了隐层后学习比较困难，限制了多层网络的发展。反向传播神经网络(back propagation neural network，BPNN)算法的出现解决了这一困难，促进了多层网络的快速发展和广泛应用。BP 神经网络包含输入层、隐层和输出层，如图 5-1 所示，它是目前广泛应用的一种模型[3]。

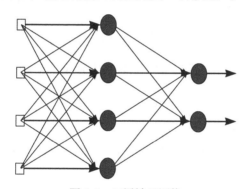

图 5-1　三层神经网络

BPNN 算法中，学习过程分为两个阶段。第一阶段为正向传播过程，从输入层经隐层逐层计算各层节点的实际输出值，每一层的节点只接受前一层节点的输入，也只对下一层节点的状态产生影响。第二阶段是反向传播过程，若输出层未能得到期望的输出值，则逐层递归计算实际输出与期望输出之间的误差，根据该误差修正前一层权值，使误差信号趋向最小。在误差函数斜率下降的方向上不断地调整网络权值和阈值的变化而逐渐逼近目标函数，每一次权值和误差的变化都与网络误差的影响成正比。神经网络理论已经证明，只要隐层节点数足够多，用单隐层的 BP 神经网络就可以以任意精度逼近任何一个具有有限间断点的非线性函数。另外，隐层数越多，误差传递环节就越多，神经网络的泛化性能也越低，因此 BP 神经网络常采用三层结构。

图 5-2 给出了多层前向网络中的一部分，其中有以下两种信号在流通。

在图 5-2 中，工作信号用实线表示，它是施加输入信号后向前传播直到在输出端产生实际输出的信号，是输入和权值的函数[4,5]。

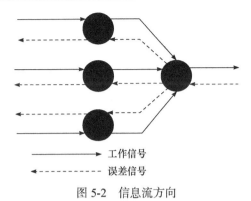

图 5-2　信息流方向

在图 5-2 中，误差信号用虚线表示，它是网络的理想输出与网络的实际输出间的差值，由输出端开始逐层向后传播。

设在第 n 次迭代中输出端的第 j 个单元的理想输出为 $d_j(n)$，而实际输出为 $y_j(n)$，则该单元的误差信号为

$$e_j(n) = d_j(n) - y_j(n) \tag{5-1}$$

定义单元 j 的平方误差为 $\frac{1}{2}e_j^2(n)$，则输出端总的误差的瞬时值为

$$\xi(n) = \frac{1}{2}\sum_{j\in c}e_j{}^2(n) \tag{5-2}$$

式中，c 包括所有的输出单元。设训练中样本总数为 N 个，则平方误差的均值为

$$\xi_{AV}(n) = \frac{1}{N}\sum_{n=1}^{N}\xi(n) \tag{5-3}$$

ξ_{AV} 为学习的目标函数，学习的目的应使 ξ_{AV} 达到最小，ξ_{AV} 是网络所有权值和阈值以及输入信号的函数。图 5-3 给出了第 j 个单元接收到前一层信号并产生误差信号的过程，令单元 j 的净输出为

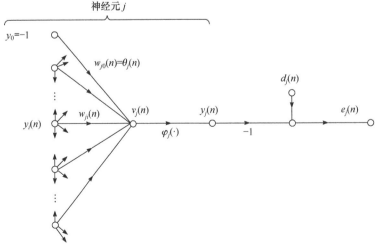

图 5-3　神经元 j 的信息流图

$$\text{net}_j(n) = v_j(n) = \sum_{i=0}^{p} w_{ji}(n) y_i(n) \tag{5-4}$$

式中，p 为加到单元 j 上的输入个数，则有

$$y_j(n) = \varphi_j(v_j(n)) \tag{5-5}$$

求 $\xi(n)$ 对 w_{ji} 的梯度：

$$\frac{\partial \xi(n)}{\partial w_{ji}} = \frac{\partial \xi(n) \cdot \partial e_j(n) \partial y_j(n) \partial v_j(n)}{\partial e_j(n) \partial y_j(n) \partial v_j(n) \partial w_{ji}(n)} \tag{5-6}$$

由于

$$\frac{\partial \xi(n)}{\partial e_j(n)} = e_j(n) \tag{5-7}$$

$$\frac{\partial e_j(n)}{\partial y_j(n)} = -1 \tag{5-8}$$

$$\frac{\partial y_j(n)}{\partial v_j(n)} = \varphi'(v_j(n)) \tag{5-9}$$

$$\frac{\partial v_j(n)}{\partial w_{ji}(n)} = y_{ji}(n) \tag{5-10}$$

因此，有

$$\frac{\partial \xi(n)}{\partial w_{ji}(n)} = -e_j(n) \varphi_j'(v_j(n)) y_i(n) \tag{5-11}$$

权值 w_{ji} 的修正量为

$$\Delta w_{ji}(n) = -\eta \frac{\partial \xi(n)}{\partial w_{ji}(n)} = -\eta \delta_j(n) y_i(n) \tag{5-12}$$

式中，负号表示修正量按梯度下降方向，其中

$$\delta_j(n) = -\frac{\partial \xi(n) \partial e_j(n) \partial y_i(n)}{\partial e_j(n) \partial y_j(n) \partial v_j(n)} = e_j(n) \varphi'(v_j(n)) \tag{5-13}$$

称为局部梯度。下面分两种情况进行说明。

（1）单元 j 是一个输出单元，则

$$\delta_j(n) = (d_j(n) - y_j(n)) \varphi_j'(v_j(n)) \tag{5-14}$$

（2）单元 j 是一个隐单元，则

$$\delta_j(n) = -\frac{\partial \xi(n)}{\partial y_j(n)} \varphi_j'(v_j(n)) \tag{5-15}$$

如图 5-4 所示，当 k 为输出单元时，有

$$\xi(n) = \frac{1}{2}\sum_{k \in c} e_k^{\ 2}(n) \qquad (5\text{-}16)$$

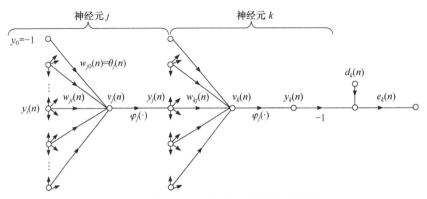

图 5-4　神经元 j 与下一层 k 间的信息流图

将式(5-16)对 $y_j(n)$ 求导，得

$$\frac{\partial \xi(n)}{\partial y_j(n)} = \sum_k e_k(n)\frac{\partial e_k(n)}{\partial y_j(n)} = \sum_k e_k \frac{\partial e_k(n)\partial v_k(n)}{\partial v_k(n)\partial y_j(n)} \qquad (5\text{-}17)$$

由于 $e_k(n) = d_k(n) - y_k(n) = d_k(n) - \varphi_k(v_k(n))$ ，因此有

$$\frac{\partial e_k(n)}{\partial v_k(n)} = -\varphi'_k(v_k(n)) \qquad (5\text{-}18)$$

而且

$$v_k(n) = \sum_{j=0}^{q} w_{kj}(n)y_j(n) \qquad (5\text{-}19)$$

式中，q 为单元 k 的输入端个数。该式对 $y_j(n)$ 求导，得

$$\frac{\partial v_k(n)}{\partial y_j(n)} = w_{kj}(n) \qquad (5\text{-}20)$$

所以

$$\frac{\partial \xi(n)}{\partial y_j(n)} = -\sum_k e_k(n)\varphi'_k(n)v_k(n)w_{kj}(n) = -\sum_k \delta_k(n)w_{kj}(n) \qquad (5\text{-}21)$$

于是，有

$$\delta_j(n) = \varphi'_j(v_j(n))\sum_k \delta_k(n)w_{kj}(n) \qquad (5\text{-}22)$$

式中，j 为隐单元。

根据以上推导，权值 w_{ji} 的修正量可表示为

$$\left(\text{权值修正量}\Delta w_{ji}\right) = \left(\text{学习步长}\eta\right)\cdot\left(\text{局部梯度}\delta_j(n)\right)\cdot\left(\text{单元 } j \text{ 的输入信号}y_i(n)\right)$$

$\delta_j(n)$ 的计算分为以下两种情况。

(1)当 j 是一个输入单元时，$\delta_j(n)$ 为 $\varphi_j'(v_j(n))$ 与误差信号 $e_j(n)$ 之积。

(2)当 j 是一个隐单元时，$\delta_j(n)$ 为 $\varphi_j'(v_j(n))$ 与后面一层的 δ 的加权和之积。

在实际应用中，学习时要输入训练样本，每输入一次全部训练样本称为一个训练周期，学习要一个周期一个周期地进行，直到目标函数达到最小值或小于某一预先给定值。

BPNN 算法的步骤可归纳如下。

(1)初始化，选定合理的网络结构，置所有可调参数(权和阈值)为均匀分布的较小数值。

(2)对每个输入样本做如下计算。

① 前向计算。对于第 l 层的第 j 个单元，则有

$$v_j^{(l)}(n) = \sum_{j=0}^{p} w_{ji}^{(l)}(n) y_i^{(l-1)}(n) \tag{5-23}$$

式中，$y_i^{(l-1)}(n)$ 为前一层 ($l-1$ 层) 的单元 i 送来的工作信号 ($i=0$ 时 $y_0^{(l-1)}(n) = -1$，$w_{j0}^{(l)}(n) = \theta_j^{(l)}(n)$)，若单元 j 的作用函数为 Sigmoid 函数，则

$$y_j^{(l)}(n) = \frac{1}{1 + \exp(-v_j^{(l)}(n))} \tag{5-24}$$

且

$$\varphi_j'(v_j(n)) = \frac{\partial y_j^{(l)}(n)}{\partial v_j(n)} = \frac{\exp(-v_j^{(l)}(n))}{1 + \exp(-v_j^{(l)}(n))} = y_j^{(l)}(n)(1 - y_j^{(l)}(n))$$

若神经元 j 属于第一隐层 (即 $l=1$)，则有

$$y_j^0(n) = x_j(n) \tag{5-25}$$

若神经元 j 属于输出层 ($l=L$)，则有

$$y_j^{(L)}(n) = o_j(n)，且 e_j(n) = d_j(n) - o_j(n) \tag{5-26}$$

② 反向计算 δ。

对于输出单元，有

$$\delta_j^{(L)}(n) = e_j^{(L)}(n) o_j(n)(1 - o_j(n)) \tag{5-27}$$

对于隐单元，有

$$\delta_j^{(l)}(n) = y_j^{(l)}(n)(1 - y_j^{(l)}(n)) \sum_k \delta_k^{(l+1)}(n) w_{kj}^{(l+1)}(n) \tag{5-28}$$

③ 修正权值。

按式(5-29)修正权值：

$$w_{ji}^{(l)}(n+1) = w_{ji}^{(l)}(n) + \eta \delta_j^{(l)}(n) y_i^{(l-1)}(n) \tag{5-29}$$

(3) $n = n+1$，输入新的样本(或新一周期)直至误差达到要求，训练结束。图 5-5 为 BP 神经网络的学习过程流程图。

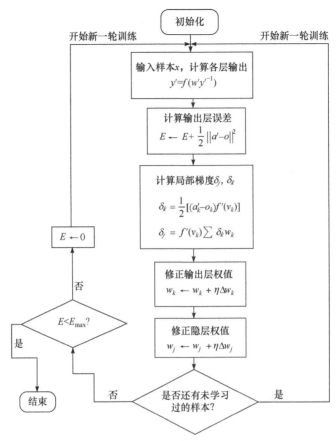

图 5-5　BP 神经网络的学习过程流程图

5.1.2　改进 BPNN 算法收敛速度的一些措施

在实际应用中 BPNN 算法存在两个重要问题：收敛速度和目标函数存在局部极小[6]。在提高收敛速度方面，通常采取如下措施。

(1)加动量项，工作中学习步长 η 的选择很重要，若 η 大，则收敛快，但过大会引起不稳定，η 小可避免不稳定，但这时收敛速度就慢了。解决这一矛盾的最简单方法是加"动量项"，即

$$\Delta w_{ji}(n) = \alpha \Delta w_{ji}(n-1) + \eta \delta_j(n) y_i(n), \quad 0 < \alpha < 1 \tag{5-30}$$

式中，第二项为常规 BP 法的修正量；第一项为动量项；α 为某一正数。其作用阐述如下：

当顺序加入训练样本时，式(5-30)可以写成以 t 为变量的时间序列，t 由 0 到 n，因此式(5-30)可看作 $\Delta w_{ji}(n)$ 的一阶差分方程，对 $\Delta w_{ji}(n)$ 求解可得

$$\Delta w_{ji}(n) = \eta \sum_{t=0}^{n} \alpha^{n-1} \delta_j(t) y_j(t) = -\eta \sum_{t=0}^{n} \alpha^{n-1} \frac{\partial \xi(t)}{\partial w_{ji}(t)} \tag{5-31}$$

当本次的 $\dfrac{\partial \xi(t)}{\partial w_{ji}(t)}$ 与前一次同号时，其加权求和值增大，使 $\Delta w_{ji}(n)$ 较大，结果在稳定调节时加速了 w 的调节速度。当本次的 $\dfrac{\partial \xi(t)}{\partial w_{ji}(t)}$ 与前一次异号时说明有一定振荡，此时指数加权和结果使 $\Delta w_{ji}(n)$ 减小，起到稳定作用。

(2)对 Sigmoid 函数来说，反对称函数(即 $\varphi(-\upsilon) = -\varphi(\upsilon)$ 比不对称函数更好，其中最常用的反对称函数是双曲正切，即

$$\varphi(\upsilon) = a\tanh(b\upsilon) = a\left[\frac{1-\exp(-b\upsilon)}{1+\exp(-b\upsilon)}\right] = \frac{2a}{1+\exp(-b\upsilon)} - a \tag{5-32}$$

一般选 $a = 1.716$，$b = 2/3$。

(3)应使目标值 d_j 在输出单元 j 的作用函数的值域内,若输出单元的 Sigmoid 函数的渐近值分别为 $-a$ 和 $+a$，则应使 $d_j = a - \varepsilon$，例如，$a = 1.716$ 时，可令 $\varepsilon = 0.716$，这样 d_j 的范围刚好是 $[-1, +1]$。

(4)各权值及阈值的起始值应选为均匀分布的小数经验值。

(5)最好使网络中各种神经元的学习速度差不多。另外，有较多输入端的单元的 η 可比较少输入端的 η 小些。

(6)每一周期的训练样本输入顺序应随机排序。

常规的 BP 算法收敛速度慢的一个主要原因是采用了瞬时梯度来修正权值，因此利用的信息很少，这样还可以从其他方面来提高收敛速度。学习过程实际是一个最优化问题，用瞬时梯度相当于爬山法，如果用共轭梯度法或牛顿法虽然计算复杂但可改善收敛过程。另一种监督学习可看作一个线性自适应滤波器，如果放弃简单的最小均方算法(LMS)而采用递推最小二乘(RLS)或扩展的卡尔曼滤波算法(EKA)也可改进收敛过程。

5.2　基于 BPNN 的 PD 模式识别算法

局部放电参数是评价高压电气设备绝缘状态的关键技术指标。本书的第 3 章已经对此进行了详细阐述，并且实验模拟了五种电极结构在 AC 激励下触发局部放电并采集它们对应的 $\varphi\text{-}q\text{-}n$ 三维图谱和指纹图谱，形成了神经网络模式分类的基础数据。

通常，局部放电识别过程包括 PD 信号处理、PD 特征提取、分类器设计、分类算法和结果验证。分类过程的关键问题之一是如何处理输入向量维数的灾难问题，因此需要将高维空间问题缩减成低维特征空间，在保证节省计算成本的同时，又不影响分类效果[7]。

由图 3-14 可知，每个 PD 模型的指纹中包括 29 个特征量，正如众所周知的理论和实践所证明的那样，若识别的特征量太多，将使神经网络的结构复杂，训练过程也将更加困难和耗时。因此，仔细选择特征量的不同组合是非常重要的任务，不仅需要一定的实践经验和多次实验，还需要根据类的可分离性标准验证其合理性。所以，从 PD 模型的每个指纹的分布函数 $H_{qn}(\varphi)$ 中选取了 9 个特征量，分别是 S_k^+，S_k^-，K_u^+，K_u^-，Q_s^+，Q_s^-，A，cc，P_f，它们是根据采集的局部放电信号波形，运用严格的数学方法获得的数据参量[8,9]。

5.2.1 局部放电模式特征量

获取局部放电模式识别特征量的方法很多，它可以由直接计算得来，也可以由仪器直接测量而得，由于采用了 DDX-7000 局放仪，所测得的指纹数据可以直接用在模式识别的算法中[10,11]。但是，在特征量的选择上，尽量坚持提取一组"精简"的特征量，即特征数目不要太多，且具有代表性，通常可以分为以下步骤来进行。

(1) 特征形成构造。一组原始的特征量适用于模式识别，它可以是直接测量所得或者是通过计算所得到的值。

(2) 特征选择。一般情况下得到的原始特征量比较多，假设把所有的特征都用作分类特征，这样不但会使神经网络的结构更加复杂，计算量增加，而且不会使分类的效果变好。减小特征数目通常有特征提取与特征选择两种方法。

(3) 特征量提取。遵循类别可分性准则，假设要进行的特征的选择是从 n 个特征中选出最有效的 m 个值($m < n$)，而对于特征的选择，要从 n 个特征中选择出 m 个，总共有 C_n^m 种组合方式，但是无法判断哪一种是分类效果最好的，于是设定了一个标准。同样地，对于特征提取要把 n 维向量通过变换，得到一个 m 维的特征向量，多种变化当中也很难得知哪一种变换对于分类是最有效的，所以同样需要一个准则来衡量。通常用分类器的错误概率作为这个准则，也就是说分类器错误概率最小的一组就是最有效的特征向量。

5.2.2 类可分准则

由 2.4 节所述，各类样本之间的距离越大，类别可分性越大，可以用各类样本之间的距离平均值作为类可分准则[12,13]：

$$P_{ij} = \frac{1}{2}\sum_{i=1}^{c} P_i \sum_{j=1}^{c} P_j \frac{1}{N_i N_j} \sum_{x^i \in \omega_i} \sum_{x^j \in \omega_j} D(x^i, x^j) \tag{5-33}$$

式中，c 为类别数；N_i 为 ω_i 类中的样本数；N_j 为 ω_j 类中的样本数；P_i、P_j 分别为相应类别和先验概率；$D(x^i, x^j)$ 为样本 x^i 与 x^j 之间的距离。

采用欧几里得距离，即有

$$D(x^i, x^j) = (x^i - x^j)^{\mathrm{T}}(x^i - x^j) \tag{5-34}$$

用 m_i 表示第 i 类样本集的均值向量：

$$m_i = \frac{1}{N_i} \sum_{x^i \in \omega_i} x^i \tag{5-35}$$

用 m 表示各类样本的总平均向量：

$$m = \sum_{i=1}^{c} P_i m_i \tag{5-36}$$

将式(5-34)～式(5-36)代入式(5-33)，可得

$$P_{ij} = \sum P_i \left[\frac{1}{N_i} \sum_{x^j \in w_i} \left(x^i - m_i\right)^{\mathrm{T}}\left(x^i - m_i\right) + \left(m_i - m\right)^{\mathrm{T}}\left(m_i - m\right) \right] \tag{5-37}$$

类可分准则的衡量通常需满足以下几个要求。

(1) 与错误概率之间存在着单调关系，此时才有当准则取最大值时，它的错误概率最小。

(2) 具有可加性。在各特征量相互独立时，有

$$P_{ij}\left(x_1,\ x_2,\cdots,x_d\right)=\sum_{k=1}^{d}P_{ij}\left(x_k\right) \tag{5-38}$$

式中，P_{ij} 是指第 i 类与第 j 类的类可分准则函数；P_{ij} 越大，就表示分离程度很大；$x_1,x_2,\cdots,x_d$ 是随机变量，它对应着一定类别的特征。

(3) 度量特性。

当 $i \neq j$ 时，$P_{ij}>0$；当 $i=j$ 时，$P_{ij}=0$；其中 $P_{ij}=P_{ji}$，P_{ij} 指的是第 i 类和第 j 类的类可分准则函数，P_{ij} 越大，两类的分离程度就越大。

(4) 单调性是指即使当有新的特征加入时，准则函数值也不会减少。

$$P_{ij}\left(x_1,x_2,\cdots,x_d\right) \leqslant P_{ij}\left(x_1,x_2,\cdots,x_d,x_{d+1}\right) \tag{5-39}$$

如果要从 n 个向量中提取 m 个向量从而组成特征向量，通常会将特征量作为标量来处理，它的优点是计算简单，缺点是在一般情况下相关性比较高，如果选择通过这种方法来处理得到的特征向量，识别效果会比较差。所以，可以利用"最优性"原则，根据特征量本身的可分性测度标准来选择特征向量，具体方法如下：选择七组特征量组合，分别是 $X_1(A,\mathrm{cc},P_{\mathrm{f}})$、$X_2(S_{\mathrm{k}}^+,S_{\mathrm{k}}^-,K_{\mathrm{u}}^+,K_{\mathrm{u}}^-)$、$X_3(S_{\mathrm{k}}^+,S_{\mathrm{k}}^-,K_{\mathrm{u}}^+,K_{\mathrm{u}}^-,A)$、$X_4(S_{\mathrm{k}}^+,S_{\mathrm{k}}^-,K_{\mathrm{u}}^+,K_{\mathrm{u}}^-,Q_{\mathrm{s}}^+,Q_{\mathrm{s}}^-)$、$X_5(S_{\mathrm{k}}^+,S_{\mathrm{k}}^-,K_{\mathrm{u}}^+,K_{\mathrm{u}}^-,Q_{\mathrm{s}}^+,Q_{\mathrm{s}}^-,A)$、$X_6(S_{\mathrm{k}}^+,S_{\mathrm{k}}^-,K_{\mathrm{u}}^+,K_{\mathrm{u}}^-,Q_{\mathrm{s}}^+,Q_{\mathrm{s}}^-,A,\mathrm{cc},P_{\mathrm{f}})$ 和 $X_7(S_{\mathrm{k}}^+,S_{\mathrm{k}}^-,K_{\mathrm{u}}^+,K_{\mathrm{u}}^-,Q_{\mathrm{s}}^+,Q_{\mathrm{s}}^-,A,\mathrm{cc},P_{\mathrm{f}})$，相关具体数据请见文献[14]。

5.2.3　PD 模式识别过程

计算机安装并启动 MATLAB 应用软件，开启 NNTOOL 工具箱，进入图形用户界面 (GUI) 的神经网络编辑器 (network/data manager)。该编辑器提供了神经网络构建、训练、仿真以及数据导入与结果输出功能。实现 PD 模式的分类步骤如下。

1. PD 特征空间构成

根据局部放电形成指纹图谱含有 29 个参数，将其任意构成 7 个子空间拟选中 9 个参数 $S_{\mathrm{k}}^+,S_{\mathrm{k}}^-,K_{\mathrm{u}}^+,K_{\mathrm{u}}^-,Q_{\mathrm{s}}^+,Q_{\mathrm{s}}^-,A,\mathrm{cc},P_{\mathrm{f}}$，将其任意构成 7 个子空间，即 $X_1(A,\mathrm{cc},P_{\mathrm{f}})$、$X_2(S_{\mathrm{k}}^+,S_{\mathrm{k}}^-,K_{\mathrm{u}}^+,K_{\mathrm{u}}^-)$、$X_3(S_{\mathrm{k}}^+,S_{\mathrm{k}}^-,K_{\mathrm{u}}^+,K_{\mathrm{u}}^-,A)$、$X_4(S_{\mathrm{k}}^+,S_{\mathrm{k}}^-,K_{\mathrm{u}}^+,K_{\mathrm{u}}^-,Q_{\mathrm{s}}^+,Q_{\mathrm{s}}^-)$、$X_5(S_{\mathrm{k}}^+,S_{\mathrm{k}}^-,K_{\mathrm{u}}^+,K_{\mathrm{u}}^-,Q_{\mathrm{s}}^+,Q_{\mathrm{s}}^-,A)$、$X_6(S_{\mathrm{k}}^+,S_{\mathrm{k}}^-,K_{\mathrm{u}}^+,K_{\mathrm{u}}^-,Q_{\mathrm{s}}^+,Q_{\mathrm{s}}^-,A,\mathrm{cc})$ 和 $X_7(S_{\mathrm{k}}^+,S_{\mathrm{k}}^-,K_{\mathrm{u}}^+,K_{\mathrm{u}}^-,Q_{\mathrm{s}}^+,Q_{\mathrm{s}}^-,A,\mathrm{cc},P_{\mathrm{f}})$，由此建立 7 种类型的输入向量矩阵，设为 $I_{n\times m}=\left[I_{ij}\right]$，其中 $n=3,4,\cdots,9$，而 $m=5$，I_{ij} 为对应向量空间的元素。

2. 输出目标矩阵

输出向量矩阵 $O_{n\times m}=\left[O_{ij}\right]$，其中 $n=3,4,\cdots,9$，而 $m=5$。设定五种模式类的理想输

出目标矩阵为：$T_k = \left[T_{ij}\right]_{k \times m}$，其中 k 表示子空间的向量组合，$k = 3,4,\cdots,9$，m 是模式类别（$m = 5$）。例如，$X_1(A, \mathrm{cc}, P_\mathrm{f})$ 子空间的输出目标矩阵为

$$T_3 = \begin{bmatrix} 10001 \\ 01011 \\ 00110 \end{bmatrix}_{3 \times 5}$$

T_k 的其他形式可以类推获得。

3. 网络结构选择

本节应用神经网络工具箱建立一个隐层（layer1）含若干神经元，训练函数为 TRAINLM、自适应学习函数为 LEARNGDM、性能函数为 MSE 的 BP 神经网络。设定输入为 X_1，输出为 T_3。

选择不同的传递函数，并同时调整隐层神经元数量，经过反复实验尝试，当隐层神经元数为 6 时，训练的效果最好，与目标最接近。用 40 组数据检验网络合理性，结果表明 $X_1(A, \mathrm{cc}, P_\mathrm{f})$ 构成的子空间的识别率为 82%。神经网络及训练性能曲线如图 5-6 所示。

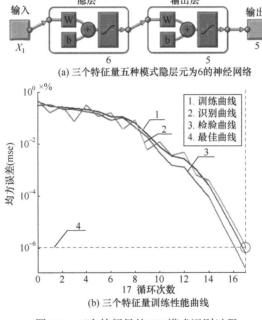

(a) 三个特征量五种模式隐层元为6的神经网络

(b) 三个特征量训练性能曲线

图 5-6   三个特征量的 PD 模式识别过程

1）$X_2(S_\mathrm{k}^+, S_\mathrm{k}^-, K_\mathrm{u}^+, K_\mathrm{u}^-)$ 特征量的识别结果

对 $X_2(S_\mathrm{k}^+, S_\mathrm{k}^-, K_\mathrm{u}^+, K_\mathrm{u}^-)$ 子空间进行网络的学习训练，经过尝试不同的传递函数以及调整隐层神经元数，获得传递函数为 TANSIG、隐层元为 8 的神经网络的识别率最好，如图 5-7 所示，但是识别率为 64%。

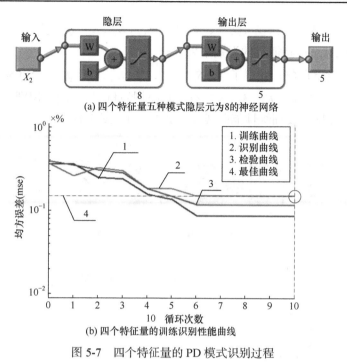

(a) 四个特征量五种模式隐层元为8的神经网络

(b) 四个特征量的训练识别性能曲线

图 5-7　四个特征量的 PD 模式识别过程

2) $X_3(S_k{}^+, S_k{}^-, K_u{}^+, K_u{}^-, A)$ 特征量的识别结果

对 $X_3(S_k{}^+, S_k{}^-, K_u{}^+, K_u{}^-, A)$ 子空间进行学习训练,获得传递函数为 TANSIG 和 10 个隐层元的神经网络,其识别率达 72%,神经网络及训练性能曲线如图 5-8 所示。

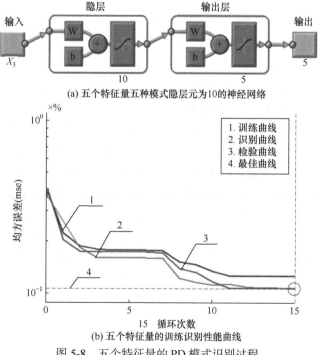

(a) 五个特征量五种模式隐层元为10的神经网络

(b) 五个特征量的训练识别性能曲线

图 5-8　五个特征量的 PD 模式识别过程

3) $X_4(S_k^+, S_k^-, K_u^+, K_u^-, Q_s^+, Q_s^-)$、$X_5(S_k^+, S_k^-, K_u^+, K_u^-, Q_s^+, Q_s^-, A)$ 和 $X_6(S_k^+, S_k^-, K_u^+, K_u^-, Q_s^+, Q_s^-, A, cc)$ 特征量的识别结果

经过多次的尝试调整，获得了 $X_4(S_k^+, S_k^-, K_u^+, K_u^-, Q_s^+, Q_s^-)$、$X_5(S_k^+, S_k^-, Q_s^+, Q_s^-, A)$ 和 $X_6(S_k^+, S_k^-, K_u^+, K_u^-, Q_s^+, Q_s^-, A, cc)$ 特征向量空间的识别率分别为 66.6%、60% 和 80%，神经网络及训练性能曲线分别如图 5-9～图 5-11 所示。

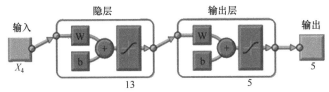

(a) 六个特征量五种模式隐层元为13的神经网络

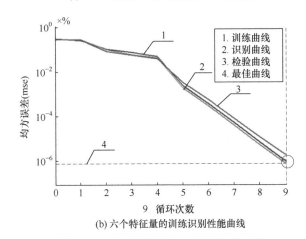

(b) 六个特征量的训练识别性能曲线

图 5-9　六个特征量的 PD 模式识别过程

4) $X_7(S_k^+, S_k^-, K_u^+, K_u^-, Q_s^+, Q_s^-, A, cc, P_f)$ 特征量的识别结果

子空间的网络结构和训练过程如图 5-12 所示。这里 BPNN 的隐层元为 19，选择 TANSIG 作为传递函数时识别率达 100%。

综上结果可知，利用五类 PD 模式的不同特征量组合对神经网络进行学习训练，改变隐层神经元数和传递函数其识别效果是不同的。当特征量为 X_1 时，并选择传递函数为 TANSIG，隐层神经元数为 6 是最佳结构，其 PD 模式的识别率为 82%。而分别应用 X_2、X_3、X_4、X_5、X_6 和 X_7 特征量组合对神经网络学习训练，发现传递函数 TANSIG 更适合用于五类局部放电模式分类。当训练过程逐渐调整隐层神经元数量时，发现输入特征量为 X_1、X_2 和 X_3 时，隐层神经元数为对应的神经网络输入层神经元数的 2 倍，此时是最佳网络结构。而当输入特征量分别为 X_4、X_5、X_6 和 X_7 时，其隐层神经元数为对应神经网络输入层神经元数的 2 倍加 1。例如输入特征量 X_7 时，取隐层神经元数为 19，此时的 PD 识别率达到 100%，此时的网络是最佳结构，也表明 X_7 是实现五类 PD 模式分类的最佳特征量组合。

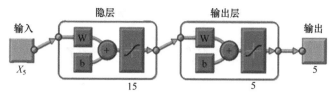

(a) 七个特征量五种模式隐层元为15的神经网络

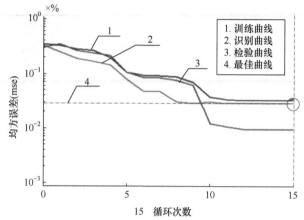

(b) 七个特征量的训练识别性能曲线

图 5-10　七个特征量的 PD 模式识别过程

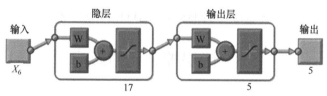

(a) 八个特征量五种模式隐层元为17的神经网络

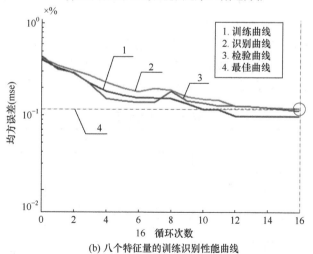

(b) 八个特征量的训练识别性能曲线

图 5-11　八个特征量的 PD 模式识别过程

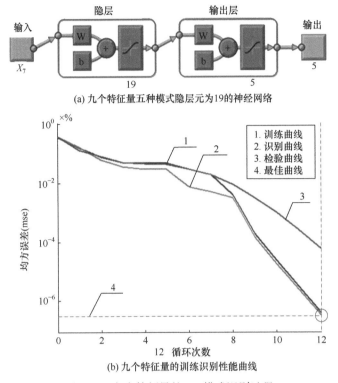

(a) 九个特征量五种模式隐层元为19的神经网络

(b) 九个特征量的训练识别性能曲线

图 5-12　九个特征量的 PD 模式识别过程

5.3　隐层神经元的影响

根据第 2 章的可分性准则，本节计算了子空间的 J 值，$J_{X_1}=177.3$、$J_{X_2}=41.9$、$J_{X_3}=1243.8$、$J_{X_5}=1905.6$ 和 $J_{X_7}=1589.9$。分类结果如表 5-1 所示，在除 X_3 以外的隐层神经元为 20 的情况下，选择的指纹可以作为识别 PD 模式的有用和有益的特征，但这并不意味着特征量越多，识别率就越高。实际上，特征量 X_5 的识别率在 7 组输入特征量中是最高的，因为特征量 X_5 最能满足类别可分性条件。

表 5-1　分类结果

PD 模型	特征组合				
	X_1	X_2	X_3	X_5	X_7
尖-尖	100%	95%	100%	100%	100%
尖-板	95%	100%	100%	100%	95%
尖-球	100%	100%	100%	100%	100%
球-板	100%	100%	0%	100%	100%
球-球	100%	100%	100%	100%	100%
识别率	99%	99%	80%	100%	99%

如何选择隐层神经元的数量是一个非常复杂的问题，通常需要设计人员的经验和大量实验，当前还没有规则可遵循。通常可以根据 Kolmogorov 定理粗略选择隐层神经元数量，然后通过实验后确定。表 5-2 表明，隐层神经元数量对识别结果有明显的影响，当隐层神经元的数量为 6 及以上时，神经网络可以获得 100%的识别率。但是，人工神经网络中过多的隐层神经元可能具有以下问题：

(1) 人工神经网络结构过于复杂，需要更多的时间进行训练；

(2) 人工神经网络的运算速度较慢，甚至无法收敛；

(3) 网络的鲁棒性和容错性都可能降低。

表 5-2 隐层神经元数量对 X_5 分类结果的影响

PD 模型	隐层神经元数量							
	2	3	4	5	6	10	15	20
尖-尖	100%	100%	100%	100%	100%	100%	100%	100%
尖-板	100%	100%	100%	100%	100%	100%	100%	100%
尖-球	100%	100%	100%	0%	100%	100%	100%	100%
球-板	0%	100%	100%	100%	100%	100%	100%	100%
球-球	100%	0%	0%	100%	100%	100%	100%	100%
总计	80%	80%	80%	80%	100%	100%	100%	100%

综上所述，对于实现 PD 模式分类，除了正确获取局部放电原始信号，从中提取合理的特征量并优化简约构成低维向量空间以外，BPNN 的拓扑结构及其算法优化是一个涉及众多领域的科学问题，具有广阔的探索空间。如表 5-2 所示，X_5 是来自 PD 指纹的合理的 PD 特征向量集，当隐层含有 6 个神经元时，网络的识别率已达到 100%，是表现最好的网络拓扑结构体。尽管智能 PD 模式识别是一项复杂的任务，但是随着计算技术的发展和人工智能科学的进步，PD 模式识别技术也在朝着智能化方向快速发展。但是，仍然存在许多问题有待进一步探索和挖掘。

参 考 文 献

[1] 李国勇, 杨丽娟. 神经·模糊·预测控制及其 MATLAB 实现[M]. 3 版. 北京: 电子工业出版社, 2013.

[2] MACIA N, BERNADO-MANSILLA E, ORRIOLS-PUIG A. Preliminary approach on synthetic data sets generation based on class separability measure[C]. The 19th international conference on pattern recognition, 2008.

[3] PARTOVI F Y, ANANDARAJAN M. Classifying inventory using an artificial neural network approach[J]. Computers &industrial engineering, 2002, 41(4): 389-404.

[4] 郑殿春. 基于 BP 网络的局部放电模式识别[D]. 哈尔滨: 哈尔滨理工大学, 2005.

[5] 孙学勇. 神经网络在局部放电模式识别中的实验研究[D]. 哈尔滨: 哈尔滨理工大学, 2003.

[6] 边肇祺, 张学工. 模式识别[M]. 北京: 清华大学出版社, 2000.

[7] SI W R, LI J H, YUAN P, et al. Digital detection, grouping and classification of partial discharge signals at DC voltage[C]. IEEE transactions on dielectrics and electrical insulation, 2008, 15(6): 1663-1674.

[8] PEARSON J S, FARISH O, HAMPTON B F, et al. Partial discharge diagnostics for gas insulated substations[J]. IEEE transactions on dielectrics and electrical insulation, 1995, 5: 893-905.

[9] HO T K, BASU M. Complexity measures of supervised classification problems[J]. IEEE transactions on pattern analysis and machine intelligence, 2002, 24(3): 289-300.

[10] 郑殿春. SF$_6$介电特性及应用[M]. 北京: 科学出版社, 2019.

[11] 成小瑛. 局部放电模式识别特征量提取方法研究与特征量相关性分析[D]. 重庆: 重庆大学, 2003.

[12] SAHOO N C, SALAMA M M A.Trends in partial discharge pattern classification: a survey[J]. IEEE transactions on dielectrics and electrical insulation, 2005, 12(2): 248-264.

[13] 周开利, 康耀红. 神经网络模型及其 MATLAB 仿真程序设计[M]. 北京: 清华大学出版社, 2005.

[14] 张睿. 基于人工神经网络的 PD 模式识别方法[D]. 哈尔滨: 哈尔滨理工大学, 2016.

第6章 支持向量机的 PD 模式识别

人工神经网络的算法基础是传统统计学。传统统计学所研究的主要是渐进理论，即当样本趋向于无穷多时的统计性质。但在现实问题中，如进行故障诊断，特征知识的获取通常有一定的约束，样本的数量通常是有限的，甚至是十分有限的。在这种情况下，人们希望在有限的样本数据下尽可能地发现其中蕴含的知识，强调学习机器具有较强的推广能力，即对符合某规律，但没有学习过的样本也能给出合理的结论，这是学习机器体现其智能性的最为重要的一个方面。统计学习理论(statistical learning theory，SLT)和支持向量机(SVM)的诞生为机器学习开辟了一条新的途径。支持向量机较好地解决了以往方法中小样本、非线性和高维数等实际难题，并克服了神经网络等学习方法中网络结构难以确定、收敛速度慢、局部极小及需要大量训练样本等不足，可以使在小样本下建立的分类器有较强的推广能力，正逐渐成为智能故障诊断的有力工具[1]。

6.1 支持向量机

支持向量机是最近几年出现并获得研究者青睐的基于小样本的模式识别方法，它具有较高的推广能力，能保证分类器得到最优的分类函数，这主要是因为支持向量机的算法是基于结构风险最小化原则，能避免学习时陷入人工神经网络那样的局部最小的情况，在故障样本较少的情况下能较好地体现支持向量机的优越性。支持向量机是一个线性机器，它的核心思想是求取一个超平面函数作为决策函数，使得类与类之间的分离边界距离最大化。依据统计学习理论的原理，结合经验风险与置信范围的最小化，支持向量机是结构风险最小化的实现。支持向量是由算法从学习训练样本中确定的，而且只占学习样本中很小的一部分，一旦确定了支持向量就确定了分类器结构，那么新增的样本一般不会改变支持向量，这样就能实现在小样本情况下的模式识别分类。因此，在局部放电模式识别问题中支持向量机能提供更好的泛化性能[2]。

6.1.1 线性可分类支持向量机

由文献[3]可知，在采集的故障样本较少时，需选择小样本的支持向量机。支持向量机的实现可以从两类线性可分的情况进行说明。如图 6-1 所示，图中的圆形和正方形代表不同类的样本点，H 为分类超平面，H_1、H_2 分别为各类距离分类超平面最近的样本且平行于分类超平面的平面，H_1、H_2 两线上的样本为支持向量，H_1、H_2 之间的距离是类与类之间的分类间隔。最优分类超平面不但能将不同类样本正确分开，还要使类间的分类间隔最大。

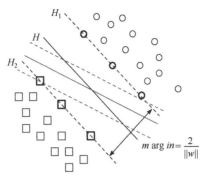

$$m\arg in=\frac{2}{\|w\|}$$

图 6-1　最优分类超平面

假设大小为 l 的训练集 $(x_i,y_i),i=1,2,\cdots,l,x\in \mathbf{R}^n,y\in\{\pm1\}$ ，由两类样本构成，支持向量机最终要寻找的分类超平面为 $(w^{\mathrm{T}}x)+b=\pm1$ ，使得分类超平面方程对样本在线性可分的情况下满足：

$$y_i\left(w^{\mathrm{T}}x_i+b\right)\geqslant1,\quad i=1,2,\cdots,l \tag{6-1}$$

样本点到分类平面 H 的距离为

$$d=\frac{\left\|\left(w^{\mathrm{T}}x_i\right)+b\right\|}{\|w\|} \tag{6-2}$$

则分类间距离为

$$m\arg in=\min_{y_i=1}\frac{\left\|\left(w^{\mathrm{T}}x_i\right)+b\right\|}{\|w\|}+\min_{y_i=-1}\frac{\left\|\left(w^{\mathrm{T}}x_i\right)+b\right\|}{\|w\|}=\frac{2}{\|w\|} \tag{6-3}$$

这样获得的间隔大小为 $2/\|w\|$ ，使 $2/\|w\|$ 最大与使 $1/2\times\|w\|^2$ 最小等价，因此求得的分类平面就是最优分类面，在 H_1 、 H_2 上的样本称为支持向量。

最优分类超平面问题可以在约束条件(6-1)下求函数的最小值：

$$\phi(w)=\frac{1}{2}\|w\|^2 \tag{6-4}$$

利用拉格朗日（Lagrange）乘数法定义：

$$L(w,b,a)=\frac{1}{2}w^{\mathrm{T}}w-\sum_{i=1}^{n}a_i(y_i(w^{\mathrm{T}}x+b)-1) \tag{6-5}$$

式中， $a_i\geqslant0$ 为第 l 个样本的拉格朗日乘子。分别对 w 和 b 求偏导，得

$$\frac{\partial L(w,b,a)}{\partial w}=w-\sum_{i=1}^{n}y_ia_ix_i=0 \tag{6-6}$$

$$\frac{\partial(w,b,a)}{\partial b}=\sum_{i=1}^{n}y_ia_i=0 \tag{6-7}$$

根据 Wolf 的对偶理论可以用比较简单的对偶问题解决上述问题：

$$Q(a) = \sum_{i=1}^{n} a_i - \frac{1}{2}\sum_{i,j=1}^{n} a_i a_j y_i y_j (x_i \cdot x_j) \tag{6-8}$$

$$\sum_{i=1}^{n} y_i a_i = 0 \tag{6-9}$$

$$a_i \geqslant 0, \quad i=1,2,\cdots,n \tag{6-10}$$

不等式约束二次规划问题存在唯一解，且最优解 a_i 必须满足：

$$y_i[(w \cdot x_i)+b]-1=0, \quad i=1,2,\cdots,n \tag{6-11}$$

式(6-10)对大部分样本点 a_i 将为零，a_i 不等于零的样本点即支持向量机分类器最终要寻找的支持向量。最后求得最优分类函数如下：

$$f(x)=\mathrm{sgn}\left\{(w^{\mathrm{T}}x_i)+b\right\}=\mathrm{sgn}\left\{\sum_{i=1}^{n} a_i y_i (x_i \cdot x)+b\right\} \tag{6-12}$$

式中，b 为分类阈值。分类阈值可以由式(6-13)求得，即

$$b=\frac{1}{2}\left[\left(w^{\mathrm{T}}x(+1)\right)+\left(w^{\mathrm{T}}\cdot x(-1)\right)\right] \tag{6-13}$$

6.1.2 线性不可分类支持向量机

在样本线性不可分的情况下使用上面的分类法不会找到最优解。Vapnik 等提出了用广义分类平面来解决线性不可分情况，在求取最优分类平面的同时兼顾分类间隔最大化与样本错分类最小化的问题。在式(6-1)条件下引入松弛项变量 $\varepsilon_i \geqslant 0$，变成：

$$y_i[(w^{\mathrm{T}}x_i)+b]-1+\varepsilon_i \geqslant 0, \quad i=1,2,\cdots,n \tag{6-14}$$

广义最优分类平面问题可以转换为在式(6-15)条件下求取式(6-16)的极小值问题：

$$\phi(w,\varepsilon)=\frac{1}{2}w^{\mathrm{T}}w+c\left(\sum_{i=1}^{n}\varepsilon_i\right) \tag{6-15}$$

式中，c 为一阶范数软间隔错分惩罚参数，其作用是在错分样本的比例与分类算法复杂度之间实现平衡。目标函数的拉格朗日函数为

$$L_p=\frac{1}{2}\left(w^{\mathrm{T}}w\right)+c\sum_{i=1}^{n}\varepsilon_i-\sum_{i=1}^{l}a_i\left\{y_i\left[\left(w^{\mathrm{T}}x_i\right)+b\right]-1+\varepsilon_i\right\}-\sum_{i=1}^{n}r_i\varepsilon_i \tag{6-16}$$

式中，r_i 是为了增强 ε_i 的肯定度。根据 KKT 条件，可以得到以下结论：

$$\frac{\partial L_p}{\partial w}=0 \Rightarrow w=\sum_{i=1}^{l} y_i a_i x_i \tag{6-17}$$

$$\frac{\partial L_p}{\partial b}=0 \Rightarrow 0=-\sum_{i=1}^{l} a_i y_i \tag{6-18}$$

$$\frac{\partial L_p}{\partial \varepsilon_i} = 0 \Rightarrow c - a_i - r_i = 0 \tag{6-19}$$

$$\varepsilon_i \geqslant 0, \quad a_i \geqslant 0, \quad r_i \geqslant 0, \quad i = 1, 2, \cdots, l \tag{6-20}$$

$$a_i \left\{ y_i \left[\left(w^{\mathrm{T}} x_i \right) + b \right] - 1 + \varepsilon_i \right\} = 0, \quad i = 1, 2, \cdots, l \tag{6-21}$$

$$\varepsilon_i (a_i - c) = 0, \quad i = 1, 2, \cdots, l \tag{6-22}$$

结合式(6-21)和式(6-22)可知,如果 $a_i < c$,可得 $\varepsilon_i = 0$ 。此时广义最优分类平面的对偶问题与线性可分时有相似的解决方法,只是条件变为 $0 \leqslant a_i \leqslant c$ 。

对于原始空间中样本线性不可分的情况,可以将不可分的样本映射到高维空间转化为新样本而实现样本可分,最优分类函数只涉及训练样本之间的内积运算 $(x_i \cdot x_j)$,所以只需要运用内积核函数运算就可以解决不同空间中的映射问题。实现特征量映射只需用核函数 $K(x, x_i)$ 替换最优函数中的内积运算,即在不增加计算难度的情况下将不可分的原始样本映射到高维空间实现线性可分,便于利用支持向量机的优点分类,此条件下式(6-11)和式(6-17)分别变为

$$\max Q(a) = \sum_{i=1}^{n} a_i - \frac{1}{2} \sum_{i,j=1}^{n} a_i a_j y_i y_j K(x_i, x_j)$$

$$\text{s.t.} \quad \sum_{i=1}^{n} y_i a_i = 0 \tag{6-23}$$

$$c \geqslant a_i \geqslant 0, \quad i = 1, 2, \cdots, n$$

$$f(x) = \mathrm{sgn} \left\{ \sum_{i=1}^{n} a_i y_i K(x_i, x) + b \right\} \tag{6-24}$$

常用的非线性映射核函数有以下四种。

(1)线性核函数 $K(x, x_i) = (x \cdot x_i)$,即在输入特征量空间分类。

(2)径向基函数(RBF) $K(x, x_i) = \exp\left\{ -\frac{\|x - x_i\|^2}{\sigma^2} \right\}$, σ^2 为径向基函数的方差。

(3)多项式核函数 $K(x, x_i) = (x \cdot x_i - 1)^d$, d 为多项式的阶数。

(4)Sigmoid 核函数 $K(x, x_i) = \tanh(v(x \cdot x_i) + \gamma)$, v 为变换尺度, γ 为偏置。

选择合适的核函数将输入分类器的线性不可分样本经过核函数映射到线性可分的高维特征空间里,在映射后的高维空间里计算最优分类函数来确定分类面,这就是非线性情况下利用支持向量机分类器实现模式识别的思路。核函数对非线性空间的映射如图 6-2 所示。

形式上支持向量机的分类函数类似于一个神经网络,输入量是样本的特征量,经过映射后在高维空间确定支持向量,输出是中间节点(支持向量)的线性组合。如图 6-3 所示, x 是输入向量, l 是支持向量的数量, y 是分类函数。

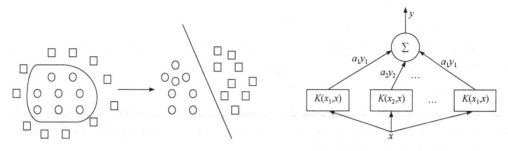

图 6-2　核函数对非线性空间的映射　　　　　　图 6-3　支持向量机的网络结构

6.2　PD 模拟与特征提取

如第 3 章所述，局部放电现象的突出特点是它的随机性，而触发局部放电的原因又多种多样。依据局部放电产生机理，构建七类绝缘缺陷模型，并运用脉冲电流法实验采集其相关的局部放电信息构成 PD 信号源。

6.2.1　PD 信号采集

实验室采集的局部放电信号不仅包含各种噪声，而且信号的维数大，不能直接用于模式识别，需要先对采集的信号进行预处理，再进行信号特征提取[4]。信号预处理包括信号去噪、归一化和截取有效信号[5]。特征的提取主要是用信号处理方法计算出能反映信号本质的特征量[6]。

1. PD 模型构建

针对不同的高压电气绝缘局部放电形式，本节设计了七类缺陷电极模型如图 6-4 所示。图 6-4 实验中的金属电极全部由黄铜材质加工抛光而成。

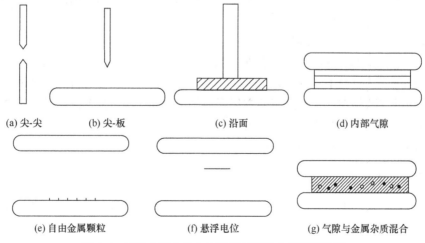

(a) 尖-尖　　　(b) 尖-板　　　(c) 沿面　　　(d) 内部气隙

(e) 自由金属颗粒　　　(f) 悬浮电位　　　(g) 气隙与金属杂质混合

图 6-4　绝缘介质中的七类缺陷局部放电模型示意图

局部放电缺陷电极模型如下。

(1)空气间隙尖-尖电极局部放电模型。

图 6-4(a)模拟的是空气间隙尖-尖电极局部放电模型。尖电极直径为 2mm，尖的曲率半径为 0.1mm，尖-尖电极间隙距离为 11mm。

(2)空气间隙尖-板电极局部放电模型。

图 6-4(b)模拟的是空气间隙尖-板电极局部放电模型。尖电极的直径为 2mm，尖的曲率半径为 0.1mm；板电极的直径为 80mm，厚度为 1mm，尖-板电极间隙距离为 11mm。

(3)空气介质中沿面局部放电模型。

图 6-4(c)模拟的是空气介质中沿面局部放电模型。柱电极的直径为 10mm，板电极的直径为 80mm，厚度为 10mm；柱-板电极间的垫片为交联聚乙烯薄片，厚度为 1mm，直径为 60mm。实验时拧紧两端的螺帽加固，阻止垫片滑动。

(4)绝缘介质(交联聚乙烯)中微小气隙局部放电模型。

图 6-4(d)模拟的是绝缘介质中存在内部小气隙时的局部放电模型。板电极直径为 80mm，板-板电极间的垫片为交联聚乙烯薄片，厚度为 10mm；内部气隙是在交联聚乙烯垫片的中心处制作一直径和高度均为 5mm 的孔，模拟绝缘介质热老化过程在其中产生的微小气隙缺陷。

(5)电极表面附着金属微粒局部放电模型。

图 6-4(e)模拟的是金属电极表面附着金属微粒局部放电模型。板-板间距离为 11mm；板电极直径为 80mm，厚度为 10mm；金属微粒由直径为 0.1mm 的铜线、长度约为 1mm 的柱状体线体制作而成，放置在板电极表面的颗粒数为 10～20。该模型模拟 GIS 等电气设备在电场作用下金属微粒运动引起的局部放电缺陷。

(6)空气介质中悬浮导体局部放电模型。

图 6-4(f)模拟的是空气介质中悬浮导体引起的局部放电模型，板电极的直径为 80mm，厚度为 10mm；悬浮电极是由直径为 0.3mm、长度为 10mm 的细铜导线制作而成的。实验时将悬浮电极先固定在绝缘细线上，再将绝缘细线的两端固定在绝缘支架上，水平悬浮置于离高压电极 5mm 处。该模型可以模拟高压电气设备中由于松动而形成的导体悬浮电位引起的局部放电。

(7)绝缘介质中混合气隙局部放电模型。

图 6-4(g)模拟的是绝缘介质中存在气隙和金属杂质混合时的局部放电模型。电极板直径为 80mm，厚度为 10mm；交联聚乙烯薄片的厚度为 1mm，直径为 80mm；交联聚乙烯薄片中的气隙是在压片时残留的空气形成的，数量为 3～5 个，直径小于 3mm；交联聚乙烯薄片中的金属杂质是由直径为 0.1mm、长度小于 1mm 的细铜线剪裁而成的，并在压片前置于交联聚乙烯中，数量为 5～8 粒。

2. 信号采集与预处理

针对上述构建的七类缺陷局部放电模型，本节采用脉冲电流法实验采集其局部放电信号。图 6-5 为 PD 信号采集电路，由 Tektronix TDS3052B5GHz/s 示波器采集存储 PD 波形数据，调压器的调压范围为 0～50kV。

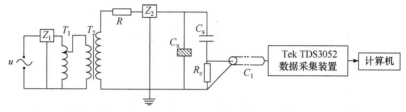

图 6-5　PD 信号采集电路

T_1-调压器；T_2-变压器；Z_1，Z_2-低通滤波器；C_s-标准电容；C_x-试品电容；R_z-检测阻抗；C_1-同轴信号传输线

在提取特征量前必须对信号进行预处理，以提高提取特征的有效性。局部放电信号的预处理包括信号噪声的去除、归一化处理和信号有效长度的截取等步骤。

(1)信号消噪。白噪声、周期性噪声、窄带干扰和脉冲噪声是主要干扰噪声。采用第 4 章所述的小波变换方法对采集的含噪 PD 波形信号消噪，实现对局部放电信号的小波变换消噪后的效果如图 6-6 和图 6-7 所示。

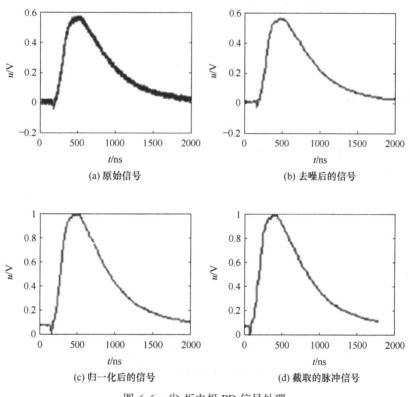

图 6-6　尖-板电极 PD 信号处理

(2)归一化处理。信号归一化可以减小同类信号的离散性，同时也会增大不同类信号之间的不可分性。为了与未归一化信号的识别结果进行比较，将去噪后的信号归一化到 0.01～1，最小值归一化到 0.01 是因为 Weibull 特征提取方法提取波形的形状参数要求信号值大于 0。归一化后的 PD 信号如图 6-6 和图 6-7 所示。

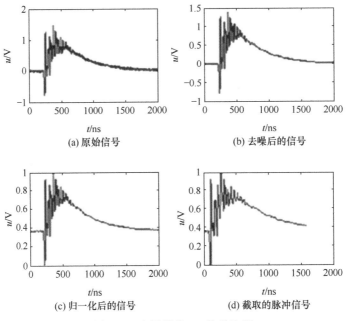

图 6-7　金属颗粒 PD 信号处理

6.2.2　PD 特征提取

本节对七类 PD 信号进行特征量提取，依据信号波形的不同特点分别提取了统计特征参数[7]、波形特征参数[8]、分形维数特征[9]和韦布尔（Weibull）分布参数[10]。

1）统计特征参数

局部放电信号是一个非平稳信号，经过统计计算后可以得到四个统计特征参数：均值、方差、偏斜度和峰度，这组参数能充分表征每个 PD 信号的统计规律。下面根据文献[7]求取统计特征量。

（1）均值（Mean）。均值主要体现信号平均幅值的大小：

$$\text{Mean} = \frac{\sum_{i=1}^{n} x_i}{N} = \mu \tag{6-25}$$

式中，N 为数据点的个数；x_i 为 PD 信号每个数据点的值。

（2）方差（S_{td}）。方差表示局部放电信号相对其均值的偏离程度：

$$S_{td} = E\left\{\left|X - \mu\right|^2\right\} \tag{6-26}$$

式中，X 为局部放电信号向量。

（3）偏斜度 S_k。偏斜度是衡量信号波形相对于正态分布的偏斜度：

$$S_k = E\left\{\left[\frac{X - \mu}{\delta}\right]^3\right\} = \frac{\gamma^3}{\delta^3} \tag{6-27}$$

(4)峰度 K_u。峰度用来表征信号的尖锐度：

$$K_u = E\left\{\left[\frac{X-\mu}{\delta}\right]^4\right\} - 3 = \frac{\gamma^4}{\delta^4} - 3 \tag{6-28}$$

统计特征参数见表 6-1～表 6-4 特征量中的 Mean、S_{td}、S_k、K_u 项。

表 6-1　尖-板放电未归一化的十个特征量

t_{50}	t_{10}	t_d	t_r	Weibull	Fractal	Mean	S_{td}	S_k	K_u
0.5972	1.2326	0.1480	0.8502	1.3409	1.0495	0.1666	0.1732	0.7191	−0.9316
0.5911	1.2456	0.1423	0.8664	1.3124	1.0610	0.2573	0.2614	0.7494	−0.8906
0.5991	1.2458	0.1471	0.8623	1.3080	1.0648	0.2588	0.6170	0.7327	−0.9176
0.5915	1.2494	0.1444	0.8683	1.3183	1.0534	0.2018	0.2080	0.7330	−0.9196
0.5946	1.2741	0.1448	0.8964	1.3402	1.0411	0.2446	0.2465	0.7356	−0.9054

表 6-2　自由金属颗粒放电未归一化的十个特征量

t_{50}	t_{10}	t_d	t_r	Weibull	Fractal	Mean	S_{td}	S_k	K_u
0.3820	0.9915	0.1233	0.8610	3.5456	1.2359	0.2627	0.3225	0.9111	0.5524
0.3565	1.0051	0.1229	0.8754	3.3230	1.2225	0.2364	0.2882	0.8965	0.2749
0.3681	0.9918	0.1229	0.8612	2.9557	1.2238	0.2309	0.2864	0.9153	0.0197
0.3830	1.0023	0.1231	0.8731	3.1923	1.2217	0.2520	0.2957	0.9144	0.2314
0.1348	1.0072	0.1230	0.8771	3.1452	1.2211	0.2486	0.2908	0.9217	0.1966

表 6-3　尖-板放电归一化后提取的十个特征量

t_{50}	t_{10}	t_d	t_r	Weibull	Fractal	Mean	S_{td}	S_k	K_u
0.6403	1.6353	0.1584	1.2371	1.3456	1.0476	0.3793	0.3068	0.7191	−0.9316
0.6286	1.5870	0.1520	1.1934	1.3129	1.0577	0.3716	0.3082	0.7494	−0.8906
0.6303	1.5675	0.1558	1.1697	1.3089	1.0595	0.3722	0.3086	0.7327	−0.9176
0.6381	1.5974	0.1565	1.1983	1.3197	1.0513	0.3742	0.3083	0.7330	−0.9196
0.6321	1.6388	0.1549	1.2456	1.3411	1.0355	0.3759	0.3057	0.7356	−0.9054

表 6-4　自由金属颗粒放电归一化后提取的十个特征量

t_{50}	t_{10}	t_d	t_r	Weibull	Fractal	Mean	S_{td}	S_k	K_u
0.7117	1.7622	0.1339	1.6195	3.5715	1.1840	0.4615	0.1389	0.9111	0.5524
0.6815	1.7765	0.1345	1.6336	3.3478	1.1745	0.4484	0.1457	0.8966	0.2750

t_{50}	t_{10}	t_d	t_r	Weibull	Fractal	Mean	S_{td}	S_k	K_u
0.6263	1.7626	0.1349	1.6185	2.9740	1.1681	0.4298	0.1598	0.9154	0.0197
0.6508	1.7564	0.1349	1.6138	3.2160	1.1757	0.4345	0.1478	0.9144	0.2314
0.6530	1.7765	0.1346	1.6333	3.1662	1.1738	0.4369	0.1512	0.9217	0.1966

2) 波形特征参数

局部放电脉冲的时域波形有一定差别，因此可以提取信号的时域特征参数作为特征量。波形特征参数包括波形均值 U_{mean}；波形上升沿时间 t_r，起始于峰值的 10% 处开始，持续到峰值的 90% 的时间；波形下降沿时间 t_d，始于峰值 90% 处的时间，到峰值 10% 处的时间；50% 峰值持续时间 t_{50}；10% 峰值脉冲持续时间 t_{10}；相关波形参数如图 6-8 所示。

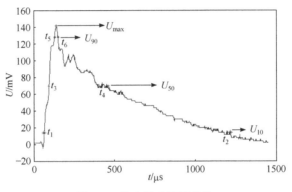

图 6-8　放电脉冲波形参数

时间波形参数见表 6-1～表 6-4 特征量中的 t_{10}、t_{50}、t_r、t_d 项。计算公式如下：

$$\begin{cases} t_r = t_5 - t_1 \\ t_d = t_2 - t_6 \\ t_{50} = t_4 - t_3 \\ t_{10} = t_2 - t_1 \end{cases} \tag{6-29}$$

3) 分形维数特征

局部放电脉冲波形的分形维数就是采用不同边长的正方形填充经过预处理的 PD 信号与坐标轴所包围的部分面积。以两个采样点的横坐标间距为基本单位长度，取 $2^n + 1 (n = 0, 1, \cdots, 2^n + 1 < n)$ 个点作为正方形的边长 l，用边长为 l 的正方形填充信号与坐标轴所包围的部分面积，如图 6-9 所示，求取正方形的个数 N。假如采样点为 $L+1$，这样对于一个局部放电脉冲波形，取不同长度的边长 l 就得到一组边长与正方形个数的数据 $(L/l, N)$，设 $m = L/l$。根据分形的定义，m 与 N 满足式 (6-30)，式中 D 就是分形维数，采用数据的一阶拟合法获得拟合 $(\ln N, -\ln m)$ 直线，此直线的斜率就是此脉冲波形对应的分形维数[11,12]。

$$D = \frac{\ln N}{-\ln m} \qquad (6\text{-}30)$$

分形参数见表 6-1～表 6-4 特征量中的 Fractal 项。

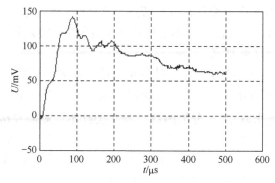

图 6-9　分形参数提取

4) 韦布尔分布参数

韦布尔分布包含形状和尺度两个参数, 在 PD 模式识别中常用的是形状参数, 因为形状参数不会因为信号的归一化而改变。两参数韦布尔分布表示如下:

$$F(q, \alpha, \beta) = 1 - \exp\left[-\left(\frac{q}{\alpha}\right)^{\beta}\right] \qquad (6\text{-}31)$$

$$f(q; \alpha, \beta) = \frac{\beta}{\alpha}\left(\frac{q}{\alpha}\right)^{\beta-1} \exp\left[-\left(\frac{q}{\alpha}\right)^{\beta}\right] \qquad (6\text{-}32)$$

式 (6-31) 和式 (6-32) 分别表示放电量 q 的累积分布函数和概率密度函数。其中, $q = q_t - q_{min}$ 表示 PD 采集到的放电量 q_t 减去 PD 信号中的最小放电量值 q_{min} (保证 q 不小于零), α 为 PD 信号的幅值参数, β 为 PD 信号的形状参数。

不同的 PD 模型产生局部放电信号的起始电压各不相同, 为排除其对模式识别的影响, 在信号的处理过程中做了信号归一化与非归一化的对比。经过归一化处理后得知, 韦布尔分布幅值参数在模式识别过程失去了存在的意义。因此, PD 模式识别过程只提取韦布尔分布形状参数 β 即可。

在求取韦布尔参数时, 可以令

$$y = \ln[-\ln(1 - F(q_i))], \quad x = \ln(q_i), \quad k = -\beta(\alpha)$$

则式 (6-31) 变为

$$y = \beta x + k$$

韦布尔的概率值就是以 $\ln(q_i)$ 作为横坐标, 以 $\ln[-\ln(1 - F(q_i))]$ 作为纵坐标, 画出 $y(x)$ 的曲线为一直线, 在经过拟合估算出直线的斜率 β 和截距 k, 最终可求得 α。韦布尔的波形参数见表 6-1～表 6-4 特征量中的 Weibull 项。所有 PD 样本的特征量见附录。

6.3 基于 SVM 的 PD 模式识别

支持向量机和神经网络分类器各有其特点。支持向量机适合小样本模式识别，对于触发高压电气绝缘故障的 PD 信号样本数量往往是有限的，研究和应用支持向量机对 PD 模式识别和分类更具有实际意义。

支持向量机实现多分类的方法有一对多和一对一方法。一对多分类方法的基本思想就是对所有样本实现两两分类，每两类之间都求取一个 SVM 分类函数，如果所需分类样本为 n 类，那么就需求取 C_n^2 个分类函数。若 7 类样本，则需要构造 21 个分类函数。在确定未知样本的类别属性时，将未知样本代入所有的 SVM 分类函数中进行计算，将未知类归入计算所得同类最多者，即所谓的"投票法"，若有计算所得两类同样多时，可代入这两者的分类器进行计算，将未知样本归入计算所得类中。一对一分类方法的优点是每个分类函数只用到两类样本，能有效提高求取单个分类器的速度，在一定程度上能够平衡样本的分布，与一对多分类方法相比，一对一分类方法训练的精度和测试的精度都明显好些。

6.3.1 核函数选择

由四个核函数构成不同的支持向量机，选择 15～24 个 PD 模式类样本用于分类网络的训练，余下的样本作为测试集，识别的结果如表 6-5 所示。

表 6-5 不同核函数的识别率

核函数	样本									
	15	16	17	18	19	20	21	22	23	24
线性 $c=16$	79.824	81.308	83	84.946	86.046	88.607	87.500	87.69	87.931	86.274
多项式 $c=32$ $d=3$	80.701	84.112	86	87.096	90.697	91.139	91.667	90.76	89.655	90.196
Sigmoid $c=128$ $v=6.062$ $\gamma=0$	84.210	85.046	87	87.096	90.697	89.873	93.055	93.84	91.379	90.196
径向基 $c=32$ $\sigma=0.574$	88.596	85.981	85	84.946	94.186	93.671	90.277	95.38	94.827	94.117

由表 6-5 可知，在相同训练样本条件下，线性核函数的识别率都低于其他三个核函数的识别率，且后面三个核函数支持向量机的识别结果相近。这表明针对小样本 PD 信号，不适合在原始特征空间进行模式识别分类。而多项式核函数、径向基核函数和 Sigmoid 核函数构成的支持向量机对局部放电信号的识别结果相近。参照文献[13]的研究结果，选择径向基核函数(RBF)构成径向基支持向量机实现 PD 信号模式分类更有利，因为此

支持向量机的一个支持向量对应于径向基核函数的一个中心，线路清晰明确。另外，径向基核函数中的参数 σ 是可以调控的，通过网格寻优方法找到一个最佳参数 σ，使构成的径向基核函数支持向量机获得最优的分类能力。

6.3.2　SVM 参数寻优

选择径向基核函数构成径向基支持向量机实现 PD 信号模式分类，根据拉格朗日定理，其对应的拉格朗日系数 a_i 由式(6-33)求得：

$$\max \; Q(a) = \sum_{i=1}^{n} a_i - \frac{1}{2} \sum_{i,j=1}^{n} a_i a_j y_i y_j \exp\left\{ -\frac{\|x - x_i\|^2}{\sigma^2} \right\}$$

$$\text{s.t.} \quad \sum_{i=1}^{n} y_i a_i = 0 \tag{6-33}$$

$$c \geqslant a_i \geqslant 0, \quad i = 1, 2, \cdots, n$$

寻求参数 c 和 σ 时使用网格寻优方法，确定 m 个惩罚参数 c 和 n 个径向基核函数参数 σ，形成 $m \times n$ 矩阵，$m \times n$ (c, σ) 组合分别训练支持向量机，然后选择识别率最好的一组 (c, σ) 参数作为最优参数。参数寻优流程如图 6-10 所示。

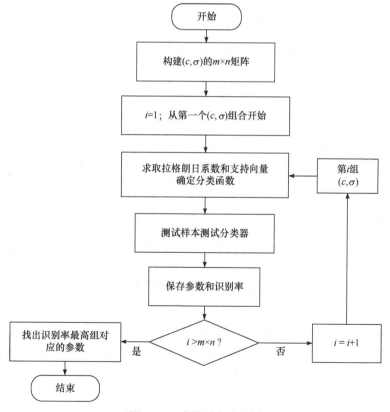

图 6-10　参数寻优流程图

网格搜寻时，参数 c 和 σ 的步长适合采用指数增长方式，而惩罚参数的寻优范围为 $[2^{-10}, 2^{10}]$，步长为 $2^{0.2}$；径向基核函数参数 σ 的寻优范围也同样是 $[2^{-10}, 2^{10}]$，步长为 $2^{0.2}$ [14]。

分类器学习时，将所有样本划分为训练集和测试集两部分，其中测试集部分被认为是未知类型的样本。为提高分类器的识别性能，获得对未知样本有更好的识别能力的分类器，应该使用交叉验证法来训练分类器，交叉验证的样本分组如图 6-11 所示。

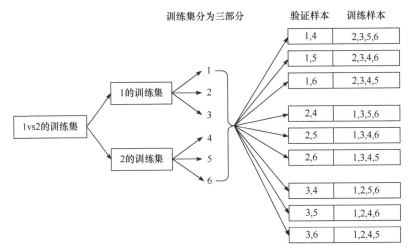

图 6-11　交叉验证的样本分组

表 6-6 是训练样本分别为 15、19 和 22 时参数寻优的结果。

表 6-6　参数寻优结果

训练样本个数	训练样本识别率/%	测试样本识别率/%	最优惩罚参数 c	最优核函数参数 σ
15	99.0476	85.9649	13.9288	13.9288
19	96.2406	93.0233	10.5561	3.4822
22	98.7061	95.3846	111.435	3.0314

6.3.3　权值和阈值

当确定了径向基函数为支持向量机核函数后，根据式 (6-24)，此时的分类函数为

$$f(x) = \mathrm{sgn}\left\{ \sum_{i=1}^{n} a_i y_i \exp\left(-\frac{\|x - x_i\|^2}{\sigma^2} \right) + b \right\} \tag{6-34}$$

运用一对多分类方法对本章所述的 PD 模式进行分类，在同一特征量组合下进行学习训练后共得到 21 个支持向量机分类函数，每个支持向量机分类函数都对应着自己的支持向量 (SV)、权值和网络结构；而每个支持向量也对应着一个拉格朗日系数。

在表 6-5 中选择径向基核函数来实现特征量非线性映射，那么分类函数的表达式如式 (6-34) 所示，训练时除了确定表 6-5 和表 6-6 中的参数外还需确定式 (6-34) 中的拉格朗日系数 a 和阈值 b 才能获得支持向量机分类函数，其中拉格朗日系数与支持向量是一一

对应的。信号去噪后未归一化的四种特征组合求取 SVM 分类函数时确定的支持向量 (SV)情况如表 6-7 所示。表中，1∶10 表示 t_{10}、t_{50}、t_r、t_d、Weibull、Fractal、Mean、S_{td}、S_k 和 S_u 特征组合；1∶6 表示 t_{10}、t_{50}、t_r、t_d、Weibull 和 Fractal 特征组合；5∶10 表示 Weibull、Fractal、Mean、S_{td}、S_k 和 K_u 特征组合；7∶10 表示 Mean、S_{td}、S_k 和 K_u 特征组合。1∶10 特征组合表明，在七类 PD 模式，且每类取 22 个训练样本的情况下，总共有 59 个支持向量，每类的支持向量个数分别为自由金属颗粒 5 个，混合的 11 个，尖-板 6 个，尖-尖 9 个，内部气隙 11 个，悬浮 5 个，沿面放电 12 个。在相同的训练样本数量条件下，特征组合 1∶10、5∶10、7∶10 的支持向量个数明显少于 1∶6 的支持向量个数；前面三种组合支持向量的个数相差不大，这表明前三种特征组合在分类时识别的结果要比后一种好，这也在后面的分类结果中得到验证。

表 6-7　信号去噪后未归一化的支持向量个数

特征量组合	训练样本总数	SV 总数	金属颗粒 SV	混合 SV	尖-板 SV	尖-尖 SV	内部气隙 SV	悬浮 SV	沿面 SV
1∶10	154	59	5	11	6	9	11	5	12
1∶6	154	104	12	21	4	19	20	16	12
5∶10	154	61	7	9	3	16	13	5	8
7∶10	154	57	4	9	3	12	13	6	10

训练时，七类缺陷的分类函数由不同类两两组成的 21 个支持向量机分类函数构成。每个分类函数都有不同的支持向量、不同的阈值，也就有不同的网络结构，表 6-8 为拉格朗日系数。

表 6-8　拉格朗日系数

	拉格朗日系数 a								
1vs2	0.0279	2.6584	0.0000	0.0000	0.0000	−1.8580	0.0000	0.0000	0.0000
1vs3	0.3180	0.2875	0.6256	0.0000	0.0000	−0.0032	−0.6832	−0.5448	0.0000
1vs4	0.0000	1.2069	0.0000	5.4982	0.0000	−0.9440	−3.2921	−2.0853	0.0000
1vs5	0.0000	3.4878	0.0000	0.0000	0.0370	0.0000	0.0000	0.0000	0.0000
1vs6	0.0000	3.3589	0.0000	0.0000	0.0000	−0.2189	−0.5705	0.0000	0.0000
1vs7	38.843	0.0000	0.0000	0.0000	0.0000	−26.851	0.0000	0.0000	−3.6050
2vs3	0.0000	0.0000	0.0044	0.0000	0.0000	0.0000	0.0000	1.3020	0.0000
2vs4	1.6007	0.0000	0.6717	0.0000	0.0000	0.0000	0.0000	0.0000	0.0000
2vs5	0.0000	512.00	412.137	512.00	240.645	512.000	492.477	0.0000	283.437
2vs6	1.9838	0.0000	0.0528	0.0000	0.0000	0.0000	0.0000	0.0000	0.0000
2vs7	0.0000	0.0000	0.0000	0.0000	0.0000	0.0000	0.0000	0.0000	0.0000
3vs4	0.0000	0.0000	2.7099	0.0000	0.0000	0.0000	0.0000	0.0000	−0.2403
3vs5	0.1815	0.8094	0.0000	0.0000	0.3960	0.0000	0.0000	−0.4489	−0.9380
3vs6	0.0000	0.0000	2.9921	0.0000	0.0000	0.0000	−2.2155	0.0000	−0.7766
3vs7	0.2760	0.0000	0.3662	0.3197	0.0000	0.3859	−0.1997	−0.3133	−0.0881

				拉格朗日系数 a				
4vs5	0.6324	0.5861	0.0662	0.1132	0.6435	0.1855	0.1838	0.0000	0.1336
4vs6	0.0096	0.7843	0.0000	0.0845	14.0186	0.0000	0.0911	0.0000	0.0000
4vs7	0.1365	2.4035	4.3442	0.1446	0.5082	0.0000	0.2787	0.0000	0.0000
5vs6	0.0000	0.1114	2.3233	0.0000	0.0000	0.0000	0.0000	0.0000	0.0000
5vs7	4.7577	0.0000	0.0000	0.0000	0.0000	4.4341	0.0000	0.0000	0.0000
6vs7	0.5052	0.8057	0.0000	0.0150	0.5992	−0.2840	0.0000	0.0000	−0.5437

表 6-8 是 PD 信号去噪后未归一化时选取十个特征量的 21 个支持向量机分类函数的拉格朗日系数；表 6-9 是信号去噪后未归一化时选取十个特征量的 21 个支持向量机分类函数的权值(权值=拉格朗日系数×类别标签)和阈值。表中(1vs2)表示七类 PD 模式样本中的第一类金属颗粒PD模式与第二类混合缺陷PD模式支持向量机分类函数的权值和阈值，其他的与之相似。第一类与第二类分类函数的支持向量个数为 16(两类支持向量个数的和)个，对应的应该有 16 个拉格朗日系数，第一类与第三类应该有 11 个拉格朗日系数，其他的与之相似，由于篇幅的限制只列出了部分分类函数的系数 a_y 权值和 b 阈值，如表 6-9 所示，由此也就确定了支持向量机分类器的结构。

表 6-9　权值和阈值

				a_y 权值					b 阈值
1vs2	0.0279	2.6584	0.0000	0.0000	0.0000	−3.7160	0.0000	0.0000	0.0232
1vs3	0.3180	0.2875	0.6256	0.0000	0.0000	−0.0096	−2.0495	−1.6343	−0.0715
1vs4	0.0000	1.2069	0.0000	5.4982	0.0000	−3.7762	−13.1686	−8.3413	0.8577
1vs5	0.0000	3.4878	0.0000	0.0000	0.0370	0.0000	0.0000	0.0000	−0.0086
1vs6	0.0000	3.3589	0.0000	0.0000	0.0000	−1.3137	−3.4229	0.0000	0.2881
1vs7	38.8431	0.0000	0.0000	0.0000	0.0000	−187.95	0.0000	0.0000	0.5528
2vs3	0.0000	0.0000	0.0088	0.0000	0.0000	0.0000	0.0000	2.6041	0.0001
2vs4	3.2014	0.0000	1.3433	0.0000	0.0000	0.0000	0.0000	0.0000	0.6418
2vs5	0.0000	1024.0	824.274	1024.0	481.29	1024.00	984.953	0.0000	7.6514
2vs6	3.9676	0.0000	0.1055	0.0000	0.0000	0.0000	0.0000	0.0000	0.2679
2vs7	0.0000	0.0000	0.0000	0.0000	0.0000	0.0000	0.0000	0.0000	0.7488
3vs4	0.0000	0.0000	8.1296	0.0000	0.0000	0.0000	0.0000	0.0000	0.6415
3vs5	0.5446	2.4281	0.0000	0.0000	1.1880	0.0000	0.0000	−2.2444	0.1175
3vs6	0.0000	0.0000	8.9762	0.0000	0.0000	0.0000	−13.2928	0.0000	0.2905
3vs7	0.8280	0.0000	1.0987	0.9591	0.0000	1.1576	−1.3981	−2.1929	0.3177
4vs5	2.5294	2.3443	0.2650	0.4528	2.5739	0.7418	0.7352	0.0000	−0.5818
4vs6	0.0385	3.1374	0.0000	0.3380	56.074	0.0000	0.3644	0.0000	−0.8284
4vs7	0.5459	9.6141	17.3769	0.5785	2.0330	0.0000	1.1147	0.0000	−0.4816
5vs6	0.0000	0.5570	11.6164	0.0000	0.0000	0.0000	0.0000	0.0000	0.2699
5vs7	23.7886	0.0000	0.0000	0.0000	0.0000	22.1705	0.0000	0.0000	0.3157
6vs7	3.0313	4.8340	0.0000	0.0903	3.5955	−1.9880	0.0000	0.0000	0.1163

6.3.4　SVM 网络结构

　　表 6-7 和表 6-8 是去噪后未归一化的十个 PD 模式特征量训练学习得到最优分类器的支持向量个数和对应的拉格朗日系数。由表 6-7 和表 6-8 可知，金属颗粒 PD 模式和混合缺陷 PD 模式的支持向量个数分别为 5 个和 11 个，那么这两类的支持向量机分类函数就有 16 个支持向量，对应有 16 个拉格朗日系数，它的网络结构如图 6-12 所示，这是整个分类系统中的一个子网络，图中的 x 表示的是未知样本的特征向量(包含提取的十个特征参数)；$x_1 \sim x_{16}$ 表示两类训练集中的支持向量样本；$a_1 \sim a_{16}$ 为支持向量所对应的拉格朗日系数；$y_1 \sim y_{16}$ 为支持向量样本对应的类别标签，图 6-13 为七类 PD 模式的支持向量机网络结构。

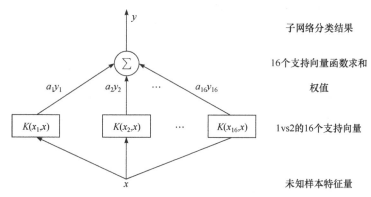

图 6-12　金属颗粒与混合缺陷(1vs2)的支持向量机网络结构

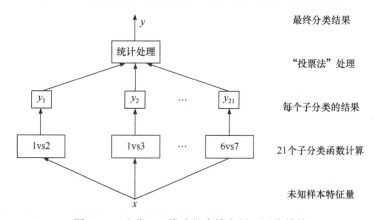

图 6-13　七类 PD 模式的支持向量机网络结构

6.3.5　识别结果

　　PD 特征量是样本信号的本质特征，所以样本特征量的选择和提取是影响分类结果的关键环节之一。本节运用四种方法提取 PD 信号的十个特征量 t_{10}、t_{50}、t_r、t_d、Weibull、Fractal、Mean、S_{td}、S_k 和 K_u，分析并给出不同特征量组合的分类结果。

1. 信号未归一化的识别结果

信号去噪后未进行归一化处理，直接提取 PD 信号的特征量，不同的特征量组合会得到不同的分类结果。选择四种特征量组合构成不同的特征空间，第一种组合为 t_{10}、t_{50}、t_r、t_d、Weibull、Fractal、Mean、S_{td}、S_k 和 K_u；第二种组合为 t_{10}、t_{50}、t_r、t_d、Weibull 和 Fractal；第三种组合为 Weibull、Fractal、Mean、S_{td}、S_k 和 K_u；第四种组合包含 Mean、S_{td}、S_k 和 K_u 四个特征量。运用如图 6-13 所示的支持向量机网络对上述四种特征组合进行识别分类，结果如图 6-14 所示。

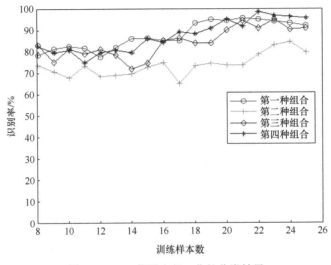

图 6-14　PD 信号未归一化的分类结果

每组的训练集样本数从 8 到 25，从图 6-14 中的识别结果可以看出 PD 模式的识别率随着训练样本数的增多而上升。但是当训练样本数达到 20 时，识别率达到最高，以后随着训练样本数的增加，识别率基本稳定。由图可知，第一种组合和第四种组合的识别率较高，表明 PD 信号统计特征参数应该作为 PD 模式分类特征量的优先选项，不但特征量维数低，而且节约存储空间并降低计算成本。

2. 信号归一化的识别结果

局部放电信号去噪后进行归一化处理，采用与上面相同的组合方式用于训练支持向量机分类器后并进行识别分类，结果如图 6-15 所示。由图可知，与 PD 信号去噪后未归一化的分类结果具有相似的结论。

沿用前面提出的四种组合，分析 PD 信号归一化与否对分类结果的影响，结果如图 6-16 所示。由图可知，在相同特征组合和相同训练样本数下，对于第一、第三和第四种组合，其信号未归一化处理的分类识别率明显高于信号归一化后的识别率。这可能是不进行信号归一化处理能更好地保留信号的原始形态，而提取的特征量能更真实地表现 PD 信号的本质特性，更能展示出不同 PD 信号的细微差异性；第二种组合的识别率相近但都低于其他三种组合。因此，以支持向量机为分类器进行 PD 模式分类时，PD 信号不宜进行归一化处理。

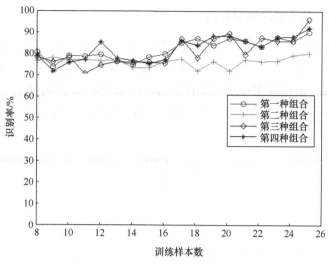

图 6-15　信号归一化的分类结果

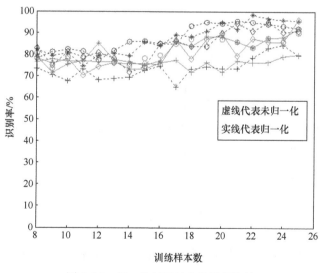

图 6-16　归一化与否的分类结果比较

6.4　相　关　讨　论

　　对于样本信号,特征量越多,越能完整地反映信号本质;但是大量的特征可能包含冗余信息,它们会影响分类器的性能。因此,特征量优化过程就是剔除冗余的特征量,选择类内距离小、类间距离大的特征量组合成最优的低维特征空间。特征量的相关性分析主要针对同一类样本的不同特征量,当两个特征量之间的相关性较强时,表明它们包含的信息具有较高的重叠性,可以选择性地提出其中之一。特征量的类间距离分析主要针对不同类样本间的同一特征量,当其相同特征量距离较小时,表明该特征量的可识别性较差，可以选择性地剔除该特征量。

6.4.1 特征量的相关系数和类间距离

虽然第 2 章已经给出了关于特征量提取优化以及提高类可分性的方法，但是针对本章的 PD 模式和 SVM 分类器的特点，本节提出更具操作性的方法，简述如下。

(1)特征均值。在有 M 个不同类别样本的训练集中，先令 $N_j(1 \leqslant j \leqslant M)$ 表示第 j 类的样本数，再令 x_{ij} 和 y_{ij} 分别表示第 j 类中第 i 个样本的两个特征量。x_{ij} 和 y_{ij} 的特征均值分别为

$$\mu_{xj} = \frac{1}{N} \sum_{i=1}^{N_j} x_{ij} \tag{6-35}$$

$$\mu_{yj} = \frac{1}{N} \sum_{i=1}^{N_j} y_{ij} \tag{6-36}$$

(2)特征方差。特征方差是用来衡量同一类的同一个特征量之间相对于特征均值的分散性的。特征方差越小，说明特征量的分布越靠近特征均值。x_{ij} 和 y_{ij} 的特征方差分别为

$$\sigma_{xj}^2 = \frac{1}{N} \sum_{i=1}^{N_j} \left(x_{ij} - \mu_{xj} \right)^2 \tag{6-37}$$

$$\sigma_{yj}^2 = \frac{1}{N} \sum_{i=1}^{N_j} \left(y_{ij} - \mu_{yj} \right)^2 \tag{6-38}$$

(3)特征类间距离。在模式识别中，若只用一个特征量来分类，那么可以用特征量的类间距离作为分类优劣的特征指标，类间距离大的特征量表示可分性较强。对于不同类的同一特征量 x，其第 j 类与第 k 类的类间距离为

$$D_{xjk} = \frac{\left| \mu_{xj} - \mu_{xk} \right|}{\sqrt{\sigma_{xj}^2 + \sigma_{xk}^2}} \tag{6-39}$$

(4)特征相关系数。第 j 类中两个特征量 x_j 和 y_j 的特征相关系数为

$$\sigma_{xyj} = \frac{1}{N} \sum_{i=1}^{N_j} \left(x_{ij} - \mu_{xj} \right) \left(y_{ij} - \mu_{yj} \right) \Big/ \left(\sigma_{xj} \sigma_{yj} \right) \tag{6-40}$$

特征量的特征相关系数为-1～+1，当特征相关系数为 0 时，表明特征量不相关，彼此独立；当特征相关系数接近 1 时，表明特征量间的相关性较强、冗余度较大，彼此可以替代；当特征相关系数接近-1 时，表明特征量间的负相关性较强、重合度较高，可以删除其中一组。因此，若特征量间的相关系数的绝对值接近于 1，则可以剔除其中一组特征量；若接近于 0，则必须保留。

6.4.2　特征选择

根据上述给出的方法，对 7 类 PD 模型的局部放电信号，每类 PD 模式的样本提取 10 个特征量。对同类 PD 模式的特征量进行相关性分析后得到 7 个 10×10 的对称矩阵，对不同类的同一特征量距离分析后得到 10 个 7×7 的对称矩阵。表 6-10 是内部气隙 PD 模式下 10 个特征量间的相关系数，表 6-11 是 7 个 PD 模式类间 t_{50} 的类间距离，表 6-12 是 10 个特征量的平均类间距离。表 6-10 中显示内部气隙 PD 信号的特征量 (t_{10}, t_{50})、(t_d, t_{50})、(t_d, t_{10})、(Mean, t_{10})、(Mean, t_d)、(S_{td}, Mean)、(S_k, t_d)、(K_u, t_{50})、(K_u, t_{10})、$(K_u, \text{Fractal})$ 之间的相关系数的绝对值为 $0.9 \sim 1$，记为 (2,1)、(4,1)、(4,2)、(7,2)、(7,4)、(8,7)、(9,4)、(10,1)、(10,2)、(10,6)，表明这些特征量间的相关性较强，冗余信息较多。而其他的特征量间的相关系数绝对值都小于 0.9，表明它们之间的相关性较弱，独立性较强，能独立反映出信号的本质。同理分析其他 PD 模式特征间的相关性，得到的分析结果如表 6-11 所示。表 6-11 中显示 (2,4) 和 (7,8) 出现的次数较多，说明在特征量中 t_{10} 与 t_d 的相关性较强，特征量均值 Mean 与方差 S_{td} 的相关性较强，表明它们彼此间存在重叠信息，在模式识别时只需保留其中一组即可，其中特别是特征量 t_{10} 在每一类 PD 模式中都存在与它相关性较强的特征量，因此在特征量选择时选择 t_d 优于选择 t_{10}，故剔除特征量 t_{10}。

表 6-10　内部气隙缺陷的相关系数

特征量	t_{50}	t_{10}	t_d	t_r	Weibull	Fractal	Mean	S_{td}	S_k	K_u
t_{50}	1	0.96	−0.60	0.94	−0.69	−0.86	0.88	0.84	−0.78	−0.95
t_{10}	0.96	1	−0.64	0.98	−0.56	−0.78	0.93	0.88	−0.88	−0.91
t_d	−0.60	−0.64	1	−0.55	0.46	0.50	−0.63	−0.61	0.47	0.59
t_r	0.94	0.98	−0.55	1	−0.49	−0.76	0.93	0.89	−0.91	−0.89
Weibull	−0.69	−0.56	0.46	−0.49	1	0.87	−0.44	−0.42	0.17	0.79
Fractal	−0.86	−0.78	0.50	−0.76	0.87	1	−0.73	−0.71	0.53	0.91
Mean	0.88	0.93	−0.63	0.93	−0.44	−0.73	1	0.99	−0.86	−0.81
S_{td}	0.84	0.88	−0.61	0.89	−0.42	−0.71	0.99	1	−0.82	−0.77
S_k	−0.78	-0.88	0.47	−0.91	0.17	0.53	−0.86	−0.82	1	0.72
K_u	−0.95	−0.91	0.59	−0.89	0.79	0.91	−0.81	−0.77	0.72	1

表 6-11　绝对值为 $0.9 \sim 1$ 的特征相关系数

混合	2,4	5,9	7,8	—	—	—	—	—	—	—
尖-尖	2,4	7,8	9,10	—	—	—	—	—	—	—
尖-板	2,4	5,6	7,8	—	—	—	—	—	—	—
内部气隙	1,2	1,4	1,10	2,4	2,7	2,10	4,7	4,9	6,10	7,8
悬浮电位	1,2	1,4	2,4	—	—	—	—	—	—	—
沿面放电	2,7	2,9	2,10	5,6	5,9	6,7	6,8	7,8	7,10	9,10
金属颗粒	2,4	—	—	—	—	—	—	—	—	—

表 6-12 和表 6-13 显示的是七种 PD 模式信号特征量 t_{50} 的类间距离和十个特征量类间距的均值。从表中可以看出特征量 t_d 的类间距离较小，若在模式识别中单独以此特征量分类，要实现正确分类会很困难；相对而言七个 PD 模式间分形维数的类间距离要明显大于 t_d 的类间距离，那么单独将特征量分形维数用于七个缺陷间的分类，分类效果会好些。经过计算发现，特征量 t_{10}、t_d 和 S_k 三个特征量的类间距离较小，利用它们对 PD 模式识别的可分性较小，在模式识别时不宜包含类间距较小的特征量。

表 6-12　10 个特征量的平均类间距离

模型	1	2	3	4	5	6	7
混合	0	14.41	2.58	0.79	1.78	1.43	1.83
尖-尖	14.41	0	4.28	2.75	0.95	3.04	4.03
尖-板	2.58	4.28	0	2.69	3.15	0.74	0.92
内部气隙	0.79	2.75	2.69	0	0.93	1.64	2.00
悬浮电位	1.78	0.95	3.15	0.93	0	2.15	2.56
沿面放电	1.43	3.04	0.74	1.64	2.15	0	0.07
金属颗粒	1.83	4.03	0.92	2.00	2.56	0.07	0

表 6-13　t_{50} 的类间距离

特征	t_{50}	t_{10}	t_d	t_r	Weibull	Fractal	Mean	S_{td}	S_k	K_u
均值	1.769	2.610	2.036	0.774	3.179	4.722	4.017	4.839	1.900	3.603

6.4.3　识别结果

评估相关性分析和类间距离分析对分类器的影响，可以分析特征选择后在特征量减少的情况下识别率的变化；特征选择后，训练所需时间减少，计算效率提高。总结特征量的相关性分析和特征类间距离分析的结果可知，提取的 10 个局部放电信号特征量中，特征量 t_{10} 与 t_d、特征量 Mean 与 S_{td} 的相关性较强（绝对值为 0.9～1），特征量 t_{10}、t_d、S_k 的类间距离较小，根据特征量的选择原则剔除特征相关性较强组中的一个特征量，去掉类间距离较小的特征量。特征选择后选择三种特征组合与原始特征量的识别结果进行比较，结果如图 6-17 所示。

当图 6-17 中的分类器为支持向量机、核函数为径向基函数时，特征选择分析后的第一种组合为：t_{50}，t_r，t_d，Weibull，Fractal，S_{td}，S_k，K_u；第二种组合为：t_{50}，t_{10}，t_r，Weibull，Fractal，S_{td}，S_k，K_u；第三种组合为：t_{50}，t_r，Weibull，Fractal，S_{td}，S_k，K_u；特征量未进行分析时为：t_{50}，t_{10}，t_r，t_d，Weibull，Fractal，Mean，S_{td}，S_k，K_u。将四种特征组合的识别结果进行比较，由图 6-17 可知在根据相关性分析和类间距离分析后，识别的准确率都没有明显的提高。虽然利用相关性分析和类间距离分析选择出特征量的识别率没有显著提高，但是，在不降低分类器识别能力的情况下，可以节省运算时间、提高计算效率。由以上分析结果可知,利用相关性分析和类间距离分析方法选择特征量是合理的。

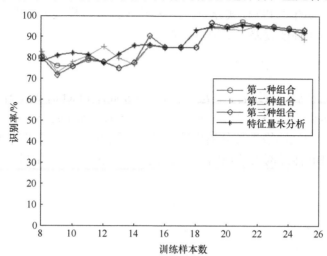

图 6-17 特征量分析与否的识别结果比较

6.4.4 SVM 与 BP 识别效果的比较

神经网络分类器的缺点是网络结构需人为确定,易陷入局部范围最优,甚至得不到最优解,且训练时需要大量样本。支持向量机的网络结构不需要人为设计,而是在计算最优分类面后,在确定支持向量的情况下自动获得网络结构。因此,支持向量机的结构和复杂度并不依赖于训练样本的数量。

1. 特征选择前的识别结果比较

与 PD 信号去噪后未归一化时的四种特征组合识别结果对应,将 BP 神经网络的局部放电识别结果与支持向量机的识别结果进行对比,结果如图 6-18 所示。BP 神经网络在

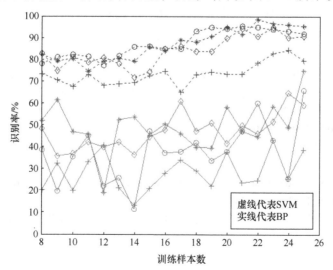

图 6-18 信号未归一化的 SVM 与 BP 的识别结果比较

局部放电信号去噪后未归一化的识别结果远低于支持向量机的识别结果，一个原因是 BP 神经网络不适用于小样本 PD 模式分类；另一个原因是 PD 模式为七类，导致 BP 神经网络结构较复杂，分类性能较差，识别率降低。

2. 特征量选择后的识别结果

针对特征量选择后三种组合：①t_{50}, t_r, t_d, Weibull, Fractal, S_{td}, S_k, K_u；②t_{50}, t_{10}, t_r, Weibull, Fractal, S_{td}, S_k, K_u；③t_{50}, t_r, Weibull, Fractal, S_{td}, S_k, K_u, 分别运用支持向量机与 BP 神经网络进行分类比较，结果如图 6-19 所示。图中显示支持向量机的识别率远高于 BP 神经网络的识别率，这也进一步说明支持向量机适合小样本的模式分类。

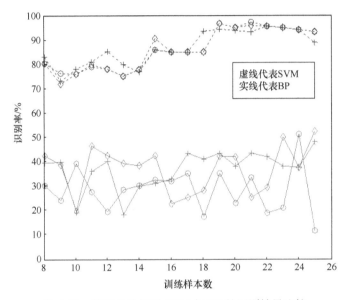

图 6-19　特征量分析后 SVM 与 BP 的识别结果比较

参 考 文 献

[1] CRISTIANINI N, SHAWE-TAYLORT J. 支持向量机导论[M]. 北京: 机械工业出版社, 2005.

[2] 王文杰, 叶世伟. 人工智能原理与应用[M]. 北京: 人民邮电出版社, 2004.

[3] 张龙, 熊国良, 柳和生, 等. 基于时变自回归模型与支持向量机的旋转机械故障诊断方法[J]. 中国电机工程学报, 2007, 27(9): 99-103.

[4] 肖燕彩. 支持向量机在变压器状态评估中的应用研究[D]. 北京: 北京交通大学, 2008.

[5] 汪德才. 小样本 PD 信号支持向量机模式识别方法[D]. 哈尔滨: 哈尔滨理工大学, 2011.

[6] GULSKI E. Computer-aided measurement of partial discharges in HV equipment[J]. IEEE transactions on electrical insulation, 1993, 28(6): 969-983.

[7] 李剑, 孙才新, 廖瑞金, 等. 用于局部放电图像识别的统计特征研究[J]. 中国电机工程学报, 2002, 22(9): 104-107.

[8] BORSCHE T, HILLER W, FAUSER E. Novel characterization of PD signals by real-time measurement of pulse parameters[J]. IEEE transactions on dielectrics and electrical insulation, 1999, 6(1): 51-56.

[9] SATISH L, ZAENGL W S. Can fractal features be used for recognizing 3-D partial discharge patterns[J]. IEEE transactions on dielectrics and electrical insulation, 1995, 3(2): 352-359.

[10] CACCIARI M, CONTIN A, MONTAARI G C. Use of a mixed-weibull distribution for the identification of PD phenomena[J]. IEEE transaction on dielectrics and electrical insulation, 1995, 2(4): 614-627.

[11] 李晶皎, 朱志良. 模式识别[M]. 2 版. 北京: 电子工业出版社, 2004.

[12] 何兰香. 基于 T-S 模型的模糊神经网络局部放电模式识别方法[D]. 哈尔滨: 哈尔滨理工大学, 2009.

[13] 林升梁, 刘志. 基于 RBF 的支持向量机参数选择[J]. 浙江工业大学学报, 2007, 35(2): 163-167.

[14] 杨钟瑾. 核函数支持向量机[J]. 计算机工程与应用, 2008, 44(33): 1-6.

第 7 章　基于 FCM 的 PD 模式识别

聚类就是按照事物间的相似性进行区分和分类的过程,此过程是一种无监督的分类。聚类分析则是用数学方法研究和处理所给定对象的分类，是一种数据划分或分组处理的重要手段和方法。其操作的目的在于将特征空间中一组没有类别标记的矢量按某种相似性准则划分到若干个子集中,使得每个子集代表整个样本集的某个或者某些特征和性质。在模糊聚类中，每个样本不再仅属于某一类，而是以一定的隶属度分别属于每一类。由于模糊聚类得到了样本属于各个类别的不确定性程度,表达了样本类属的中介性,即建立起样本对于类别的不确定性的描述,能更客观地反映现实世界,从而成为聚类分析研究的主流。典型的模糊聚类方法有：基于相似性关系和模糊关系的方法(包括聚合法和分裂法)；基于模糊等价关系的传递闭包方法；基于模糊图论最大树方法,以及基于数据集的凸分解、动态规划和难以辨识关系等方法[1,2]。这些聚类方法把模糊理论和模式识别中的聚类分析结合起来,由于考虑到了社会和自然界内在的模糊性,已经在很多领域得到了广泛应用。

在局部放电模式识别中,提取局部放电的有效特征是能否识别出放电类型的关键。文献[3]在估计分维数的改进差计盒维数(MDBC)算法的基础上,提取局部放电灰度图像分维数、二阶广义分维数及局部放电高值灰度图像分维数,共同构成局部放电模式特征,该方法对油中电晕放电和沿面放电有较好的识别效果,但是对固体绝缘内部放电与空气中沿面放电的识别率相对较低。文献[4]结合图像识别技术,采用局部放电灰度图像的统计特征来区分局部放电的类型,获得了良好的识别效果。但是,由于对空气中电晕放电的识别率相对较低,需要结合新的识别算法进一步研究和探索,以提高对总体放电样本的识别率。

模式特征一经确定,模式识别效果将取决于所采用的分类算法。常规的分类算法有贝叶斯算法、线性分类算法、非线性分类算法、聚类分析算法、模糊识别算法等。其中,基于 BP 神经网络的模式识别算法具有思路清晰、结构严谨、可操作性强等特点,并且隐含节点激励函数选择具有明确的目的性,使得一个三层的 BP 神经网络可以以任意精度逼近任何连续函数,因此在局部放电模式识别中也得到广泛应用[5]。但这种算法也存在不足,因为从数学角度分析,BP 神经网络为一非线性梯度优化问题,不可避免地存在局部极小,而且收敛速度慢,网络隐含节点的个数也无理论上的指导[6,7]。由聚类分析和模糊识别相结合而得到的模糊聚类算法,得到样本分属于各个类别的不确定性程度,无须确定网络结构,有可能克服以上不足。

7.1　模糊聚类方法

模糊聚类分析已经广泛地应用于大规模数据分析、数据挖掘、模式识别、决策支持等领域，具有重要的理论与实际应用价值。本章在 PD 实验数据的基础上，应用模糊 c 均值聚类算法和加权模糊 c 均值聚类算法对气体局部放电进行分类识别，得到良好的效果。

7.1.1　模糊 c 均值聚类算法

给定数据集 $X = \{x_1, x_2, \cdots, x_n\} \subset \mathbf{R}^s$ 为模式空间中 n 个模式的一组有限观测样本集，$x_k = (x_{k1}, x_{k2}, \cdots, x_{ks})^{\mathrm{T}} \in \mathbf{R}^s$ 为观测样本 x_k 的特征矢量或模式矢量，对应特征空间中的一个点，x_{kj} 为特征矢量 x_k 的第 j 维特征上的赋值[8]。对给定样本集 X 的聚类分析就是要产生 X 的 c 划分。

由数据集 X 的划分得到的 c 个子集 $X_1, X_2, \cdots, X_c$，如果满足式(7-1)的条件，则称为 X 的硬 c 划分：

$$\begin{cases} X_1 \bigcup X_2 \bigcup \cdots \bigcup X_c \\ X_i \bigcap X_k = \varnothing, & 1 \leqslant i \neq k \leqslant c \\ X_i \neq \varnothing, \ X_i \neq X, \ 1 \leqslant i \leqslant c \end{cases} \tag{7-1}$$

如果用隶属函数 $\mu_{ik} = \mu_{X_i}(x_k)$ 表示样本 x_k 与子集 $X_i(1 \leqslant i \leqslant c)$ 的隶属关系，则硬 c 划分中 μ_{ik} 为子集 X_i 的特征函数，显然有 $\mu_{ik} \in \{0,1\}$。这样 X 的硬 c 划分也可以用隶属函数表示，即用 c 个子集的特征函数值构成的矩阵 $U = [\mu_{ik}]_{c \times n}$ 表示。矩阵 U 中的第 i 行为第 i 个子集的特征函数，而矩阵 U 中的第 k 列为样本 x_k 相对于 c 个子集的隶属函数。因此，X 的硬 c 划分空间为

$$M_{hc} = \left\{ U \mid \mu_{ik} \in \{0,1\}, \forall i,k; \sum_{i=1}^{c} \mu_{ik} = 1, \forall k; 0 < \sum_{k=1}^{n} \mu_{ik} < n, \forall i \right\} \tag{7-2}$$

Ruspini 利用模糊集理论把隶属函数 μ_{ik} 从 $\{0,1\}$ 二值扩展到 $[0,1]$ 区间，从而把硬 c 划分概念推广到模糊 c 划分，因此 X 的模糊 c 划分空间为

$$M_{fc} = \left\{ U \mid \mu_{ik} \in [0,1], \forall i,k; \sum_{i=1}^{c} \mu_{ik} = 1, \forall k; 0 < \sum_{k=1}^{n} \mu_{ik} < n, \forall i \right\} \tag{7-3}$$

由于模糊划分可以得到样本分属于各个类别的不确定性程度，建立了对于类别的不确定性的描述，因此更能客观地反映现实。

1. 聚类目标函数

对应于数据集的硬 c 划分，假设 $U = [\mu_{ik}]_{c \times n}$ 为硬划分矩阵，$p_i(i=1,2,\cdots,c)$ 表示第 i 类的代表矢量或聚类原型矢量，$p_i = (p_{i1}, p_{i2}, \cdots, p_{is}) \in \mathbf{R}^s$。定义硬聚类分析的目标函数为

$$\begin{cases} J_1(U,P) = \sum_{i=1}^{c} \left(\sum_{x_k \in X_i} (d_{ik})^2 \right) \\ U \in M_{hc} \end{cases} \tag{7-4}$$

式中，d_{ik} 表示第 i 类中的样本 x_k 与第 i 类的典型样本 p_i 之间的失真度，经常用两个矢量间的距离来度量；$J_1(U,P)$ 表示各类样本与其典型样本的误差平方和。利用 μ_{ik}、$J_1(U,P)$ 也可以表示为

$$\begin{cases} J_1(U,P) = \sum_{k=1}^{n}\sum_{i=1}^{c} \mu_{ik}\left(d_{ik}\right)^2 \\ U \in M_{hc} \end{cases} \tag{7-5}$$

聚类准则为寻优最佳组对 (U,P)，以使得在满足约束 $\mu_{ik} \in M_{hc}$ 条件下 $J_1(U,P)$ 为最小。解决这类优化问题最常用的方法是用迭代法求取 $J_1(U,P)$ 的近似最小值。

Dunn 按照 Ruspini 定义的模糊划分概念，把硬聚类的目标函数推广到模糊聚类的情况[9,10]。为了避免产生平凡解，保证这一推广有意义，Dunn 对每个样本与每类原型间的距离用其隶属度平方加权，从而把类内误差平方和目标函数扩展为类内加权误差平方和目标函数：

$$\begin{cases} J_2(U,P) = \sum_{k=1}^{n}\sum_{i=1}^{c} (\mu_{ik})^2 (d_{ik})^2 \\ U \in M_{fc} \end{cases} \tag{7-6}$$

Bezdek 又将 Dunn 的目标函数推广为更普遍的形式，给出了基于目标函数模糊聚类的更一般的描述[11]：

$$\begin{cases} J_m(U,P) = \sum_{k=1}^{n}\sum_{i=1}^{c} (\mu_{ik})^m (d_{ik})^2, \quad m \in [1,\infty) \\ U \in M_{fc} \end{cases} \tag{7-7}$$

式中，m 为加权指数，也称作平滑参数。尽管从数学角度看，m 的出现不自然，但是如果不对隶属度加权，从硬聚类目标函数到模糊聚类目标函数的推广是无效的。

在上述目标函数中，样本 x_k 与第 i 类的聚类原型 p_i 之间的距离度量的一般表达式定义为

$$(d_{ik})^2 = \|x_k - p_i\|_A = (x_k - p_i)^T A(x_k - p_i) \tag{7-8}$$

式中，A 为 $s \times s$ 的对称正定矩阵，当 A 取单位矩阵 I 时，式 (7-8) 对应于欧几里得距离。

聚类的准则为取 $J_m(U,P)$ 的极小值：

$$\min\{J_m(U,P)\} \tag{7-9}$$

由于矩阵 U 中各列都是独立的，因此有

$$\min\{J_m(U,P)\} = \min\left\{\sum_{k=1}^{n}\sum_{i=1}^{c} (\mu_{ik})^m (d_{ik})^2\right\} = \sum_{k=1}^{n}\min\left\{\sum_{i=1}^{c} (\mu_{ik})^m (d_{ik})^2\right\} \tag{7-10}$$

上述极值的约束条件为等式 $\sum_{i=1}^{c} \mu_{ik} = 1$，可以用拉格朗日乘数法来求解：

$$F = \sum_{i=1}^{c} (\mu_{ik})^m (d_{ik})^2 + \lambda \left(\sum_{i=1}^{c} \mu_{ik} - 1 \right) \tag{7-11}$$

最优化的一阶必要条件为

$$\frac{\partial F}{\partial \lambda} = \left(\sum_{i=1}^{c} \mu_{ik} - 1 \right) = 0 \tag{7-12}$$

$$\frac{\partial F}{\partial \mu_{jt}} = [m(\mu_{jt})^{m-1}(d_{jt})^2 - \lambda] = 0 \tag{7-13}$$

由式 (7-13) 得

$$\mu_{jt} = \left[\frac{\lambda}{m(d_{jt})^2} \right]^{\frac{1}{m-1}} \tag{7-14}$$

将式 (7-14) 代入式 (7-12)，得

$$\sum_{l=1}^{c} \mu_{lt} = \sum_{l=1}^{c} \left(\frac{\lambda}{m} \right)^{\frac{1}{m-1}} \left[\frac{1}{(d_{lt})^2} \right]^{\frac{1}{m-1}} = \left(\frac{\lambda}{m} \right)^{\frac{1}{m-1}} \left\{ \sum_{l=1}^{c} \left[\frac{1}{(d_{lt})^2} \right]^{\frac{1}{m-1}} \right\} = 1$$

因此，有

$$\left(\frac{\lambda}{m} \right)^{\frac{1}{m-1}} = \frac{1}{\sum_{l=1}^{c} \left[\frac{1}{(d_{lt})^2} \right]^{\frac{1}{m-1}}}$$

将此式代入式 (7-14)，得

$$\mu_{jt} = \frac{1}{\sum_{l=1}^{c} \left[\frac{d_{jt}}{d_{lt}} \right]^{\frac{2}{m-1}}}$$

考虑到 d_{ik} 可能为 0，应分两种情况加以讨论。对于 $\forall k$，定义集合 I_k 和 $\overline{I}_k$ 为

$$I_k = \{ i \mid 1 \leqslant i \leqslant c, d_{ik} = 0 \}$$

$$\overline{I}_k = \{ 1, 2, \cdots, c \} - I_k$$

使得 $J_m(U, P)$ 为最小的 μ_{ik} 值为

$$\begin{cases} \mu_{ik} = \dfrac{1}{\sum\limits_{j=1}^{c} \left(\dfrac{d_{ik}}{d_{jk}} \right)^{\frac{2}{m-1}}}, & I_k = \varnothing \\[6mm] \mu_{ik} = 0, \ \forall i \in \overline{I}_k, \quad \sum\limits_{i \in I_k} \mu_{ik} = 1, & I_k \neq \varnothing \end{cases} \tag{7-15}$$

用类似的方法可以得到 $J_m(U,P)$ 为最小时的 p_i 值。令

$$\frac{\partial}{\partial p_i}J_m(U,P)=0$$

得到

$$\sum_{k=1}^{n}(\mu_{ik})^m\frac{\partial}{\partial p_i}[(x_k-p_i)^{\mathrm{T}}A(x_k-p_i)]=0$$

$$\sum_{k=1}^{n}(\mu_{ik})^m[-2A(x_k-p_i)]=0$$

$$\sum_{k=1}^{n}(\mu_{ik})^m(x_k-p_i)=0$$

由此得

$$p_i=\frac{1}{\displaystyle\sum_{k=1}^{n}(\mu_{ik})^m}\sum_{k=1}^{n}(\mu_{ik})^m x_k \tag{7-16}$$

若数据集 X、聚类类别数 c 和权重 m 值已知，就能由式(7-15)式(7-16)确定最佳模糊分类矩阵和聚类中心。

2. 聚类算法

模糊c均值(fuzzy c-means, FCM)聚类算法是从硬c均值(hard c-means, HCM)聚类算法发展而来的。FCM 聚类算法的具体步骤如下。

初始化：给定聚类类别数 c，$2\leqslant c\leqslant n$，n 是数据个数，设定迭代停止阈值 ε，初始聚类原型模式 $P^{(0)}$，设置迭代计数器 $b=0$。

步骤一：用式(7-17)和式(7-18)计算或更新划分矩阵 $U^{(b)}$：

对于 $\forall i,k$，如果 $\exists d_{ik}^{(b)}>0$，则有

$$\mu_{ik}^{(b)}=\left\{\sum_{j=1}^{c}\left[\left(\frac{d_{ik}^{(b)}}{d_{jk}^{(b)}}\right)^{\frac{2}{m-1}}\right]\right\}^{-1} \tag{7-17}$$

如果 $\exists i,r$，使得 $d_{ir}^{(b)}=0$，则有

$$\mu_{ir}^{(b)}=1，\text{且对}j\neq r，\quad \mu_{ij}^{(b)}=0 \tag{7-18}$$

步骤二：用式(7-19)更新聚类原型模式矩阵 $P^{(b+1)}$：

$$p_i^{(b+1)}=\frac{\displaystyle\sum_{k=1}^{n}\left(\mu_{ik}^{(b+1)}\right)^m\cdot x_k}{\displaystyle\sum_{k=1}^{n}\left(\mu_{ik}^{(b+1)}\right)^m}，\quad i=1,2,\cdots,c \tag{7-19}$$

步骤三：如果 $\left\| P^{(b)} - P^{(b+1)} \right\| < \varepsilon$，则算法停止并输出划分矩阵 U 和聚类原型 p，否则令 $b = b+1$，转向步骤一。其中，$\|\bullet\|$ 为某种合适的矩阵范数。

该算法也具有另一种形式，即从初始化模糊划分矩阵开始，先用式(7-19)计算聚类原型模式矩阵，然后用式(7-17)和式(7-18)更新模糊分类矩阵，直到满足停止准则。

7.1.2　加权模糊 c 均值聚类算法

FCM 聚类算法优越于硬 c 均值聚类算法在于隶属度可连续取值于区间，考虑到样本属于各个类的"亦此亦彼"性，能够对类与类间样本有重叠的数据集进行分类，并且具有良好的收敛性。这是硬 c 均值聚类算法做不到的。然而，FCM 聚类算法也存在不足之处，如易陷入局部最小、收敛速度较慢、对初始值敏感、不能处理噪声数据等问题。在 FCM 聚类算法中，每一个样本点的归类情况是用隶属度来反映的，一个样本点以不同的隶属度属于每个类。Krishnapuram 和 Keller[12]指出 FCM 聚类算法的概率约束 $\sum_{i=1}^{c} \mu_{ik} = 1$ 使得样本的典型性反映不出来，不适用于有噪声的数据集，他们舍弃概率约束，从可能性划分入手引入了可能性 c 均值(PCM)聚类算法。Bezdek 指出，对于团状的、每类样本相差较大的数据集，FCM 聚类算法的最优解可能不是数据集的正确划分[13]。这是因为 FCM 聚类算法有对数据集进行每类所含样本数都相等的划分趋势，导致要把含有较大样本量的类中的样本误分到含有较小样本量的类中，使得聚类中心位置与实际的聚类中心位置偏差较大，很难得到正确的分类。

考虑到在样本空间中，处于不同位置的样本点对分类的影响程度是不同的，引入加权模糊 c 均值(WFCM)聚类算法，其目的在于对聚类中心位置进行调整，使其接近实际的聚类中心位置，达到正确分类的目的。用 W_k 表示第 k 个样本对分类的影响程度，W_k 满足 $\sum_{k=1}^{n} W_k = 1$。加权模糊 c 均值聚类问题可表示成下面的数学规划问题：

$$\min \left\{ J_m^*(U,V) = \sum_{k=1}^{n} \sum_{i=1}^{c} W_k (\mu_{ik})^m (d_{ik})^2 \right\} \tag{7-20}$$

使得

$$\begin{cases} \sum_{i=1}^{c} \mu_{ik} = 1, & 1 \leqslant k \leqslant n \\ 0 \leqslant \mu_{ik} \leqslant 1, & 1 \leqslant i \leqslant c, \ 1 \leqslant k \leqslant n \\ 0 < \sum_{k=1}^{n} \mu_{ik} < n, & 1 \leqslant i \leqslant c \end{cases} \tag{7-21}$$

类似于 FCM 聚类算法的推导过程，上述数学规划问题可以用拉格朗日乘法来求解，由拉格朗日乘法有

$$F = J_m^*(U,V,\lambda) = \sum_{k=1}^{n}\sum_{i=1}^{c} W_k(\mu_{ik})^m (d_{ik})^2 + \lambda\left(1 - \sum_{i=1}^{c}\mu_{ik}\right) \qquad (7\text{-}22)$$

取 $\dfrac{\partial F}{\partial \mu_{ik}} = mW_k(\mu_{ik})^{m-1}(d_{ik})^2 - \lambda$ ，由最优化的一阶必要条件，令 $\dfrac{\partial F}{\partial \mu_{ik}} = 0$ ，得

$$\mu_{ik} = \left[\frac{\lambda}{mW_k(d_{ik})^2}\right]^{\frac{1}{m-1}} \qquad (7\text{-}23)$$

式(7-23)关于 k 求和，得

$$1 = \sum_{l=1}^{c}\mu_{lt} = \sum_{l=1}^{c}\left[\frac{\lambda}{mW_k(d_{lt})^2}\right]^{\frac{1}{m-1}} = \lambda\sum_{l=1}^{c}\left[\frac{1}{mW_k(d_{lt})^2}\right]^{\frac{1}{m-1}}$$

故

$$\lambda = \frac{1}{\sum_{l=1}^{c}\left[\dfrac{1}{mW_k(d_{lt})^2}\right]^{\frac{1}{m-1}}} \qquad (7\text{-}24)$$

于是，有

$$\mu_{ik} = \left[\frac{\lambda}{mW_k(d_{ik})^2}\right]^{\frac{1}{m-1}} = \frac{\left[\dfrac{1}{mW_k(d_{ik})^2}\right]^{\frac{1}{m-1}}}{\sum_{l=1}^{c}\left[\dfrac{1}{mW_k(d_{lt})^2}\right]^{\frac{1}{m-1}}} = \frac{\left[\dfrac{1}{(d_{ik})^2}\right]^{\frac{1}{m-1}}}{\sum_{l=1}^{c}\left[\dfrac{1}{(d_{lt})^2}\right]^{\frac{1}{m-1}}} \qquad (7\text{-}25)$$

取 $\dfrac{\partial F}{\partial V_i} = -\sum_{k=1}^{n}(\mu_{ik})^m W_k 2(x_k - V_i)$ ，由最优化的一阶必要条件，令 $\dfrac{\partial F}{\partial V_i} = 0$ ，得

$$V_i = \frac{\sum_{k=1}^{n} W_k(\mu_{ik})^m x_k}{\sum_{k=1}^{n} W_k(\mu_{ik})^m} \qquad (7\text{-}26)$$

下面用如下算法求解上述的数学规划问题。

初始化：选取 $\varepsilon > 0$ ，初始聚类中心 $V^{(0)}$ ，令 $b = 0$ 。

步骤一：用式(7-27)计算 $U^{(b)}$ 。

如果 $\forall i,k$ ， $d_{ik}^{(b)} > 0$ ，则

$$\mu_{ik}^{(b)} = \frac{1}{\sum_{j=1}^{c}\left[\left(\dfrac{d_{ik}^{(b)}}{d_{jk}^{(b)}}\right)^{\frac{2}{m-1}}\right]} \qquad (7\text{-}27)$$

如果 ∃i,r 使得 $d_{ir}^{(b)} = 0$，则令

$$\mu_{ik}^{(b)} = 1, \quad 且对 j \neq r, \quad \mu_{ij}^{(b)} = 0 \tag{7-28}$$

步骤二：用式 (7-29) 计算 $V^{(b+1)}$：

$$\forall i, \quad V_i^{(b+1)} = \frac{\sum\limits_{k=1}^{n} W_k (\mu_{ik}^{(b+1)})^m x_k}{\sum\limits_{k=1}^{n} W_k (\mu_{ik}^{(b+1)})^m} \tag{7-29}$$

步骤三：如果 $\left\| V^{(b)} - V^{(b+1)} \right\| < \varepsilon$，则算法停止，否则，令 $b = b+1$，返回步骤一。

WFCM 聚类算法也可以用初始化隶属度矩阵 $U^{(0)}$ 作为开始。由上述的计算过程可以看到 WFCM 聚类算法主要在于调整聚类中心位置，使得聚类中心位置更合理。隶属度的计算公式与 FCM 聚类算法完全相同。

如果认为每一个样本点对分类的影响是一样的，即 $W_k = 1/n$，那么 WFCM 聚类算法变成 FCM 聚类算法。因此，WFCM 聚类算法可看成 FCM 聚类算法的一种推广形式。WFCM 聚类算法的性能取决于 W_k 的选取，所以合理选取 W_k 的值是 WFCM 聚类算法的关键。

7.2　PD 模拟及信号采集

根据气体压力、电源功率、电极形状等因素不同，气体放电可具有多种不同形式。辉光放电表现为：当气体压力不大、电源功率很小时，外施电压增到一定值后，回路中的电流突增至明显数值，阴极和阳极间的整个空间忽然出现发光的现象。电晕放电通常发生在高压导体周围完全是气体的情况下。由于气体中的分子自由移动，放电产生的带电质点不会固定在空间某一位置上。对于尖-板电极系统，尖电极附近场强最高而发生放电，由于负极性时容易发射电子，同时正离子撞击阴极发生二次电子发射，使得放电在负极性时最先出现。当外加电压较低时，电晕放电脉冲出现在外加电压负半周 90° 相位附近，并几乎对称于 90°；当外加电压升高时，正半周会出现少量幅值大而数量少的放电脉冲。如果电压继续升高，那么从电晕电极伸展出许多较明亮的细放电通道，变成刷状放电；电压再升高，最后整个间隙被击穿，根据电源功率而转入火花放电或电弧放电[14]。

7.2.1　PD 模型

电介质中存在多种形式的缺陷，因此所导致电场分布的均匀程度也不相同，致使局部放电的理化过程和信号波形也不相同。实践证明，不同电场分布导致的局部放电具有不同的表现形式。根据高压电气运行过程发生局部放电故障的统计数据，可以将局部放电形式归纳为极不均匀电场、不均匀电场和稍不均匀电场分布条件下，绝缘介质局部发生放电的表现。因此，制作三种 PD 模型，用于模拟三种不同电场分布情况下的局部放电。

　　(1)尖-尖 PD 模型，如图 7-1 所示，用于模拟电场分布极不均匀情况下的局部放电。实验模型中，尖-尖之间的距离为 10.75mm，尖电极是直径为 4mm 的铜圆柱，尖端角为 30°。

　　(2)尖-板 PD 模型，如图 7-2 所示，用于模拟电场分布不均匀情况下的局部放电。实验模型中，尖-板之间的距离为 11.35mm，板状电极为直径为 100mm 的铜圆板，并且经过表面抛光和倒角。

　　(3)球-板 PD 模型，如图 7-3 所示，用于模拟电场分布稍不均匀情况下的局部放电。实验模型中，球-板之间的距离为 11.2mm，球电极直径为 20mm。

 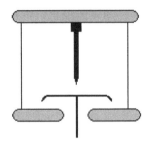 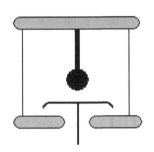

图 7-1　尖-尖 PD 模型　　　　图 7-2　尖-板 PD 模型　　　　图 7-3　球-板 PD 模型

7.2.2　PD 信号采集

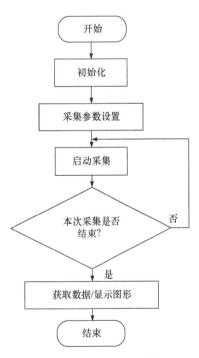

图 7-4　信号采集流程图

　　DSO2902 型数据采集装置的采样速率从 1Hz/s 到 250MHz/s 可调，存储深度为 256K(可调)，配备 USB 口，可将采集到的数据直接输入计算机指定存储单元。局部放电信号采集流程如图 7-4 所示。

　　PD 脉冲波形中包含电介质放电过程丰富的信息，为了采集记录存储到准确的 PD 脉冲波形，实验室采集局部放电信号时，设置采集装置的采样频率为 250MHz/s，其他参数设置为：用通道 A1 进行采集，触发方式为 Normal，上升沿触发，触发位置为 150，耦合方式为 AC，存储深度为 8K，得到尖-板电极、尖-尖电极和球-板电极的放电信号分别如图 7-5～图 7-7 所示。其中，尖-板电极的纵坐标刻度为 50mV/div，横坐标刻度为 200ns/div，触发高度为 102mV；尖-尖电极的纵坐标刻度为 10mV/div，横坐标刻度为 200ns/div，触发高度为 16mV；球-板电极的纵坐标刻度为 10mV/div，横坐标刻度为 200ns/div，触发高度为 23.6mV。

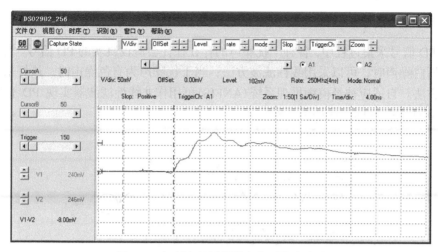

图 7-5 尖-板电极局部放电典型脉冲波形

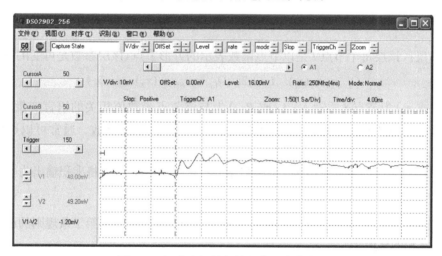

图 7-6 尖-尖电极局部放电典型脉冲波形

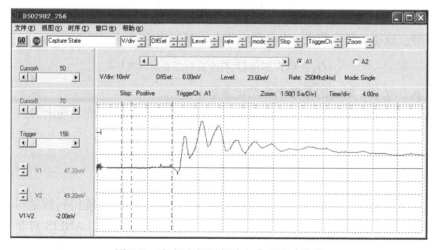

图 7-7 球-板电极局部放电典型脉冲波形

7.2.3　PD 信号去噪

在 PD 信号采集过程中，各种干扰噪声的存在往往会淹没真实的 PD 信号。当干扰噪声为高斯白噪声时，可以采用线性滤波方法；当干扰噪声为有色噪声时，最好采用非线性滤波方法。自适应神经模糊推理系统（ANFIS）可用作非线性滤波器实现 PD 信号的提取。典型的 ANFIS 的结构如图 7-8 所示。

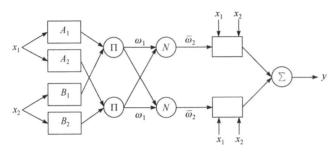

图 7-8　典型的 ANFIS 结构图

第一层：该层每个节点 i 是以节点函数表示的方形节点（该层参数是可变的）：

$$O_{1,i} = \mu_{Ai}(x_1), \quad i=1,2; \quad O_{1,i} = \mu_{B(i-2)}(x_2), \quad i=3,4$$

式中，x_1（或 x_2）为节点 i 的输入；A_i（或 B_{i-2}）为与该节点函数值相关的语言变量，如"大"或"小"等，或者说 $O_{1,i}$ 是模糊集 $A(A=A_1, A_2, B_1, B_2)$ 的隶属函数，通常可以选用钟形函数。

第二层：该层的节点在图 7-8 中用 ∏ 表示，将信号相乘，而将乘积输出为

$$O_{2,i} = \omega_i = \mu_{Ai}(x_1)\mu_{Bi}(x_2), \quad i=1,2$$

第三层：该层的节点在图 7-8 中用 N 表示，第 i 个节点计算第 i 条规则的 ω_i 与全部规则 ω 值之和的比值为

$$O_{3,i} = \overline{\omega}_i = \frac{\omega_i}{\omega_1 + \omega_2}, \quad i=1,2$$

第四层：该层的每个节点 i 为自适应节点，其输出为

$$O_{4,i} = \overline{\omega}_i f_i = \overline{\omega}_i(p_i x_1 + q_i x_2 + r_i), \quad i=1,2$$

式中，由 p_i、q_i 和 r_i 组成的参数集为结论参数。

第五层：该层的单节点是一个固定节点，计算所有输入信号的总输出为

$$O_{5,i} = \sum_i \overline{\omega}_i f_i = \frac{\sum_i \omega_i f_i}{\sum_i \omega_i} = \frac{\sum_i \omega_i(p_i x_1 + q_i x_2 + r_i)}{\sum_i \omega_i}$$

有色噪声可看作是白噪声经过非线性动态后产生的，通常所能得到的是与有色噪声的混合信号，信号滤波的目标是消除噪声、提取有用的信号。采用 ANFIS 对非线性动态进行建模，并利用 ANFIS 复现有色噪声，然后从测量信号中消去有色噪声就可得到有用

的信号[15]。噪声消除的模糊滤波原理如图 7-9 所示。

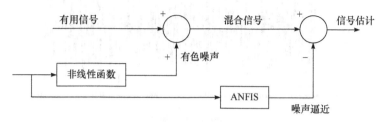

图 7-9 噪声消除的模糊滤波原理

ANFIS 用于逼近有色噪声，其输入为噪声 $n(k)$ 和 $n(k-1)$，训练数据中的输出样本应为有色噪声，但是不能直接得到它，可以用混合信号 $x(k)=s(k)+f(n(k),n(k-1))$ 来代替，这是因为假定有用信号 $s(k)$ 与噪声不相关，ANFIS 的训练试图使其输出逼近于 $x(k)$，它可以对未知的非线性函数 $f(n(k),n(k-1))$ 进行建模，但对有用信号 $s(k)$ 无能为力，因此最终得到的是有色噪声的逼近。

实验中，输入的每个变量采用两个钟形隶属函数，非线性函数为 $d(k)$。

$$d(k)=f(n(k),n(k-1))=\frac{4n(k-1)\times\sin(n(k))}{1+n^2(k-1)}$$

模糊推理系统的学习归结为对条件参数（非线性参数）与结论参数（线性参数）的调整。条件参数采用反向传播算法调整，而结论参数采用线性最小二乘估计算法调整。利用 MATLAB 模糊推理工具箱函数编程实现模糊去噪，其中训练的均方根误差为 0.10，训练步长为 0.2，当训练 83 次之后，均方根误差达到 0.099435，满足误差要求，训练结束，输出结果如图 7-10 和图 7-11 所示。

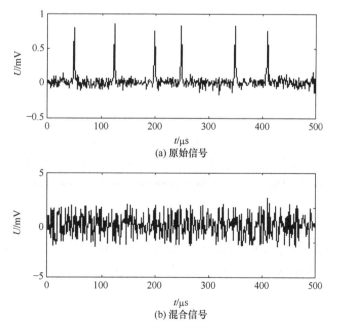

图 7-10 原始信号和含有噪声的混合信号

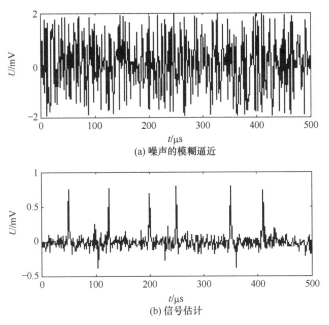

(a) 噪声的模糊逼近

(b) 信号估计

图 7-11　噪声的模糊逼近和经模糊滤波后恢复的信号估计

7.3　PD 信号特征与提取

对于 PD 模型实验获得的脉冲 PD 信号波形,本节分别从中提取其分形维数和灰度矩特征量，采用模糊聚类方法实现三种 PD 模式的分类。

7.3.1　分形维数特征

设 $A \subset \mathbf{R}$ 是一个非空集合，用边长为 r 的小盒子紧邻地去包含 A ，设 $N_r(A)$ 表示包含 A 所需要的最小盒子数，则

$$D = \lim_{r \to 0} \frac{\ln N_r(A)}{-\ln r}$$

称 D 为集合 A 的计盒维数。对二维平面上的集合，计盒维数的计算方法是：逐渐增大 r ，分别计算出相应的 $N_r(A)$ 的值，得到 $(-\ln r, \ln N_r(A))$ 数据对，再利用最小均方差方法求出 $\ln N_r(A)$ 相对 $\ln r$ 的斜率，该斜率为计盒维数。分形计盒维数的计算流程如图 7-12 所示。

由 MATLAB 中的图像信号处理工具可对信号进行二值化处理，使得图像上的每一个像素点变成黑色或白色两种颜色，且可得到一个数据文件，其行列数分别对应二值图的行列数，每一个数据取 0 或 1 取决于它所对应的点是黑色还是白色，如果是黑色，对应为 1；如果是白色，对应为 0。以像素点为单位，分别以 1, 2, $\cdots$, 2^i 个像素点的尺寸 r 为边长进行块划分，可以得到相应的盒子数 $N_r(A)$ 。用最小二乘法直线拟合数据点 $(-\ln r, \ln N_r(A))$ ，所得到的斜率就是图像分形计盒维数，计算过程如图 7-12 所示。

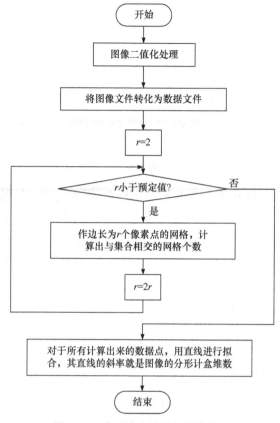

图 7-12　分形计盒维数的计算流程

　　根据分形维数的定义可知，块的尺寸越小，计算出的图像的维数越精确。因此，可以取一个像素点的尺寸作为尺度下限。但是，为了避免发生奇异现象，在计算分形维数的过程中，要求有适当多的测试点，尺度上限可根据具体情况和具体要求进行确定。

　　按照上述方法把信号曲线变成数字文件，r 分别取 2、4、8、16 个像素点为边长，尖-板电极对应得到盒子的个数 $N_r(A)$ 为 2318、512、185、75，尖-尖电极对应得到盒子的个数 $N_r(A)$ 为 1295、276、101、42，球-板电极对应得到盒子的个数 $N_r(A)$ 为 1770、128、383、50，采用直角坐标拟合直线如图 7-13～图 7-15 所示。

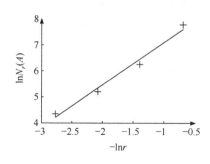

图 7-13　尖-板电极的分形维数

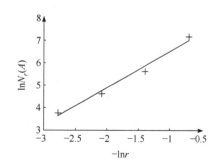

图 7-14　尖-尖电极的分形维数

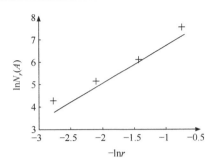

图 7-15　球-板电极的分形维数

尖-板电极、尖-尖电极和球-板电极的放电样本(限于篇幅,只列出了各自 5 个样本)拟合后直线的斜率,即三种放电信号的图像分形计盒维数如表 7-1 所示。

表 7-1　三种放电信号的图像分形计盒维数值

电极类型	样本 1	样本 2	样本 3	样本 4	样本 5
尖-板电极	1.6630	1.6458	1.6688	1.6327	1.6602
尖-尖电极	1.6343	1.6299	1.5849	1.6328	1.6289
球-板电极	1.7035	1.7163	1.7221	1.7092	1.6918

7.3.2　PD 信号灰度矩特征

图像灰度级为 0~255,如图 7-16 所示,将 PD 信号图像等分为许多小窗口,以一个窗口的总的像素点个数 $P_{\max}$ 对应最大灰度值,则窗口坐标位置为 (i,j) 的 PD 信号图像灰度为

$$n_{i,j} = \frac{P_{i,j}}{P_{\max}} \times 255 = f(i,j) \tag{7-30}$$

式中,$P_{i,j}$ 为坐标为 (i,j) 窗口的像素点个数。

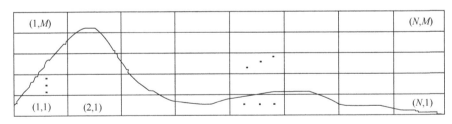

图 7-16　PD 信号图像灰度矩特征提取

在图像模式识别中,矩特征是一种被广泛应用的图像形状参数,局部放电信号图像灰度矩特征在统计意义上描述了局部放电灰度图像基本灰度分布状况。

根据文献[16],局部放电图像灰度 $f(i,j)$ 的 $(p+q)$ 阶原点矩为

$$m_{pq} = \sum_i \sum_j i^p j^q f(i,j) \tag{7-31}$$

局部放电信号图像灰度 $f(i,j)$ 的质心坐标 $(\bar{i},\bar{j})$ 表示为

$$\begin{cases} \overline{i} = m_{10}/m_{00} \\ \overline{j} = m_{01}/m_{00} \end{cases} \tag{7-32}$$

在此基础上，为反映图像灰度像素相对于质心的分布情况，定义 $f(i,j)$ 关于质心的 $(p+q)$ 阶中心矩为

$$\mu_{pq} = \sum_x \sum_y (i-\overline{i})^p (j-\overline{j})^q f(i,j) \tag{7-33}$$

由唯一性理论可知，对于某一个特定的坐标系，矩序列和 $f(i,j)$ 是一一对应的关系。据此将局部放电信号图像灰度的中心矩作为它的矩特征用于局部放电模式识别，这是因为图像的原点矩值会随坐标变换和旋转而发生变化，而图像的中心矩值是不会因坐标的变换而改变的。

根据图 7-16 所示的 PD 信号图像灰度矩特征提取方法，将 PD 信号划分为 750 个小窗口，通过式 (7-30) 计算出局部放电图像各个窗口的灰度值，将这些灰度值代入式 (7-31)、式 (7-32) 和式 (7-34) 即可得到局部放电图像灰度矩特征。本实验中，计算了局部放电图像灰度的质心、三阶及三阶以下的中心矩，共 10 个特征量，由于所有的一阶矩均为 0，而且 μ_{00} 在本实验的三种局部放电模式中的值都是相等的，所以在形成特征向量时没有考虑一阶矩和 μ_{00}。然后对局部放电图像灰度矩特征进行归一化处理，以进行局部放电模式识别。表 7-2～表 7-4 为经过归一化处理后的局部放电图像灰度矩特征值 (限于篇幅，这里只列出三种典型电极各自 5 组数据)。

表 7-2 归一化处理后的尖-板电极 PD 图像灰度矩特征值

尖-板电极	μ_{02}	μ_{20}	μ_{11}	μ_{03}	μ_{20}	μ_{12}	μ_{21}
样本 1	0.584	0.68	0.626	0.46	0.595	0.491	0.58
样本 2	0.57	0.659	0.61	0.45	0.57	0.508	0.562
样本 3	0.584	0.673	0.624	0.47	0.587	0.523	0.576
样本 4	0.595	0.688	0.637	0.47	0.605	0.536	0.591
样本 5	0.618	0.707	0.66	0.5	0.628	0.562	0.614

表 7-3 归一化处理后的尖-尖电极 PD 图像灰度矩特征值

尖-尖电极	μ_{02}	μ_{20}	μ_{11}	μ_{03}	μ_{30}	μ_{12}	μ_{21}
样本 1	0.992	0.994	0.995	0.989	0.992	1	0.994
样本 2	0.947	0.96	0.946	0.922	0.948	0.938	0.949
样本 3	1	0.993	0.945	1	0.991	0.994	1
样本 4	0.983	0.977	0.989	0.976	0.953	0.926	0.917
样本 5	0.991	1	0.994	0.987	1	0.993	0.993

表 7-4 归一化处理后的球-板电极 PD 图像灰度矩特征值

球-板电极	μ_{02}	μ_{20}	μ_{11}	μ_{03}	μ_{30}	μ_{12}	μ_{21}
样本 1	0.917	0.938	0.924	0.88	0.958	0.892	0.909
样本 2	0.947	0.945	0.965	0.893	0.928	0.909	0.924
样本 3	0.903	0.927	0.908	0.859	0.904	0.869	0.89

续表

球-板电极	μ_{02}	μ_{20}	μ_{11}	μ_{03}	μ_{30}	μ_{12}	μ_{21}
样本 4	0.933	0.969	1	0.902	0.963	0.948	0.888
样本 5	0.926	0.942	0.93	0.885	0.92	0.895	0.91

7.4　基于模糊聚类 PD 模式识别

实验室采集到的局部放电信号经过特征提取得到灰度矩特征和图像分形特征，通过不同的模糊聚类方法对灰度矩特征和由灰度矩特征与图像分形特征组成的混合特征进行模式识别。

7.4.1　基于 FCM 算法的 PD 模式识别

在 FCM 聚类算法中，取参数 $m = 2.0$，$\varepsilon = 10^{-4}$，$\alpha = 2$，$\|\cdot\|$ 取为一阶范数。对三种局部放电信号模式的灰度矩特征和混合特征，各选择 10 组模式样本，共 30 组模式样本进行模糊 c 均值聚类，计算过程如图 7-17 所示。得到灰度矩特征聚类中心 P 和灰度矩特征与图像分形特征组成的混合特征聚类中心 P'，如式(7-34)和式(7-35)所示，聚类误差曲线分别如图 7-18 和图 7-19 所示。然后利用所得到的中心对剩余模式样本进行分类，实验表明两种特征的模式识别率分别为 82.5% 和 84.2%。

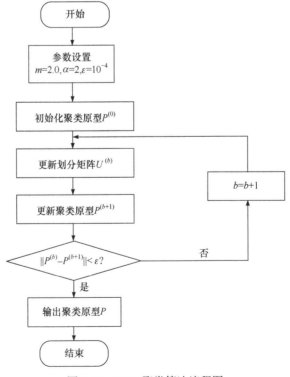

图 7-17　FCM 聚类算法流程图

$$P = \begin{bmatrix} 0.5904 & 0.6816 & 0.6312 & 0.4711 & 0.5970 & 0.5304 & 0.5848 \\ 0.9917 & 0.9938 & 0.9945 & 0.9878 & 0.9917 & 0.9932 & 0.9934 \\ 0.9268 & 0.9452 & 0.9339 & 0.8932 & 0.9276 & 0.9069 & 0.9221 \end{bmatrix} \quad (7\text{-}34)$$

$$P' = \begin{bmatrix} 0.5903 & 0.6816 & 0.6311 & 0.4711 & 0.5970 & 0.5305 & 0.5848 & 1.6564 \\ 0.9917 & 0.9938 & 0.9947 & 0.9878 & 0.9918 & 0.9932 & 0.9934 & 1.6268 \\ 0.9267 & 0.9452 & 0.9339 & 0.8931 & 0.9276 & 0.9069 & 0.9223 & 1.7049 \end{bmatrix} \quad (7\text{-}35)$$

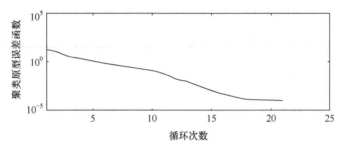

图 7-18　灰度矩特征模糊 c 均值聚类误差曲线

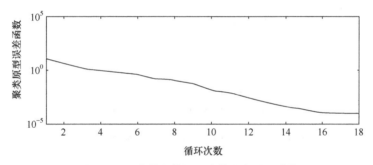

图 7-19　混合特征模糊 c 均值聚类误差曲线

7.4.2　基于 WFCM 算法的 PD 模式识别

WFCM 算法是从预先给出 W_k 的一种具体表达式入手，考虑到样本空间中样本点的密度对聚类结果的影响，由样本点的密度定义，用 $D_{ik} = \|x_i - x_k\|$ 表示两个样本点 x_i、x_k 的欧几里得距离，对于每一个样本点 x_k，记 $z_k = \sum_{i=1, i \neq k}^{n} \dfrac{1}{D_{ik}^{\alpha}}$，称 $W_k = \dfrac{z_k}{\sum\limits_{i=1}^{n} z_i}$ 为样本点 x_k 的

密度，其中 $\alpha \geqslant 1$ 是一个参数。由 P_k 的表达式可知，若样本点 x_k 周围的点越多，则样本点 x_k 的密度就越大；反之，若样本点 x_k 周围的点越少，则样本点 x_k 的密度就越小。在 WFCM 聚类算法中，W_k 取为样本点的密度，$\|\cdot\|$ 取为一阶范数，取参数 $m = 2.0$，$\varepsilon = 10^{-4}$，$\alpha = 2$。

对三种局部放电信号模式的灰度矩特征和混合特征，各选用 10 组模式样本，共 30 组模式样本进行加权模糊 c 均值聚类，计算过程如图 7-20 所示，由此获得灰度矩特征聚类中心 V 和灰度矩特征与图像分形特征组成的混合特征聚类中心 V'，分别为式(7-36)

和式(7-37)所示，聚类误差曲线分别如图 7-21 和图 7-22 所示。利用所得到的中心对剩余模式样本进行分类检验，结果表明两种模式特征的识别率分别为 90%和 91.7%。

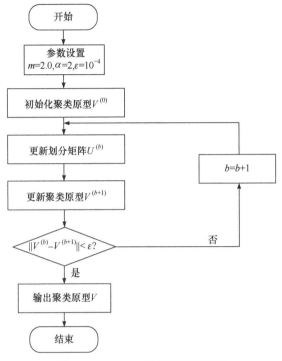

图 7-20　WFCM 聚类算法流程图

$$V = \begin{bmatrix} 0.5868 & 0.6786 & 0.6277 & 0.4673 & 0.5934 & 0.5264 & 0.5811 \\ 0.9912 & 0.9933 & 0.9941 & 0.9870 & 0.9911 & 0.9927 & 0.9929 \\ 0.9255 & 0.9442 & 0.9326 & 0.8915 & 0.9263 & 0.9049 & 0.9205 \end{bmatrix} \tag{7-36}$$

$$V' = \begin{bmatrix} 0.5869 & 0.6786 & 0.6279 & 0.4673 & 0.5934 & 0.5264 & 0.5811 & 1.6561 \\ 0.9913 & 0.9932 & 0.9941 & 0.9872 & 0.9910 & 0.9925 & 0.9929 & 1.6212 \\ 0.9255 & 0.9444 & 0.9327 & 0.8913 & 0.9261 & 0.9048 & 0.9205 & 1.7039 \end{bmatrix} \tag{7-37}$$

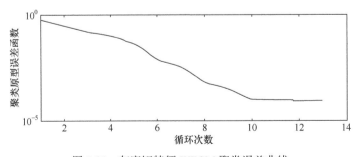

图 7-21　灰度矩特征 WFCM 聚类误差曲线

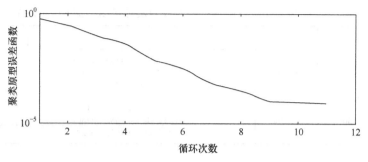

图 7-22　混合特征 WFCM 聚类误差曲线

7.5　结 果 分 析

模糊 c 均值聚类是基于目标函数的一种聚类方法,在求取聚类中心的过程中,输入数据分别是局部放电图像灰度矩特征和混合特征,得到聚类中心和聚类原型误差函数随循环次数的变化曲线,从图 7-18 和图 7-19 曲线变化过程可知该方法对局部放电图像灰度矩特征和混合特征的模式分类都有良好的收敛特性,加入图像分形特征后的混合特征收敛速度更快,并具有较高的识别率。

加权模糊 c 均值聚类方法考虑了不同样本点对聚类中心的影响,因此选择样本点密度作为加权值 W_k。从图 7-21 和图 7-22 可以看出,当输入是灰度矩特征或混合特征时,经过加权后的模糊 c 均值聚类都有很好的收敛性,而且循环次数比模糊 c 均值聚类少,识别率也有所提高。

在本章的实验过程中,用来进行模糊聚类模式识别的数据是归一化的局部放电图像灰度矩特征和图像分形特征,每类样本数目都为 40 个,这也是模糊 c 均值聚类能够有效分类的原因之一。为了验证以上算法的合理性和有效性,采用 IRIS 数据标准对本章的结论进行验证[18],因为 IRIS 数据是国际公认的鉴别聚类方法效果的经典数据集,IRIS 数据集见附表 15。

IRIS 数据集由 4 维空间的 150 个样本组成,每一个样本有四个分量。IRIS 数据共有三个种类,每一个种类有 50 个样本。各类序号分别为:{1～50}、{51～100}和{101～150},第一个种类与其他两类完全分离,第二个种类与第三个种类之间有交叉。文献[19]给出了 IRIS 数据的实际中心位置:

$$V_1 = (5.00, 3.42, 1.46, 0.24)$$

$$V_2 = (5.93, 2.77, 4.26, 1.32)$$

$$V_3 = (6.58, 2.97, 5.55, 2.02)$$

FCM 聚类算法和 WFCM 聚类算法对 IRIS 数据的分类效果如表 7-5 所示。

表 7-5　FCM 聚类算法和 WFCM 聚类算法对 IRIS 数据的分类效果

算法	识别数	识别率	聚类中心	误差平方和
FCM	124	82.7%	$V_1=(5.0039,3.4137,1.4833,0.2537)$ $V_2=(5.8974,2.7656,4.3985,1.4041)$ $V_3=(6.7813,3.0543,5.6550,2.0567)$	0.08
WFCM	136	90.7%	$V_1=(4.9969,3.3649,1.4623,0.2158)$ $V_2=(5.7723,2.7852,4.1582,1.2780)$ $V_3=(6.4490,2.9253,5.4026,2.0028)$	0.04

由上述实际局部放电信号数据和 IRIS 数据集的聚类结果可知，FCM 聚类算法和 WFCM 聚类算法都具有很好的分类效果，因为两种算法兼具了类间距离作为相似性度量准则和带约束条件的非线性最优化方法。因此，FCM 聚类算法和 WFCM 聚类算法能较好地对类间有交叠的数据集进行分类，且有良好的收敛性。另外，由于 WFCM 聚类算法考虑到了处于不同位置的样本点对分类的影响程度不同，从表 7-5 可以看出，WFCM 聚类算法所得的中心位置要比 FCM 聚类算法所得的中心位置更合理，WFCM 聚类算法的识别率要比 FCM 聚类算法的识别率高。

参 考 文 献

[1] LE Z. Fuzzy relation compositions and pattern recognition[J]. Information science, 1996, 89: 107-130.

[2] WU Z, LEATHY R. An optimal graph theoretic approach to data clustering theory and its application to image segmentation[J]. IEEE PAMI, 1993, 15(11): 1101-1113.

[3] 李剑, 孙才新, 杜林, 等. 局部放电灰度图像分维数的研究[J]. 中国电机工程学报, 2002, 22(8): 123-127.

[4] 李剑, 孙才新, 廖瑞金, 等. 用于局部放电图像识别的统计特征研究[J]. 中国电机工程学报, 2002, 22(9): 104-107.

[5] 高洪深, 陶有德. BP 神经网络模型的改进[J]. 系统工程理论与实践, 1996, 1: 67-71.

[6] 李敏生, 刘斌. BP 算法的改进与应用[J]. 北京理工大学学报, 1999, 19(6): 721-724.

[7] 殷录民, 张慧芬. 神经网络在变压器超高频局部放电模式识别中的应用[J]. 山东大学学报（工学版）, 2004, 34(3): 51-54.

[8] 安良, 胡勇, 胡良梅, 等. 一种改进的模糊 c-均值（FCM）聚类算法[J]. 合肥工业大学学报（自然科学版）, 2003, 26(3): 354-358.

[9] DUNN J C. A fuzzy relative of the ISODATA process and its use in detecting compact well-separated clusters[J]. Journal of cybernetics, 1973, 3(3): 32-57.

[10] RUSPINI E H. A new approach to clustering[J]. Information control, 1969, 15: 22-32.

[11] BEZDEK J C. Clustering validity with fuzzy sets[J]. Journal of mathematical biology, 1974, 1: 57-71.

[12] KRISHNAPURAM R, KELLER J M. A possibility approach to clustering[J]. IEEE transactions on fuzzy systems, 1993, 1(2): 98-110.

[13] BEZDEK J C. Pattern recognition with fuzzy objective function algorithms[M]. New York: Plenum Press, 1981.

[14] 阳国庆. 基于模糊聚类理论的局部放电模式识别方法与实验研究[D]. 哈尔滨: 哈尔滨理工大学, 2006.

[15] 吴晓莉, 林哲辉. MATLAB 辅助模糊系统设计[M]. 西安: 西安电子科技大学出版社, 2002.

[16] 高凯, 谈克雄, 李福祺, 等. 利用矩特征进行发电机线棒模型的局部放电模式识别[J]. 电工技术学报, 2001, 16(4): 61-64.

[17] 王新洲, 舒海翅. 模糊相似矩阵的构造[J]. 吉首大学学报(自然科学版), 2003, 24(3): 37-41.

[18] FISHER R A. The use of multiple measurements in taxonomic problems [J]. Annals of eugenics, 1936, 7: 179-188.

[19] HATHAWAY R J, BEZDEK J C. Optimization of clustering criteria by reformulation[J]. IEEE transactions on fuzzy systems, 1995, 3(2): 241-245.

第8章 基于 WNN 的 PD 模式识别

小波神经网络(WNN)继承了小波原理和神经网络的各自优势,不但小波神经元及整个网络结构的确定有可靠的理论依据,避免了 BP 网络结构设计上的盲目性,而且网络权系数线性分布和学习目标函数的凸性,使得网络的训练过程完全规避了局部最优等非线性优化问题。这些优势有利于 PD 模式分类器的构成和学习训练,将会促进高压电气绝缘 PD 故障在线监测、诊断、预报及其属性分类的准确率,具有实际意义。

8.1 小波神经网络

小波神经网络的概念和算法的基本思想是用小波元代替神经元,即用确定的小波函数代替 Sigmoid 函数作为神经网络的激活函数,通过仿射变换建立起小波变换与网络系数之间的连接,并应用于逼近 $L(\mathbf{R}^n)$ 中的函数 $f(x)$[1,2]。

根据小波原理,对于信号或者函数 $f(x)$,采用离散小波变换可以表示为

$$f(x) = \sum_{j,k \in \mathbf{Z}} \langle f, \psi_{j,k} \rangle \psi_{j,k} \tag{8-1}$$

这样可以用具有单隐层结构、小波基函数作为神经元激励函数的 BP 网络表示 $f(x) \in L^2(IR)$ 的函数,即在给定 $f(x)$ 后,神经网络的连接权值由函数 $f(x)$ 的小波系数展开表示:

$$W_{j,k} = \langle f, \psi_{j,k} \rangle \tag{8-2}$$

式(8-1)和式(8-2)表明,由神经网络和小波分析构成的网络可以逼近任意的非线性函数,且网络拓扑结构取决于小波函数的时频特性。小波分析与神经网络相结合构成新的网络,为函数逼近和模式分类识别提供了新思路。

8.1.1 正交小波神经网络

正交小波神经网络的基本思想是用小波元替代神经元,用小波函数替代 Sigmoid 函数作为网络的激励函数,通过仿射变换建立起小波变换与网络参数之间的联系[3],不但继承了小波框架的优点,而且由于小波基函数的正交性,正交小波神经网络对函数的逼近效果更好[4]。

1. 正交小波神经网络结构

一维正交小波神经网络结构如图 8-1 所示。正交小波神经网络为三层前馈型网络,

它包括一个输入层、一个隐层和一个输出层。输入层单元为直通型,输入层和隐层之间的连接权值为 2^M(M 为小波分析中尺度函数的尺度);隐层单元的激励函数为尺度函数,相应隐层单元的阈值用尺度函数的平移量替代(隐层第 k 个单元的阈值为 k),隐层和输出层之间的连接权值可调;输出层单元的激励函数是求和函数。因此,一维正交小波神经网络可表示为

$$\hat{y}(x) = \sum_{k=0}^{K} w_k \phi_{M,k}(x) \tag{8-3}$$

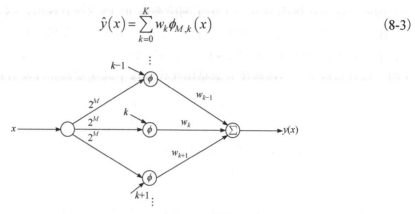

图 8-1 一维正交小波神经网络结构

由式(8-3)可以看出,当对正交小波神经网络进行训练时,其待定的参数只有隐层和输出层之间的权值,训练参数少,所以正交小波神经网络的学习速度快。同时,对于正交小波神经网络,当训练样本数 N 无穷增大时,网络输出将无限逼近网络的期望输出。

2. 隐层元数的确定

以一维离散正交小波网络为例,设输入样本的定义域为 $[-0.5, 0.5]$(如果样本的定义域不是这个区域,可以通过对样本数据进行归一化处理和变换,将样本的定义域转换成此区域),此时,当网络的 M 已确定时,正交小波神经网络隐层单元数应为 $2^M + p$($p \geqslant 1, p \in \mathbf{Z}$)。这是因为正交小波神经网络中,正交的、紧支集的尺度函数 $\phi_{M,k}(t)$ 的平移量 k 为整数,根据式(8-3),正交小波神经网络的基本思想是多尺度逼近,也就是用它的尺度函数序列去遍历整个样本的定义域,这样可以推断出正交小波神经网络隐层单元数至少应为 2^M,在这个过程中考虑一定的裕度,于是确定正交小波神经网络隐层单元数为 $2^M + p$($p \geqslant 1, p \in \mathbf{Z}$)。以此类推,$d$ 维的正交小波神经网络的隐层单元数应为 $\left(2^M + p\right)^d$。

8.1.2 正交小波神经网络学习算法

设输入样本序列 $T = \left\{\left(x_i, f(x_i)\right), i = 1, 2, \cdots, N\right\}$,$N$ 为样本总数。用 $y(x)$ 和 $\hat{y}(x)$ 分别代表网络的期望输出和实际输出,一维正交小波神经网络的学习目标函数为

$$\varepsilon_{\mathrm{AV}} = \frac{1}{N}\sum_{i=1}^{N}\left(y(x_i) - \hat{y}(x_i)\right)^2 \tag{8-4}$$

最佳的网络参数应是使目标函数 $\varepsilon_{\mathrm{AV}}$ 达到最小，于是有

$$\frac{\partial \varepsilon_{\mathrm{AV}}}{\partial w_k} = 0 \tag{8-5}$$

因此，通过式(8-5)建立一个关于网络参数 w_k 的线性方程组，因为尺度函数是正交的，所以只要 N 足够大，此线性方程组一定有解且唯一。如果用直接法求解此线性方程组，求解过程将包含一个对 $(2K+1)\times(2K+1)$ 矩阵求逆的运算，当 K（隐层单元数目）很大时，计算量巨大。一种替代方案是用迭代梯度下降法求解此线性方程组，方法如下：

$$w_k^{(p)} = w_k^{(p-1)} - \eta \left.\frac{\partial \varepsilon_{\mathrm{AV}}}{\partial w_k}\right|_{w_k = w_k^{(p-1)}} \tag{8-6}$$

式中，η 为学习步长。在正交小波神经网络的学习训练过程中，另一个很重要的问题就是如何确定合适的尺度 M，使网络的逼近精度满足要求。下面给出通过训练学习方法确定 M 的步骤：

(1)让网络以较小的 M 开始训练，此时隐层单元数为 $(2^M + p)$；

(2)用式(8-6)对网络参数进行训练，训练后的网络表示为 $\hat{y}_M$；

(3)计算网络的目标函数 $\varepsilon_{\mathrm{AV}}$；

(4)如果 $\varepsilon_{\mathrm{AV}}$ 小于预定的微小期望值，则训练结束，否则，$M = M+1$，转步骤(1)。

在将正交小波神经网络应用于模式识别的实际问题过程中，样本数据在样本定义域中并不是均匀分布的，也可能是以若干个集合簇形式分布。此时，如果仍然按原来方法，让尺度函数序列遍历整个样本定义域空间，就会使正交小波神经网络浪费很多计算量。但是，如果将某一个集合簇的样本数据单独拿出来考虑，可以发现此集合簇中的样本数据是均匀分布的或者是近似均匀分布的。引入空间分解理论，如图 8-2 所示，即将一个大的母正交神经小波网络分解为一系列的子正交小波神经网络。对每一个子正交小波神经网络而言，样本数据分布符合均匀分布或近似均匀分布的要求，这样就可以用前述的方法对子正交小波神经网络进行构建。研究结果表明，通过此种方法能在一定程度上解决样本数据分布不均匀的问题[5]。

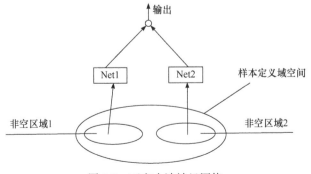

图 8-2　正交小波神经网络

8.2　自适应特征提取小波神经网络

　　自适应特征提取小波神经网络是针对 PD 模式识别具体问题提出的一种新型小波神经网络。对模式识别或分类而言，关键不在于完整地描述模式，而是提取模式中的有效特征。有效特征就是模式类差别显著的特征，但是有些特征在原始特征空间中通常不易被察觉和提取。特征提取就是通过某种变换的方法，使那些重要的特征在变换空间中突显出来，忽略或删除对分类无影响的冗余信息，这样将原始的高维特征空间变换为低维的特征空间。自适应特征提取小波神经网络的特点是：充分利用小波多分辨分析性能，提取 PD 信号的细节特征，并根据 PD 信号的频谱特性和所选择的网络隐层神经元激励小波函数的频谱特性，确定网络的拓扑结构，保证网络具有最佳结构，使得网络的学习训练算法简洁，提高模式识别效果。

8.2.1　PD 信号的小波可分性

　　小波变换的实质是对原始信号进行滤波。小波函数选取不同，分解结果也不同。但无论小波函数如何选取，每一分解尺度所用的滤波器中心频率和带宽成固定的比例，即具有"恒 Q"特性。因此，各尺度空间内的平滑信息和细节信息能提供原始信号的不同频段上信号的时频域特征[6]。

　　根据现代数字信号分析理论，局部放电信号 $f(t)$ 在时间 b 和尺度 a 上的能量可以表示为 $E_{Wf}(a,b) = \left| W_f(a,b) \right|^2$，则信号 $f(t)$ 在时频域上的全部能量为

$$E_{Wf} = \int_{-\infty}^{\infty} \int_{-\infty}^{\infty} E_{Wf}(a,b) \mathrm{d}a \mathrm{d}b \qquad (8\text{-}7)$$

而在尺度轴上的能量为

$$E_{Wf}(a) = \int_{-\infty}^{\infty} E_{Wf}(a,b) \mathrm{d}b \qquad (8\text{-}8)$$

在时间轴上的能量为

$$E_{Wf}(b) = \int_{-\infty}^{\infty} E_{Wf}(a,b) \mathrm{d}a \qquad (8\text{-}9)$$

　　根据傅里叶理论，局部放电信号 $f(t)$ 经过傅里叶变换后，在频域的总能量为

$$E_{Ff} = \int_{-\infty}^{\infty} \left| F(f) \right|^2 \mathrm{d}f \qquad (8\text{-}10)$$

　　因为局部放电信号 $f(t)$ 在时间-尺度域内和在频域内的总能量相等，所以有

$$E_{Ff} = E_{Wf} \qquad (8\text{-}11)$$

　　小波函数 $\psi(t)$ 定义的窗函数具有窗口面积恒定和"恒 Q"特性。局部放电信号 $f(t)$ 的最高频率 f_0 取决于采样过程中设置的采样频率 f_s 或截止频率 f_c。根据信号的物理意义，信号频率 $0 \leqslant f \leqslant f_0$，对应于 f_0，存在 a_0，使信号的分解尺度 $a \geqslant a_0$，所以有

$$E_{Wf} = \int_{-\infty}^{\infty} E_{Wf}(a)\mathrm{d}a = \int_{a_0}^{a_x} E_{Wf}(a)\mathrm{d}a + \int_{a_x}^{\infty} E_{Wf}(a)\mathrm{d}a$$

$$= \int_{f_{x\min}}^{f_0} \left|F(f)\right|^2 \mathrm{d}f + \int_0^{f_{x\min}} \left|F(f)\right|^2 \mathrm{d}f = E_{Ff} \tag{8-12}$$

因此, 有

$$\int_{a_x}^{\infty} E_{Wf}(a)\mathrm{d}a = \int_0^{f_{x\min}} \left|F(f)\right|^2 \mathrm{d}f \approx 0 \tag{8-13}$$

式中, $f_{x\min}$ 为对应局部放电连续小波分解的最大尺度 a_x 的频率。

由于局部放电信号的自身特点, 它的低频分量不会占主要成分。综上所述, 只要恰当地选择尺度范围, PD 信号就可以在有限尺度范围内进行小波变换, 分解误差主要取决于局部放电信号的低频能量分布, 所以在进行小波变换过程, 其尺度上限的选择非常重要。

局部放电信号是非平稳随机信号, 它包含长时低频和短时高频不同尺度的信号, 对局部放电信号进行联合时频分析提取局部放电信号的时频特征, 既能把握信号时频的全貌, 又能使其局部特性得到很好的体现, 更容易揭示局部放电的本质特征[7]。

根据文献[8], 信号 $f(t)\ \left(f(t)\in L^2(IR)\right)$ 的小波变换定义为

$$\left(W_\psi f\right)(a,b) = \left\langle f(t), \psi_{a,b}(t)\right\rangle = \left\langle f(t), |a|^{-\frac{1}{2}}\psi\left(\frac{t-b}{a}\right)\right\rangle$$

$$= |a|^{-\frac{1}{2}} \int_{-\infty}^{\infty} f(t)\overline{\psi\left(\frac{t-b}{a}\right)}\mathrm{d}t \tag{8-14}$$

式中, $\psi(t)$ 为基小波函数或小波母函数, 且满足

$$C_\psi = \int_{-\infty}^{\infty} |w|^{-1} \left|\hat{\psi}(w)\right|^2 \mathrm{d}w < \infty \tag{8-15}$$

其中, $\hat{\psi}(w)$ 为 $\psi(t)$ 的傅里叶变换。

在实际应用中, 通常将 a 和 b 取为整数离散形式, 此时用 $\left\{\psi_{j,k}(t)\right\}$ 来表示小波函数系, 将 j 称作小波函数的尺度:

$$\psi_{j,k}(t) = 2^{j/2}\psi\left(2^j t - k\right) \tag{8-16}$$

相应地, $\left(W_\psi f\right)(j,k)$ 称为信号的离散小波变换:

$$\left(W_\psi f\right)(j,k) = \left\langle f, \psi_{j,k}\right\rangle \tag{8-17}$$

由式(8-17)可知, 当 j 固定、k 为不同值时信号的小波变换代表了它的子频段特点的不同时域分量。这样, 为了得到不同子频段的时频特征, 就需要对信号进行小波多分辨分析。

根据数据采样定理, 模拟信号 $f(t)\in L^2(IR)$ 可以用一串不同尺度 j (设给定等距采样间隔 Δ 作为基本单位, 对应 j 尺度的采样间隔为 $\Delta^j = \Delta/2^j$, $j\in \mathbf{Z}$) 的信号序列 $\left\{f^j(t)\right\}$ 来逼近, 这种方法称为信号的多尺度逼近。根据插值定理, $f^j(t)$ 可以由一基函数序列的

线性组合表示，即

$$f^j(t) = \sum_k C_k^j \phi_{j,k}(t), \quad \phi_{j,k}(t) = \phi(2^j t - k), \quad k \in \mathbf{Z} \tag{8-18}$$

记

$$V_j = \left\{ f^j(t) \mid f^j(t) = \sum_k C_k^j \phi_{j,k}(t) \right\} \, f^j(t) \in L^2(IR) \tag{8-19}$$

显然，V_j 是基函数 $\phi_{j,k}(t)$ 的线性空间，且是 $L^2(IR)$ 的子空间，$V_j \subset L^2(IR)$，变动 j，因为 $f^j(t) \in V_j$，所以 $f^j(t) \to f(t)$ 从函数子空间的角度可描述为

$$\cdots \subset V_j \subset V_{j+1} \subset \cdots \subset L^2(IR) \tag{8-20}$$

也就是说，$\{V_j\}_{j \in \mathbf{Z}}$ 是一串嵌套式的子空间逼近序列。

基于多尺度逼近理论的信号小波多分辨分析(multiresolution analysis，MRA)是指一串嵌套式子空间逼近序列 $\{V_j\}_{j \in \mathbf{Z}}$，它满足下列要求：

(1) $\cdots \subset V_j \subset V_{j+1} \subset \cdots \subset L^2(IR)$；

(2) $V_j = \mathrm{span}\left\{ \phi_{j,k}(t) \mid \phi_{j,k}(t) = 2^{j/2} \phi(2^j t - k), k \in \mathbf{Z} \right\}$；

(3) $\phi(t) = \sum_n h_n \phi(2t - n) \, \{h_n\} \in l^2$； $\tag{8-21}$

(4) $\{\phi(t-k)\}$ 是 Riesz 基，即 $A \sum_k \left| C_k^j \right|^2 \leqslant \left\| \sum C_k^j \phi_{j,k}(t) \right\|_0^2 \leqslant B \sum_k \left| C_k^j \right|^2$。

式(8-21)称为双尺度方程，$\phi(t)$ 称为尺度函数或 MRA 的生成元。

在 MRA 中，因为 $V_j \subset V_{j+1}$，记 $W_j = V_{j+1} / V_j$，即 W_j 是 V_j 在 V_{j+1} 中的补子空间，所以有

$$V_{j+1} = V_j \oplus W_j \tag{8-22}$$

式中，$\oplus$ 为子空间的直和关系

因为 W_j 也是一个基函数的线性子空间，设其基为 $\{\psi_{j,k}(t)\}$，于是有

$$W_j = \mathrm{span}\left\{ \psi_{j,k}(t) = 2^{j/2} \psi(2^j t - k), k \in \mathbf{Z} \right\} \tag{8-23}$$

并且 $\psi(t) \in W_0$ 一定可由 V_1 中的基函数线性表示：

$$\psi(t) = \sum_n g_n \phi(2t - n), \quad \{g_n\} \in l^2 \tag{8-24}$$

于是，$\psi(t)$ 为小波函数，将 W_j 称为第 j 次小波空间，V_j 称为第 j 次尺度空间。对信号进行小波多分辨分析，分析后的结果——不同尺度下的小波系数序列即代表局部放电信号的时频特征。

8.2.2　自适应特征提取小波神经网络结构

由文献[9]可知，对于信号 $f(t)$（对时间进行离散 $t=1,2,\cdots,T$），其小波神经网络结构模型为图 8-3，其中 $\psi(\cdot)$ 为小波函数，w_k 为隐层到输出层的权值。该网络的输出为

$$v_n = \phi\left(\sum_{k=1}^{K} w_k \sum_{t=1}^{T} f(t)\psi\left(\frac{t-b_k}{a_k}\right)\right) \tag{8-25}$$

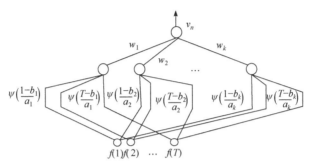

图 8-3　小波神经网络结构

上述的小波神经网络模型及其算法存在不足：信号只是在所寻找到的一组小波基上展开，未能实现对信号细节的时-频局部化分析。因此，对信号的局部细微差异难以分辨，影响信号模式分类的精度。例如，当 k 确定后小波函数 $\psi\left(\frac{t-b_k}{a_k}\right)$ 也随之确定，$\sum_{t=1}^{T} f(t)\psi\left(\frac{t-b_k}{a_k}\right)$ 相当于 PD 信号 $f(t)$ 只在一个小波 $\psi\left(\frac{t-b_k}{a_k}\right)$ 上展开。

为了提取 PD 信号 $f(t)$ 的细节信息且提高模式识别效果，根据小波理论，将小波函数的结构拓展为 $\psi(a_j(k-b_{jm}))$，其中 b_{jm} 为小波函数的平移因子，当 j 确定后，a_j 也确定。由于 m 是变量，平移因子 b_{jm} 也不同，这样可得到一组小波函数序列。另外，为了更清晰地刻画每个小波函数对 PD 信号 $f(t)$ 变换时所得到的小波系数的贡献，给每个小波函数赋予相应的权值 c_{jm}，这样 $\sum_k f(t)\sum_m c_{jm}\psi(a_j(k-b_{jm}))$ 相当于 PD 信号 $f(t)$ 在不同的小波函数下展开，而且每个小波函数对应不同的权值 c_{jm}。

综上所述，构造一种自适应特征提取小波神经网络，其结构如图 8-4 所示。

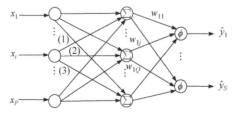

图 8-4　自适应特征提取小波神经网络结构

(1) 为 $\sum_m c_{1m}\psi(a_1(k-b_{1m}))$；　(2) 为 $\sum_m c_{jm}\psi(a_j(k-b_{jm}))$；　(3) 为 $\sum_m c_{Qm}\psi(a_Q(k-b_{Qm}))$

自适应特征提取小波神经网络包括三层，即一个输入层、一个隐层和一个输出层，分别由 P 个单元、Q 个单元、S 个单元组成。输入层单元为直通型；隐层由线性求和单元组成；输出层单元激励函数为 Sigmoid 函数。输入层第 k 个单元和隐层第 j 个单元之间的连接权为 $\sum_m c_{jm}\psi\left(a_j\left(k-b_{jm}\right)\right)$，其中 $\psi(\cdot)$ 为小波函数，a_j 对隐层第 j 个单元来说是一个常整数，为 2 的整数次幂，b_{jm} 在 m 和 j 确定的情况下为一定值，c_{jm} 为可调参数，隐层第 j 个单元和输出层第 i 个单元之间的连接权为 w_{ij}。这样，用数学形式表示自适应特征提取小波神经网络的结构为

$$\hat{y}_i = \varphi\left(\left(\sum_j w_{ji}\sum_k f(t_k)\sum_m c_{jm}\psi\left(a_j\left(k-b_{jm}\right)\right)\right)-\theta_i\right) \tag{8-26}$$

式中，θ_i 为输出层第 i 个单元的阈值；$\hat{y}_i$ 为输出层第 i 个单元的输出；$\varphi(\cdot)$ 为输出层单元激励函数，$\varphi(t)=\dfrac{1}{1+\mathrm{e}^{-t}}$。

8.2.3 自适应特征提取小波神经网络隐层单元数目的确定

在自适应特征提取小波神经网络中，连接权 $\sum_m c_{jm}\psi\left(a_j\left(k-b_{jm}\right)\right)$ 中的 a_j 与隐层单元一一对应。由于自适应特征提取小波神经网络是采用时频逼近原理进行网络拓扑结构设计的，即用选择的小波函数的时频空间区域来覆盖信号的时频空间区域，因此在确定网络隐层单元的数目前，应先利用频谱估计理论估计出局部放电信号的频率区域。

将采集到的第 l 个局部放电信号表示为

$$y^{(l)} = \left\{ y^{(l)}\left(t_k\right) \mid t_k = k \cdot \frac{1}{T_\mathrm{s}}, k=1,2,\cdots,m \right\} \tag{8-27}$$

式中，$\lambda_\mathrm{s} = \dfrac{1}{T_\mathrm{s}}$ 为采样频率，信号的时域定义域 $[t_{\min}, t_{\max}] = \left[\dfrac{1}{T_\mathrm{s}}, \dfrac{m}{T_\mathrm{s}}\right]$。

根据文献[10]，信号 $y^{(l)}$ 的频谱在 $w>0$ 上 ε（ε 为任意小常数）支撑为

$$[w_{\min}, w_{\max}] = \min\left\{ [w_u, w_z] \mid \sum_{i\notin[u,z]}\left|Y^{(l)}\left(w_i\right)\right|^2 < \varepsilon\left\|y^{(l)}\right\|_2^2 \right\} \tag{8-28}$$

式中，$\|\bullet\|_2^2$ 为能量计算算子；$Y^{(l)}(w) = \left\{Y^{(l)}\left(w_i\right) \mid i=0,1,\cdots,M\right\}$ 为信号 $y^{(l)}$ 的离散傅里叶变换，其中

$$M = \begin{cases} \dfrac{m}{2}-1, & m \text{ 为偶数} \\[2mm] \dfrac{m-1}{2}, & m \text{ 为奇数} \end{cases} \tag{8-29}$$

由式 (8-28) 可得信号 $y^{(l)}$ 的时频空间区域为

$$R^{+}\left(y^{(l)},\varepsilon\right)=\left[t_{\min},t_{\max}\right]\times\left[w_{\min},w_{\max}\right] \tag{8-30}$$

$$w_{\min}=\frac{2\pi\lambda_{\mathrm{s}}}{m}n_{\min}\,,\quad n_{\min}=\max_{0\leqslant n\leqslant M}\left\{n:\sum_{k=0}^{n-1}\left|Y^{(l)}\left(w_k\right)\right|^2<\frac{m\varepsilon}{4\pi\lambda_{\mathrm{s}}}\left\|y^{(l)}\right\|_2^2\right\} \tag{8-31}$$

$$w_{\max}=\frac{2\pi\lambda_{\mathrm{s}}}{m}n_{\max}\,,\quad n_{\max}=\min_{0\leqslant n\leqslant M}\left\{n:\sum_{k=n+1}^{M}\left|Y^{(l)}\left(w_k\right)\right|^2<\frac{m\varepsilon}{4\pi\lambda_{\mathrm{s}}}\left\|y^{(l)}\right\|_2^2\right\} \tag{8-32}$$

为了确定自适应特征提取小波神经网络隐层单元的数目，在得到信号时频空间的基础上，还应该确定网络选用的小波函数的时频空间。

对于任意小波函数 $\psi(t)\in L^2(IR)$，$\hat{\psi}(w)$ 是其傅里叶变换，则有以下结论。

（1）函数 $\psi(x)$ 的中心 $t_{\mathrm{c}}(\psi)$ 为

$$t_{\mathrm{c}}(\psi)=\frac{1}{\left\|\psi\right\|_2^2}\int_{\mathbf{R}}t\left|\psi(t)\right|^2\mathrm{d}t \tag{8-33}$$

（2）$\left|\hat{\psi}(x)\right|$ 的正频率中心 $w_{\mathrm{c}}\left(\left|\hat{\psi}\right|\right)$ 为

$$w_{\mathrm{c}}\left(\left|\hat{\psi}\right|\right)=\frac{1}{\pi\left\|\psi\right\|_2^2}\int_{(0,+\infty)}w\left|\hat{\psi}(w)\right|^2\mathrm{d}w \tag{8-34}$$

于是，得到小波母函数 $\psi(t)$ 的时域空间为

$$R(\psi,\varepsilon)=\left\{[t_0,t_1]\,\middle|\,\left|t_{\mathrm{c}}(\psi)-t_0\right|=\left|t_{\mathrm{c}}(\psi)-t_1\right|\right\}\text{且}\int_{t\in\mathbf{R}\text{且}x\notin[t_0,t_1]}\left|\psi(t)\right|^2\mathrm{d}t<\varepsilon\left\|\psi\right\|_2^2 \tag{8-35}$$

小波母函数 $\psi(t)$ 的频域空间为

$$\hat{R}(\hat{\psi},\hat{\varepsilon})=\left\{[w_0,w_1]\,\middle|\,w_0=\max(0,w_0),\left|w_{\mathrm{c}}\left(\left|\hat{\psi}\right|\right)-w_0\right|=\left|w_{\mathrm{c}}\left(\left|\hat{\psi}\right|\right)-w_1\right|\right\}\quad\text{且}$$

$$\int_{w\in\mathbf{R}\text{且}w\notin[w_0,w_1]\cup[-w_1,-w_0]}\left|\hat{\psi}(w)\right|^2\mathrm{d}w<\hat{\varepsilon}\left\|\psi\right\|_2^2 \tag{8-36}$$

式中，ε 和 $\hat{\varepsilon}$ 为任意小常数。

根据文献[11]，依据小波理论，由小波母函数的时频空间经过推导得到以下结论。

（1）小波函数 $\psi_{j,k}(t)$ 的时域空间为 $\left[2^{-j}\left(t_{\mathrm{c}}(\psi)+k-\varDelta_{\mathrm{t}}\right),2^{-j}\left(t_{\mathrm{c}}(\psi)+k+\varDelta_{\mathrm{t}}\right)\right]$；

（2）小波函数 $\psi_{j,k}(t)$ 的频域空间为 $\left[2^{j}\left(w_{\mathrm{c}}\left(\left|\hat{\psi}\right|\right)-\varDelta_{\mathrm{w}}\right),2^{j}\left(w_{\mathrm{c}}\left(\left|\hat{\psi}\right|\right)+\varDelta_{\mathrm{w}}\right)\right]$。

式中，$\varDelta_{\mathrm{t}}$ 为小波母函数的时窗半径：

$$\varDelta_{\mathrm{t}}=t_{\mathrm{c}}(\psi)-t_0=t_1-t_{\mathrm{c}}(\psi) \tag{8-37}$$

$\varDelta_{\mathrm{w}}$ 为小波母函数的频窗半径：

$$\varDelta_{\mathrm{w}}=w_{\mathrm{c}}\left(\left|\hat{\psi}\right|\right)-w_0=w_1-w_{\mathrm{c}}\left(\left|\hat{\psi}\right|\right) \tag{8-38}$$

这样，通过用网络选用的小波函数的频率空间去覆盖信号的频率空间即可确定出网络隐层单元的数目和与隐层单元一一对应的小波函数的尺度。同时，在连接权

$\sum\limits_{m}c_{jm}\psi\left(a_{j}\left(k-b_{jm}\right)\right)$ 中 a_j 确定的情况下，如图 8-5 所示，用小波函数的时域空间去覆盖信号的时域空间可确定出连接权中小波函数偏移量 b_{jm}。

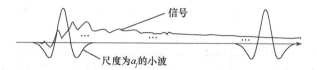

图 8-5　小波函数的时域空间覆盖信号的时域空间过程

8.2.4　自适应特征提取小波神经网络学习算法

设样本信号集合 $T=\left\{y^{(l)}\,|\,l=1,2,\cdots,N\right\}$，$y^{(l)}=\left\{y^{(l)}\left(t_{k}\right)|\,t_{k}=k\cdot\dfrac{1}{T_{\mathrm s}},k=1,2,\cdots,m\right\}$，$\lambda_{\mathrm s}=1/T_{\mathrm s}$ 为采样频率。$O^{(l)}$ 和 $d^{(l)}$ 分别为当输入样本信号 $y^{(l)}$ 时网络的期望输出向量和实际输出向量，它们的第 i 个元素分别表示为 $O_{i}^{(l)}$ 和 $d_{i}^{(l)}$（对应第 i 个输出单元的期望输出和实际输出）。

网络的学习目标函数为

$$\varepsilon^{(l)}=\frac{1}{2}\sum_{i=1}^{S}\left(O_{i}^{(l)}-d_{i}^{(l)}\right)^{2}\ ,\quad \varepsilon_{\mathrm{AV}}=\frac{1}{N}\sum_{l=1}^{N}\varepsilon^{(l)} \tag{8-39}$$

式中，S 为输出单元总数；N 为样本总数。

网络学习的目的就是要通过改变网络参数 w_{ji} 和 c_{jm}，最终使目标函数达到最小。

$$\frac{\partial \varepsilon_{\mathrm{AV}}}{\partial w_{ji}}=0\ ,\quad \frac{\partial \varepsilon_{\mathrm{AV}}}{\partial c_{jm}}=0 \tag{8-40}$$

利用最速梯度下降法解式 (8-40)，得

$$\begin{aligned}\Delta w_{ji}=&-\eta\left(O_{i}^{(l)}-d_{i}^{(l)}\right)\phi'\left(\sum_{j}w_{ji}\sum_{k}y^{(l)}\left(t_{k}\right)\sum_{m}c_{jm}\psi\left(2^{j}\left(k-b_{jm}\right)\right)\right)\\&\cdot\left(\sum_{k}y^{(l)}\left(t_{k}\right)\sum_{m}c_{jm}\psi\left(2^{j}\left(k-b_{jm}\right)\right)\right)\end{aligned} \tag{8-41}$$

$$\begin{aligned}\Delta c_{jm}=&-\eta\sum_{i}\left\{\left(O_{i}^{(l)}-d_{i}^{(l)}\right)\phi'\left(\sum_{j}w_{ji}\sum_{k}y^{(l)}\left(t_{k}\right)\sum_{m}c_{jm}\psi\left(2^{j}\left(k-b_{jm}\right)\right)\right)\right.\\&\left.\cdot\left(\sum_{k}y^{(l)}\left(t_{k}\right)\psi\left(2^{j}\left(k-b_{jm}\right)\right)\right)\right\}\end{aligned} \tag{8-42}$$

在网络学习过程中学习步长 η $(0<\eta<1)$ 的选择很重要，η 大则网络收敛快，但过大可能引起不稳定 (振荡)；η 可避免不稳定，但会使网络的收敛速度降低。在自适应特征提取小波神经网络中提出了学习步长自适应调整方法，具体的做法是：先让网络以一初始的学习步长开始训练，观察训练后网络学习目标函数 $\varepsilon_{\mathrm{AV}}$ 的变化情况，如果 $\varepsilon_{\mathrm{AV}}$ 下降

得快，说明选取的学习步长合适，并且可以在此基础上适当地增加学习步长值，以获得更快的收敛速率；如果 ε_{AV} 出现振荡，也就是经过本次训练后的网络的 ε_{AV} 比上一次训练完成后的 ε_{AV} 大，则说明学习步长过大，应减小学习步长。

在式 (8-26) 中，$\sum\limits_k x_k \psi \left(a_j \left(k - b_{jm} \right) \right)$ 是对局部放电信号 $\{x_k\}$ 在尺度 a_j 和平移 b_{jm} 下的小波变换，信号的小波变换反映的是信号的时频特征。利用自适应特征提取小波神经网络对局部放电信号进行模式识别过程中，提取局部放电信号的时频特征是由网络自身的功能来完成的。局部放电的时频特征量巨大，在利用局部放电的时频特征对局部放电进行模式识别之前，应提取合理的时频特征向量。假设原始时频特征数量为 m 个，要获取的特征量为 l 个，仅考虑利用特征向量选择的次优搜索技术顺序后向选择方法选取局部放电时频特征，则选择过程中要考虑的组合数为 $1 + \dfrac{(m+1)m}{2} - l(l+1)$，很显然，计算量将是巨大的，并且由于 l 未知，这样对每一个不同的 l 都要进行一次选择，于是总组合数为 $l\left(1 + \dfrac{(m+1)m}{2} - l(l+1) \right)$，这个计算量只是对于特征量的次优搜索技术顺序后向选择方法，如果采用最优搜索技术，计算量将会更大。所以在实际问题中，并不希望利用类可分性准则进行特征选择，而是利用分类器本身的功能，将最优特征生成方法和特征向量选择方法结合在一起，产生最优特征向量。在局部放电模式识别中，局部放电的每一个时频特征对模式识别都是有贡献的，只是不同点的时频特征贡献大小不同，贡献大的组成了局部放电的主要时频特征，贡献小的则组成了局部放电的次要时频特征，但主要和次要之分不是一概而论的，而是就具体任务而言的。在对尖-尖电极系统和尖-板电极系统所产生的局部放电进行模式识别时，从信号中提取的一些特征可作为主要时频特征，而在对尖-板电极系统和球-板电极系统产生的局部放电进行模式识别时，这些特征可能变成次要时频特征。在自适应特征提取小波神经网络中，根据上述基本思想，结合网络学习理论，对局部放电的时频特征进行加权，用其权值来表示这一点的时频特征对局部放电模式识别的贡献，如式 (8-26) 中的 c_{jm}，将这些权值同网络学习的目标函数联系起来，利用前馈误差传递算法自适应的变化权值 c_{jm}，如式 (8-41) 所示，根据具体的分类原则，选择出最优的时频特征组合，使得网络学习目标函数（误差

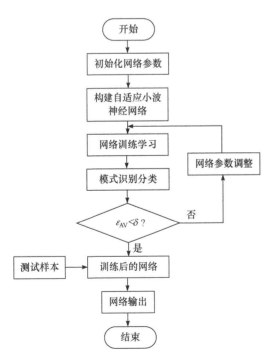

图 8-6　自适应特征提取小波神经网络
学习训练流程图

函数)达到最小。

自适应特征提取小波神经网络这种算法对于局部放电模式识别具有一定的普遍性,当被识别的局部放电模式发生改变时,根据具体的分类原则和目标函数,进行网络构建、特征提取和网络的学习训练,只需人工参与少量工作。网络的学习训练流程如图 8-6 所示,其中 δ 是预先给定的网络训练误差值,它取决于实际局部放电模式识别所要求的精度。

8.3　PD 模式识别实验

由上所述,小波变换通过尺度伸缩和平移能够有效提取其局部信息特征,规避了 PD 信号特征提取分析的复杂过程。小波神经网络不但具有自学习、自适应和容错性等特点,而且小波神经网络的基元和结构框架是依据小波分析理论确定的,避免 BPNN 结构设计上的盲目性。对于处理 PD 模式识别这类问题,完全展示出小波神经网络结构简单、收敛速度快、精度高的优势。

8.3.1　PD 信号采集

由自行设计的局部放电电极模型和局部放电信号检测系统采集的尖-板电极、尖-尖电极和球-板电极产生的局部放电脉冲信号波形如图 8-7 所示。其电极结构和信号采集系统可参见 7.2.2 节。

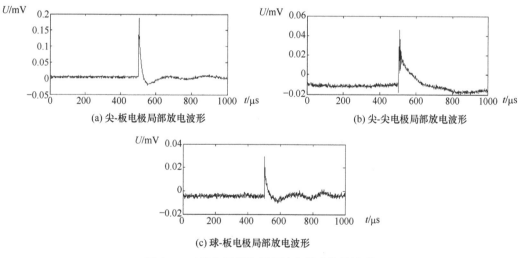

(a) 尖-板电极局部放电波形　　　　　　(b) 尖-尖电极局部放电波形

(c) 球-板电极局部放电波形

图 8-7　三种电极系统局部放电脉冲信号波形

图 8-7 所示的波形分别是由 TDS680B 型双通道数字式示波器采集的尖-板、尖-尖和球-板电极的局部放电信号。而图 8-8 是通过 DSO2902 数据采集装置采集的且在时间轴上展开的局部放电脉冲信号。

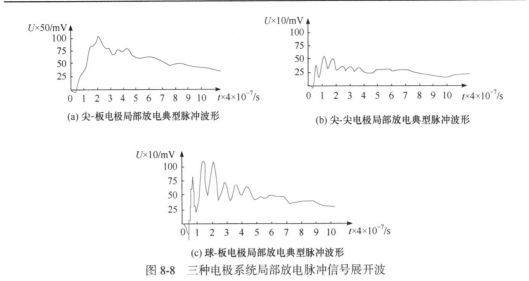

(a) 尖-板电极局部放电典型脉冲波形   (b) 尖-尖电极局部放电典型脉冲波形

(c) 球-板电极局部放电典型脉冲波形

图 8-8　三种电极系统局部放电脉冲信号展开波

8.3.2　统计特征量提取与识别

　　图 8-9~图 8-11 所示的信号波形为使用示波器采集的载有局部放电脉冲的工频载波信号，分别是尖-板电极系统、尖-尖电极系统和球-板电极系统[12]。

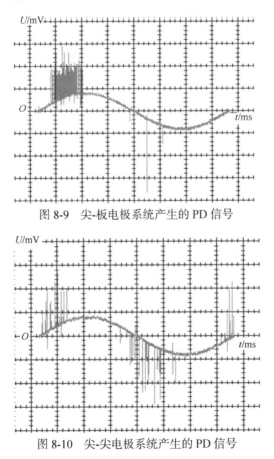

图 8-9　尖-板电极系统产生的 PD 信号

图 8-10　尖-尖电极系统产生的 PD 信号

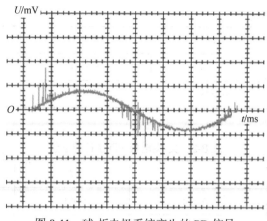

图 8-11　球-板电极系统产生的 PD 信号

　　为了对图 8-9～图 8-11 所示的三种 PD 信号模式进行分类,分别将每一个工频周期的局部放电信号等分为 50 个相位窗,计算出每个相位窗的 n、q、φ。根据第 3 章的式(3-16)、式(3-17)和式(3-18)得到 PD 信号的统计特征 Q、Φ 和 cc,将其作为正交小波神经网络输入特征向量。此正交小波神经网络的结构为:输入层为 3 个单元,其输出层为 3 个单元,而正交小波神经网络隐层单元的激励函数选择为 $N=5$ 的 Daubechies 小波函数,这是因为 Daubechies 小波函数具有正交性和紧支性的双重特点,它的紧支性能大大降低了网络学习过程中的计算量。

　　实验过程中,对尖-板电极、尖-尖电极和球-板电极三种模式的 PD 信号各采集了 100 组样本,其中 50 组作为正交小波神经网络训练样本,另外 50 组用于对网络测试样本(见参考文献[12])。表 8-1～表 8-3 分别列出由尖-板、尖-尖和球-板电极系统产生的 PD 信号各 10 组样本的统计特征量。经过学习训练后,网络的尺度 $M=8$,$p=2$,识别率达到 82%。

表 8-1　尖-板电极 PD 统计特征量

尖-板电极	Q	Φ	cc
样本 1	0.37257	0.96849	−0.31531
样本 2	0.36032	0.99718	−0.2812
样本 3	0.78608	0.8679	−0.31076
样本 4	0.28027	0.72676	−0.34622
样本 5	0.79249	0.78261	−0.37992
样本 6	0.30596	0.68067	−0.2669
样本 7	0.46492	0.56557	−0.24883
样本 8	0.86285	0.93548	−0.3535

续表

尖-板电极	Q	Φ	cc
样本 9	0.35963	0.68644	−0.25934
样本 10	0.28482	0.37313	−0.44593

表 8-2　尖-尖电极 PD 统计特征量

尖-尖电极	Q	Φ	cc
样本 1	0.31564	0.9830	−0.36735
样本 2	0.37422	0.9704	−0.54396
样本 3	0.88441	0.8617	−0.50134
样本 4	0.19684	0.8451	−0.49361
样本 5	0.82156	0.8214	−0.47947
样本 6	0.31273	0.6278	−0.26312
样本 7	0.47324	0.5132	−0.23617
样本 8	0.79835	0.9709	−0.31580
样本 9	0.38132	0.6613	−0.24783
样本 10	0.31464	0.4051	−0.43316

表 8-3　球-板电极 PD 统计特征量

球-板电极	Q	Φ	cc
样本 1	0.90050	1.0830	−0.51136
样本 2	1.38422	1.3304	−0.54396
样本 3	1.28440	1.6667	−0.50155
样本 4	1.16684	1.1	−0.50661
样本 5	0.82456	1.3811	−0.43957
样本 6	0.91673	1.2278	−0.46362
样本 7	0.95324	1.2432	−0.46687
样本 8	0.96875	1.0709	−0.47550
样本 9	0.88332	1.4611	−0.34481
样本 10	1.30464	1.0559	−0.49318

8.3.3 自适应特征提取与模式识别

图 8-12 ~ 图 8-14 所示的 PD 信号时频波形分别为图 8-8(a)、(b) 和 (c) 所示的局部放电信号利用小波多分辨分析得到的结果。图中，S 为原始信号，d_1、d_2、d_3、d_4、d_5、d_6、d_7、d_8、d_9 为局部放电信号在不同尺度下的小波时频分解的高频部分，获得了局部放电信号在不同尺度下表现出的特征表述，形成 PD 信号小波变换的尺度紧支集空间，其特征空间得到精细刻画。由模式识别理论可知，特征空间刻画的精细程度直接影响 PD 特征知识的表达及其模式分类效果。

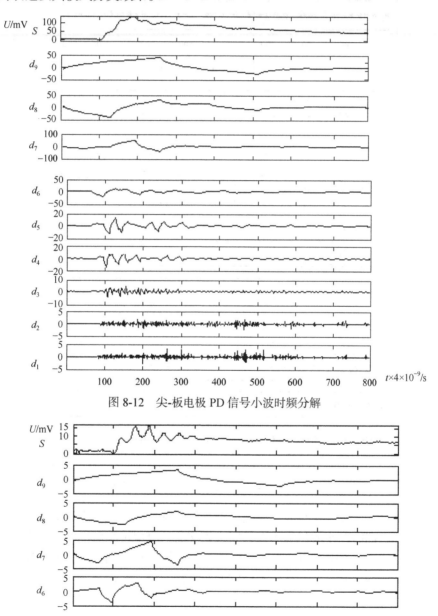

图 8-12　尖-板电极 PD 信号小波时频分解

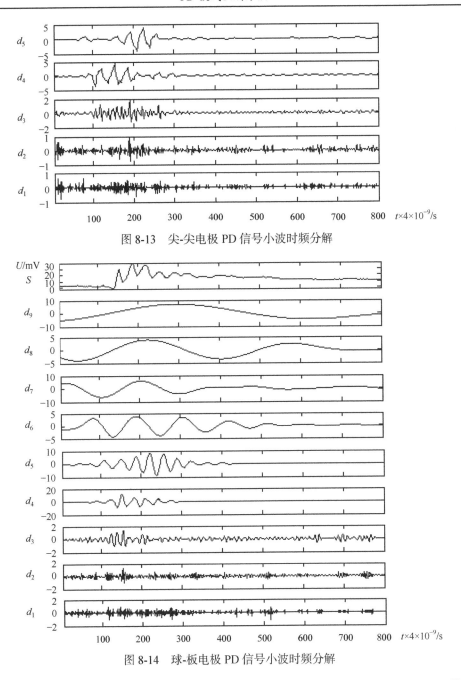

图 8-13　尖-尖电极 PD 信号小波时频分解

图 8-14　球-板电极 PD 信号小波时频分解

　　研究结果显示，在利用小波变换提取信号的时频特征时，要求选取的小波函数具有良好的光滑性，同时此小波函数不能是完全正交的，以保证提取的特征中有一定的冗余度[13]。基于此，该实验中选用的小波函数是三次 B 样条小波函数。三次 B 样条小波函数是半正交小波函数，其光滑性好，同时它的紧支性能很大程度上降低了自适应特征提取小波神经网络训练过程中的计算量。其小波母函数的表达式如式(8-43)所示。

$$\psi_3(t) = \begin{cases} -\dfrac{1}{240}t^2, & 0 \leqslant t < 0.5 \\[2mm] -\dfrac{131}{240}t^2 + \dfrac{11}{20}t - \dfrac{11}{80}, & 0.5 \leqslant t < 1 \\[2mm] \dfrac{203}{120}t^2 - \dfrac{157}{40}t + \dfrac{21}{10}, & 1 \leqslant t < 1.5 \\[2mm] -\dfrac{121}{40}t^2 + \dfrac{409}{40}t - \dfrac{681}{80}, & 1.5 \leqslant t < 2 \\[2mm] \dfrac{22}{5}t^2 - \dfrac{779}{40}t + \dfrac{339}{16}, & 2 \leqslant t < 2.5 \\[2mm] -\dfrac{22}{5}t^2 + \dfrac{981}{40}t - \dfrac{541}{16}, & 2.5 \leqslant t < 3 \\[2mm] \dfrac{313}{120}t^2 - \dfrac{701}{40}t + \dfrac{2341}{80}, & 3 \leqslant t < 3.5 \\[2mm] -\dfrac{103}{120}t^2 + \dfrac{809}{120}t - \dfrac{3169}{240}, & 3.5 \leqslant t < 4 \\[2mm] \dfrac{31}{240}t^2 - \dfrac{139}{120}t + \dfrac{623}{240}, & 4 \leqslant t < 4.5 \\[2mm] -\dfrac{1}{960}(2t-10)^2, & 4.5 \leqslant t \leqslant 5 \\[2mm] 0, & \text{其他} \end{cases} \tag{8-43}$$

该实验中,局部放电脉冲信号的采样频率为 250MHz,信号以 1024 个离散点表示,由于自适应特征提取小波神经网络是直接将信号输入网络中,这样网络的输入层单元数应为 1024 个。按 8.2.2 节所述的方法取 $\varepsilon = 0.35$,得出自适应特征提取小波神经网络的隐层单元的数目为 9 个,对应的小波函数的伸缩量分别是 2^{30}、2^{29}、2^{28}、2^{27}、2^{26}、2^{25}、2^{24}、2^{23}、2^{22},相应的 m 值 360、180、90、45、22、11、5、2、1。由于待识别的局部放电模式类为 3 个,分别是由尖-尖电极系统、尖-板电极系统和球-板电极系统产生的,于是自适应特征提取小波神经网络输出层用 3 个不同的单元来代表 3 种不同局部放电模式,即当网络的输出向量为[1 0 0]时,表示的是输入网络中局部放电脉冲信号属于由尖-尖电极系统产生的局部放电模式类,[0 1 0]是尖-板电极产生的 PD 模式类,而[0 0 1]为球-板电极产生的 PD 模式类。

该实验过程中,对 3 种模式的局部放电脉冲信号各采集 40 组,其中各 20 组用于对自适应特征提取小波神经网络进行训练,另外各 20 组用于测试网络。网络学习过程中,自适应特征提取小波神经网络的学习步长采用自适应调整算法,图 8-15 给出了对照网络误差学习步长的变化过程。训练完成后,用测试样本对网络进行测试,结果显示,该实验中自适应特征提取小波神经网络的局部放电模式的识别率达到 90%。

上述计算结果证明,以 PD 信号时频信息为特征量的自适应特征提取小波神经网络优于以 PD 信号统计量为特征量的正交小波神经网络。当然,小波神经网络在 PD 放电模式分类的应用上还需要更深入的理论探索和实践检验。

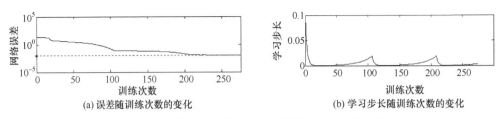

图 8-15　网络误差和学习步长与训练次数的变化关系

参 考 文 献

[1] ZHANG Q H, BENVENISTE A. Wavelet neutral networks for function learning[C]. IEEE transactions on signal processing, 1995, 43(6): 1485-1497.

[2] ZHANG Q H, BENVENISTE A. Wavelet networks[J]. IEEE transactions on neutral networks, 1992, 3(6): 889-898.

[3] ZHANG J, WALTERG G, MIAO Y, et al. Wavelet neural networks for function learning[J]. IEEE transactions on signal processing, 1995, 43(6): 1485-1495.

[4] AL-ASSAF Y. The application of wavelets transforms and neural networks to speech classification[J]. Intelligent automation and soft computing, 2003, 9(1): 45-55.

[5] HE Y G, TAN Y H, SUN Y C. Wavelet neural network approach for fault diagnosis of analog circuits[J]. IEE proceedings circuits, devices and systems, 2004, 151(4): 379-384.

[6] KAWADA M, WADA M, KAWASAKI Z I. Time-frequency analysis of partial discharge phenomena in SF$_6$ gas using wavelet transform[J]. 電気学会論文誌, 1997, 177-B(3): 338-345.

[7] CLONDA D, LINA J M, GOULARD B. Complex daubechies wavelets: properties and statistical image modeling[J]. Signal processing, 2004, 84(1): 1-23.

[8] 徐长发, 李国宽. 实用小波方法[J]. 武汉: 华中科技大学出版社, 2001.

[9] 何正友, 钱清泉. 小波神经网络改进结构及其学习算法[J]. 西南交通大学学报, 1999, 34(4): 436-440.

[10] PATI Y C, KRISHNAPRASAD P S. Analysis and synthesis of feedforward network using discrete affine wavelet transformations [J]. IEEE transactions on neural networks, 1993, 4(1): 73-85.

[11] 李晶皎, 朱志良, 王爱侠. 模式识别[M]. 北京: 电子工业出版社, 2004.

[12] 郑殿春. 基于 BP 网络的局部放电模式识别[D]. 哈尔滨: 哈尔滨理工大学, 2005.

[13] 吴耀军, 史习智, 陈进. 小波变换时频特性的信号识别[J]. 上海交通大学学报, 1999, 33(8): 1055-1058.

第 9 章　基于混沌理论的 PD 模式识别

混沌现象是指发生在确定性系统中的貌似随机的不规则运动。一个确定性理论描述的系统,其行为却表现为不确定性——不可重复、不可预测,这就是混沌现象,它是非线性科学中非常重要的一部分。目前,混沌现象已经获得学者的广泛关注与认可,但对于"混沌"仍无一个公认的、统一的定义。有的学者提出,若一个非周期运动的系统具有对初值的敏感性,则可判断该系统是混沌的。鉴于混沌现象在众多学术领域中都有关联,因此在不同研究领域混沌的定义也有所不同。在数学上,混沌通常指确定性系统中出现的随机性。近年来作为非线性科学的重要成就之一的混沌理论已开始应用于高压电气设备绝缘故障诊断、属性分类和预期寿命预报的技术领域,为局部放电信号分析、处理和特征提取奠定了理论依据[1]。

9.1　局部放电信号中的混沌现象

研究表明,高压电气设备中的局部放电现象并非是一个完全的随机过程,其放电过程中蕴含着混沌运动行为[2]。局部放电现象的混沌分析方法(CAPD)从连续放电脉冲之间的关联性着手,能够更加有效地挖掘局部放电源的物质运动规律。文献[3]将油纸绝缘 PD 信号的时间序列进行混沌分析,把相空间重构参数和混沌特征参数作为特征量,应用径向基神经网络对五种典型油纸绝缘 PD 信号进行模式识别,获得了较高的识别率。文献[4]通过计算交联聚乙烯电缆电树枝生长过程 PD 信号的时间序列的混沌特征参数证明了电树枝老化过程中的局部放电是一个混沌过程,研究还发现其局部放电过程的非线性动力学特性与外加电压、放电通道电导率以及电树枝形状有关。由此可见,基于混沌理论的非线性时间序列分析方法为 PD 信号特征量的提取以及模式识别提供了坚实的理论依据和技术方法。

9.1.1　混沌特征

与确定性系统相比,混沌系统的显著特点在于系统的演化对初始条件具有很强的敏感性,混沌特征主要体现在以下两个方面[5]。

1. 对初始条件的敏感性

经典理论认为,如果给出确定性系统的初始条件,那么系统的解也将随之确定,也就是说由确定性系统所描述的运动与初始条件密切相关。但在混沌现象中则不同,初始条件的微小差异将使结果产生巨大的差异,这将必然导致系统的长期运动难以预测,甚至是无法预测的。

混沌运动对初始条件的敏感性非常重要，也正是优化计算时可以利用的特征。混沌的遍历性是指混沌特征量能够不重复地经历一定范围内的全部状态。

2. 局部混乱和整体稳定

这种局部混乱和整体稳定特性又称为混沌的"伸长"和"折叠"特性，是产生敏感依赖于初始条件的主要因素。混沌运动具有内在随机性，在不施加随机因素时，系统仍会出现类似随机性的行为。

1) 分形

混沌与随机运动并不相同，混沌所在区域具有相当丰富的内容，混沌运动具有不同大小、无特征的各种尺度，这些尺度称为自相似结构，即分形[6]。

2) 至少有一个正的 Lyapunov 指数

Lyapunov 指数是衡量系统混沌特性的重要指标，对于非线性系统，如果 Lyapunov 指数为正，则表明相轨发散，系统具有混沌特性；反之，则不具备产生混沌特性的条件。

9.1.2　混沌相空间重构

在实际应用中，研究对象的时间序列一般较容易获取，它是多个因子综合作用的反映，为了把时间序列中所包含的信息尽可能多地表现出来，就要将时间序列扩展到三维甚至更高维的相空间，这就是时间序列的相空间重构。

相空间重构是分析混沌时间序列的重要前提，目的是在三维甚至更高维的相空间中恢复混沌吸引子，即将混沌系统长期运动的、有规律的轨迹恢复出来。F.Takens 率先从数学上提出了可靠方法，Takens 嵌入定理表明：存在一个适当的嵌入维数 m，当 $m \geqslant 2d+1$（d 为系统的维数）时，重构后的吸引子与原来的吸引子具有相同的拓扑特性[7]。

根据相空间重构理论，对于一维等间距时间序列 $x(t_i), i = 1, 2, \cdots, N$，选择适当的嵌入维数 m 和延迟时间 τ，将其重构到 m 维的相空间中可以得到一组相空间矢量：

$$
\begin{aligned}
X_1 &= (x_1, x_{1+\tau}, \cdots, x_{1+(m-1)\tau}) \\
X_2 &= (x_2, x_{2+\tau}, \cdots, x_{2+(m-1)\tau}) \\
&\vdots \\
X_n &= (x_{N-(m-1)\tau}, x_{N-(m-2)\tau}, \cdots, x_N)
\end{aligned} \tag{9-1}
$$

重构后的相点个数为 $n = N - (m-1)\tau$。

Takens 嵌入定理的实现是在假设数据无噪声影响且数据无限长的理想前提下的。在此前提下，重构将不随延迟时间的改变而退化。但在实验中采集到的数据都是有限长的，且难免会受到外界噪声影响。在这种情况下，延迟时间 τ 不能随意选取，如果选取 τ 值太大，则空间重构后得到的吸引子会变得非常复杂，从而成为不相干问题；反之，τ 值太小，会造成延迟矢量的各分量之间的相关性过强，重构后的吸引子将被集中压缩到靠近嵌入空间的主对角线的位置，不能完全展开，成为冗余问题。为了使重构的相空间更好地展现初始系统特性，状态点的各分量均要包含与系统相关的信息。因此，嵌入维数 m 以及延迟时间 τ 的选取在相空间重构中非常关键，这两个参数的恰当选取将直接影响所逼近的吸引子的真实性和可靠性。

9.1.3 相空间重构参数

延迟时间 τ 的选取是相空间重构的重要步骤之一，合理地选取延迟时间不仅能够更加充分地呈现出重构相空间中包含的数据信息量，还能减小嵌入维数。目前互信息（mutual information）法是应用较为普遍的选取延迟时间的方法。此外，延迟时间的选取方法还有自相关法、真实矢量场法和 C-C 算法等。

1. 延迟时间选取

运用互信息法选取延迟时间的步骤如下[8]。

对于时间序列 $\{x_k \mid k=1,2,\cdots,n\}$，当其延迟时间为 τ 时获得新序列 $\{x_{k+\tau} \mid k=1,2,\cdots,n\}$，设 x_i 在 $\{x_{k+\tau} \mid k=1,2,\cdots,n\}$ 中出现的概率是 $P(x_i)$，$x_{i+\tau}$ 在 $\{x_{k+\tau} \mid k=1,2,\cdots,n\}$ 中出现的概率为 $P(x_{i+\tau})$，x_i 和 $x_{i+\tau}$ 在两个时间序列中均出现的联合概率为 $P(x_i, x_{i+\tau})$。$P(x_i)$ 和 $P(x_{i+\tau})$ 可以根据其在相应时间序列中出现的频率得到，$P(x_i, x_{i+\tau})$ 可以通过数平面 $(x_i, x_{i+\tau})$ 上对应的格子求得。互信息函数为

$$I(\tau) = \sum_{i=1 \to n} P(x_i, x_{i+\tau}) \ln \left[\frac{P(x_i, x_{i+\tau})}{P(x_i)P(x_{i+\tau})} \right] \tag{9-2}$$

根据式（9-2），已知时间序列的延迟时间即互信息函数 $I(\tau)$ 的第一个极小值所对应的 τ 值。采用互信息法的计算结果比较准确，主要原因在于其计算过程中考虑了时间序列的非线性特性。

2. 嵌入维数选取

由 Takens 嵌入定理可知，对于无限长且没有噪声的时间序列，其嵌入维数 m 的选取只要 $m \geqslant 2d+1$ 就可满足系统需求。仅仅对实际应用中获取的有限长数据嵌入定理难以直接满足。若嵌入维数过小，吸引子可能折叠导致某些区域自相交，最终导致吸引子不同部分的点在同一小区域内重合；若嵌入维数过大，将使其他混沌特征值的计算更加复杂，且会增加噪声的影响，造成预测误差过大。因此，嵌入维数的选取要遵循可以充分描述由时间序列给出的原系统动力学行为的最小嵌入维数。迄今为止，常用的嵌入维数的选取方法有饱和关联维数法即 G-P 算法、伪最邻近点（false nearest neighbors）法、Cao's 方法、映像距离（distances between images）法和最小预测误差法等。

1）伪最邻近点法

伪最邻近点法的思路是通过改变嵌入维的值，比较相点与最邻近点间距离的变化，统计真实邻点及虚假邻点的个数，从而确定伪最邻近点所占比值，当比值小于某一阈值或无虚假邻点时，此时得到的 m 即所求嵌入维数。

对于相点 $V_n = (x_{1,n}, x_{1,n-\tau}, \cdots, x_{1,n-(m_1-1)\tau_1}, \cdots, x_{M,n}, x_{M,n-\tau_M}, \cdots, x_{M,n-(m_M-1)\tau_M})$，在重构相空间存在另一相点：

$$V_p = (x_{1,p}, x_{1,p-\tau}, \cdots, x_{1,p-(m_1-1)\tau_1}, \cdots, x_{M,p}, x_{M,p-\tau_M}, \cdots, x_{M,p-(m_M-1)\tau_M}), \quad p \neq n$$

使得

$$\left\| V_p - V_n \right\| \leqslant \left\| V_i - V_n \right\|, \quad i = \max_{1 \leqslant j \leqslant M}(m_j - 1)\tau_j + 1, \cdots, N, \quad i \neq n \tag{9-3}$$

称 V_p 为相点 V_n 的最邻近相点；$\|\cdot\|$ 为欧几里得距离。

当嵌入维数从 m_i 增加到 $m_i + 1 (i = 1, 2, \cdots, M)$ 时，两邻点之间的距离变为 $\left\| V_p - V_n \right\|^{(m_1, \cdots, m_{i+1}, \cdots, m_M)}$，若 $\left\| V_p - V_n \right\|^{(m_1, \cdots, m_{i+1}, \cdots, m_M)}$ 远大于 $\left\| V_p - V_n \right\|^{(m_1, \cdots, m_i, \cdots, m_M)}$，则可认为两点为虚假邻点，这是由高嵌入维吸引子中不相邻的点经过投影到低嵌入维时变成相邻的点导致的，它们满足：

$$\frac{\left\| V_p - V_n \right\|^{(m_1, \cdots, m_{i+1}, \cdots, m_M)} - \left\| V_p - V_n \right\|^{(m_1, \cdots, m_i, \cdots, m_M)}}{\left\| V_p - V_n \right\|^{(m_1, \cdots, m_i, \cdots, m_M)}} \geqslant R_T \tag{9-4}$$

式中，R_T 为阈值，实际应用中通常取 $15 \leqslant R_T \leqslant 50$。

伪最邻近点法是常用的方法之一，但对于存在噪声的时间序列，选取效果受到限制。

2）Cao's 方法

Cao's 方法在嵌入维的选取中广泛应用，是在伪最邻近点法的基础上进一步发展得到的，算法类似于伪最邻近点法。定义：

$$a(i, m) = \frac{\left\| Y_i(m+1) - Y_{n(i,m)}(m+1) \right\|}{\left\| Y_i(m) - Y_{n(i,m)}(m) \right\|} \tag{9-5}$$

式中，$Y_i(m+1)$ 为 $(m+1)$ 维重构相空间中的第 i 个矢量；而 $Y_{n(i,m)}(m)$ 是在 m 维重构相空间中取整数且在 $Y_i(m)$ 最邻近域内；$n(i,m)$ 取决于 i 和 m；$\|\cdot\|$ 是欧几里得距离，可以用最大范数来表示，即

$$\left\| Y_i(m) - Y_j(m) \right\| = \max_{0 \leqslant k \leqslant m-1} \left| x_{i+k\tau} - x_{j+k\tau} \right| \tag{9-6}$$

定义 $a(i, m)$ 的平均值为

$$E(m) = \frac{1}{N - m\tau} \sum_{i=1}^{N-m\tau} a(i, m) \tag{9-7}$$

并定义从 m 到 $(m+1)$ 维的变化为

$$E_1(m) = E(m+1) / E(m) \tag{9-8}$$

当 $E_1(m)$ 的函数曲线不随 m 变化而改变即达到饱和时，此时 $m+1$ 的值即最小的嵌入维数。为了区别确定性信号和随机信号，在此定义一个新的参数：

$$E^*(m) = \frac{1}{N - m\tau} \sum_{i=1}^{N-m\tau} \left| x_{i+m\tau} - x_{n(i,m)+m\tau} \right| \tag{9-9}$$

$$E_2(m) = E^*(m+1) / E^*(m) \tag{9-10}$$

在应用中可能会面临随机序列 $E_1(m)$ 随着 m 的增加同样达到饱和，在这种情况下可

以用 $E_2(m)$ 加以区分，因为随机序列的 $E_2(m)$ 的值在 m 变化时始终在 1 左右，而混沌序列的 $E_2(m)$ 在 m 变化时不可能保持恒定。

9.2　混沌系统表征

混沌特征参数能够对混沌系统进行定量描述，目前用于表征混沌系统的常用参数有 Lyapunov 指数、分形维数以及 Kolmogorov 熵，经过近些年的不断发展，特征值的求解已经形成较为成熟的理论框架与方法。

9.2.1　Lyapunov 指数

混沌运动的基本特征是对初始条件的敏感性，两个邻近的初始值产生的轨迹随时间呈指数方式分离，Lyapunov 指数就是定量描述轨迹随时间分离或靠拢程度的量。

在一维动力系统 $x_{n+1} = F(x_n)$ 中，对于给定初始两点经过迭代后将呈现出不同结果，迭代结果由 $|\mathrm{d}F/\mathrm{d}x|$ 决定：

$$|\mathrm{d}F/\mathrm{d}x| \begin{cases} >1, & \text{迭代使两点分离} \\ <1, & \text{迭代使两点靠拢} \end{cases}$$

在迭代过程中 $|\mathrm{d}F/\mathrm{d}x|$ 不停变化并导致两点不断地分离和靠拢。为了从宏观上得到两轨迹的变化状况，取时间的平均值来描述。设 λ 为平均每次迭代过程中的分离指数，则对于初始距离为 ε 的两点经过 n 次迭代后的距离为

$$\varepsilon \mathrm{e}^{n\lambda(x_0)} = \left| F^n(x_0 + \varepsilon) - F^n(x_0) \right| \tag{9-11}$$

对等式进行对数变化后取极限得

$$\begin{aligned} \lambda(x_0) &= \lim_{n\to\infty} \lim_{\varepsilon\to 0} \frac{1}{n} \ln \left| \frac{F^n(x_0 + \varepsilon) - F^n(x_0)}{\varepsilon} \right| \\ &= \lim_{n\to\infty} \frac{1}{n} \ln \left| \frac{\mathrm{d}F^n(x)}{\mathrm{d}x} \right|_{x=x_0} \end{aligned} \tag{9-12}$$

式(9-12)通过计算可简化为

$$\lambda = \lim_{n\to\infty} \frac{1}{n} \sum_{i=0}^{n-1} \ln \left| \frac{\mathrm{d}F(x)}{\mathrm{d}x} \right|_{x=x_0} \tag{9-13}$$

式(9-13)中的 λ 即原动力系统的 Lyapunov 指数，λ 的大小与初始值的选取并无关系，它表示系统中平均每次迭代的分离指数。

由式(9-13)可得，若 $\lambda<0$，则表明相邻点逐渐靠拢最终合并成一点，运动轨道在局部是稳定的，这对应于稳定的不动点和周期运动；若 $\lambda>0$，则表示相邻点最终要分开，因此运动轨道呈现局部不稳定，如果轨道还有整体性的稳定因素，则在此作用下运动轨迹经过反复"折叠"最终会形成混沌吸引子。因此，$\lambda>0$ 可作为系统混沌行为的

一个判据。

目前，Lyapunov 指数的计算方法主要有两类：雅可比方法 (Jacobian method) 和以 Wolf 法为代表的直接方法 (direct method)[9]。在实际应用中，Wolf 法比雅可比方法在计算 Lyapunov 指数时应用更为广泛，但 Wolf 法在计算过程中对数据的要求更严格且计算需要较长的时间，在此基础上 Michael.T.Rosenstein 对算法进行改进，改进后的算法对小数据组比较可靠且稳定，因此又称为小数据量方法，其算法如下。

设有混沌时间序列 $\{x_1, x_2, \cdots, x_N\}$，时间延迟为 τ，嵌入维数为 m，相空间重构得

$$Y_i = (x_i, x_{i+\tau}, \cdots, x_{i+(m-1)\tau}) \in \mathbf{R}^m, \quad i = 1, 2, \cdots, M \tag{9-14}$$

式中，嵌入维 m 根据 Cao's 算法来选取；延迟时间 τ 根据互信息法选取。

在相空间重构后，找到所给轨迹上各点的最邻近点，即

$$d_j(0) = \min_{X_j} \|Y_i - Y_j\| \tag{9-15}$$

$$|i - j| > p \tag{9-16}$$

式中，p 为时间序列的平均周期，它可以根据快速傅里叶变换求得，因此最大 Lyapunov 指数通过基本轨道上每个点的最邻近点的平均发散速率就能得到。

Sato 等提出的最大 Lyapunov 指数公式为

$$\lambda_1(i) = \frac{1}{i\Delta t} \frac{1}{M-i} \sum_{j=1}^{M-i} \ln \frac{d_j(i)}{d_j(0)} \tag{9-17}$$

式中，Δt 为样本周期；$d_j(i)$ 为轨迹上第 j 对最邻近点对在 i 个离散时间步长后的距离。

Sato 等对原公式改进后得到更加精确的估计公式：

$$\lambda_1(i,k) = \frac{1}{k\Delta t} \frac{1}{M-k} \sum_{j=1}^{M-k} \ln \frac{d_j(i+k)}{d_j(i)} \tag{9-18}$$

式中，k 为常数，最大 Lyapunov 指数的几何意义是表征初始轨道的指数发散程度的量，综合 Sato 等的估计表达式可以得到

$$d_j(i) = C_j \mathrm{e}^{\lambda_1 (\Delta t)}, \quad C_j = d_j(0) \tag{9-19}$$

方程两边取对数，得

$$\ln d_j(i) = \ln C_j + \lambda_1(i\Delta t), \quad j = 1, 2, \cdots, M \tag{9-20}$$

用最小二乘法拟合获得方程 (9-20) 的斜率可以近似表示最大 Lyapunov 指数的值，即

$$y(i) = \frac{1}{\Delta t} \langle \ln d_j(i) \rangle \tag{9-21}$$

式中，$\langle \cdot \rangle$ 表示取平均值。

9.2.2　分形维数

混沌吸引子的轨迹在空间不停地拉伸与折叠，其图形呈现自相似性，且其维数比相

空间的维数小。所以，混沌吸引子可以用分形维数表述，而关联维数能够定量刻画混沌吸引子的奇异程度。1983 年，Grassberger 和 Procaccia 提出了由时间序列计算吸引子关联维的 G-P 算法，其步骤如下。

第一步：重构 n 维混沌系统，使得奇异吸引子的构成为

$$y_i = (x_j, x_{j+\tau}, \cdots, x_{j+(n-1)\tau}) \tag{9-22}$$

第二步：计算重构点之间的距离：

$$\left| y_i - y_j \right| = \max_{1 \leqslant k \leqslant n} \left| y_{ik} - y_{jk} \right| \tag{9-23}$$

第三步：设重构相空间有 N 个点，计算其中有关联的点（距离小于给定整数 r 的点）的对数，对于 N^2 种可能配对中，关联点所占比例即关联积分：

$$C(r) = \frac{1}{N^2} \sum_{i,j=1}^{N} \theta\left(r - \left| y_i - y_j \right| \right) \tag{9-24}$$

式中，θ 为 Heaviside 单位函数，即

$$\theta(x) = \begin{cases} 0, & x \leqslant 0 \\ 1, & x > 0 \end{cases} \tag{9-25}$$

第四步：关联积分存在如下关系：

$$\lim_{r \to 0} C(r) \propto r^D \tag{9-26}$$

式中，D 为关联维数，合理地选取 r 值使得 D 可以描述混沌吸引子的自相似结构，则

$$D_{\text{G-P}} = \frac{\ln C_n(r)}{\ln r} \tag{9-27}$$

对于不同的 m 值，$\ln C_n(r) \sim \ln r$ 呈现不同的曲线，通过最小二乘法拟合曲线中的直线段，可获得直线斜率 $D_{\text{G-P}}$。在确定的混沌系统中，当斜率 $D_{\text{G-P}}$ 随 m 的变化而趋于饱和时，此时的 $D_{\text{G-P}}$ 即关联维数 D。而在随机序列中，$D_{\text{G-P}}$ 随着 m 的增加并不饱和。由此，可用关联维数来判断时间序列是随机的还是混沌的。

9.2.3　Kolmogorov 熵

Kolmogorov（简称为 K）熵可用来度量系统运动的混乱或无序程度，不同系统中的 K 值不同。K 值可以粗略度量系统运动状态的类型：$K = 0$ 时，对应规则运动，产生确定性的周期信号；$K \to \infty$ 时，对应随机运动，产生随机信号；$K > 0$ 时，系统为混沌系统，且 K 熵越大系统越混沌。

在实际应用中，由于熵的计算需要很多数据，因此对于微分方程未知的系统，熵很难计算，通常用 2 阶任意熵 K_2 作为 K 的估计，具体算法如下。

对于一维时间序列 $\{x_i | i = 1, 2, \cdots, N\}$，设重构参数为 m、τ，则相空间重构后得到向量：$X_i = (x_i, x_{i+\tau}, x_{i+2\tau}, \cdots, x_{i+(m-1)\tau})$，$i = 1, 2, \cdots, N_m$，从中任选一点 X_i，计算其到其余各点之间的欧几里得距离：

$$r_{ij} = d(X_i - X_j) = \left[\sum_{l=1}^{m} (x_{i+l\tau} - x_{j+l\tau}) \right]^{1/2} \tag{9-28}$$

将距离小于 r 的点个数在全部点中所占比例称为关联积分, 记为 $C_m(r)$:

$$C_m(r) = \frac{1}{N^2} \sum_{i,j=1}^{N} \theta(r - |x_i - x_j|) \tag{9-29}$$

则 K_2 可表示为

$$K_{2,m}(r) = \frac{1}{\Delta m} \ln \frac{C_m(r)}{C_{m+\Delta m}(r)} \tag{9-30}$$

$$K_2 = \lim_{\substack{r \to 0 \\ m \to \infty}} K_{2,m}(r) \tag{9-31}$$

当 $K_{2,m}(r)$ 随着 m 值的增大逐渐达到饱和时, 此时的饱和值即所要求的 K_2 熵。

9.3　PD 混沌特性及其特征量提取

局部放电特征是用于表征某种放电类型并区别于其他放电类型的特定信息的集合, 因其可以表示某种放电属性, 故可以用于识别、推断出对应的放电类型。传统的特征提取主要有两种方式: 一种是通过映射把高维数据压缩到低维获得较少的新特征; 另一种是从原始数据中直接选取最具代表性的数据作为特征量, 其本质都是实现数据的压缩, 从而便于分类器的设计、识别。研究表明, 局部放电并不是一个完全的随机过程, 而在放电过程中存在混沌行为, 因此有必要对局部放电进行混沌分析并提取不同模型局部放电的混沌特征量[10]。首先通过实验数据采样获得 PD 信号时间序列, 然后引入混沌理论对 PD 信号时间序列进行分析、判别, 并提取其混沌特征参数(Lyapunov 指数、关联维数、K 熵等)。

9.3.1　实验模拟的 PD 信号

根据 3.3 节所述, 本节采集了 90s 时长的五种模型 PD 信号(图 9-1), 从图中能够直观地看出不同模型的 PD 信号有明显差异。

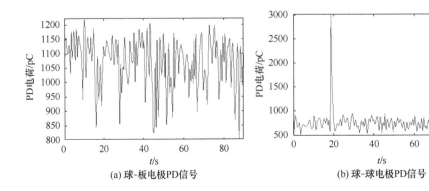

(a) 球-板电极PD信号　　　　　　　　　(b) 球-球电极PD信号

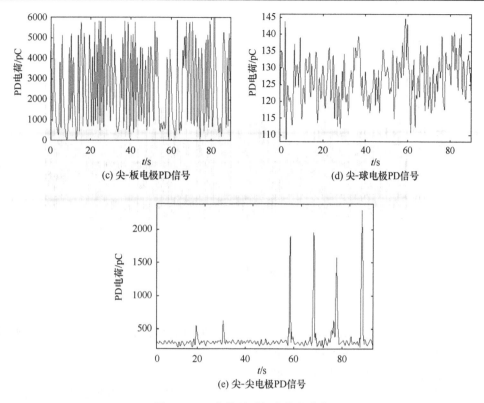

(c) 尖-板电极PD信号　　　　　　　　　　(d) 尖-球电极PD信号

(e) 尖-尖电极PD信号

图 9-1　PD 信号随时间变化的曲线

9.3.2　PD 信号混沌特性

根据混沌理论以及混沌现象的特征参数的计算方法,本节分析印证 PD 信号蕴含的内在动力学运动机制,并架构 PD 信号模式特征空间。

1.PD 信号的混沌时间序列选取

为了研究局部放电混沌特性,必须先获取等时间距离采样的 PD 信号时间序列。采样时,从图 9-1 所示 PD 信号随时间变化的曲线上每 0.01s 采样一次获得相应的放电值,依次采集 90s 内共 9000 个点数,并由此获得五种放电模式下的全部 PD 信号时间序列图。图 9-2 为采样得到的球-板电极 PD 信号时间序列图。由于数据点数很多,绘图时只截取了其中一部分。

基于现代信号分析理论,在 PD 信号数据分析前,首先对其信号的时间序列进行归一化处理,对于已知的 PD 信号时间序列 $\{y_i | i = 1, 2, \cdots, N\}$,其归一化公式为

$$x_i = \frac{y_i - y_{\min}}{y_{\max} - y_{\min}}, \quad i = 1, 2, \cdots, N \tag{9-32}$$

式中,$y_{\min}$ 和 $y_{\max}$ 分别为时间序列中的最小值和最大值。

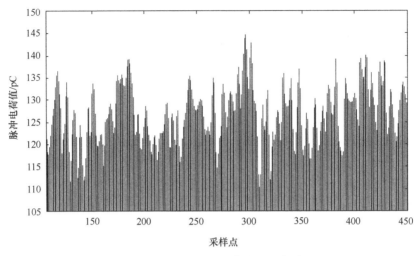

图 9-2　球-板电极 PD 信号时间序列

2. PD 信号的混沌吸引子

混沌现象的判断方法主要有庞加莱截面法、功率谱分析法和特征量法等，而吸引子可以定性分析 PD 信号时间序列的混沌特性。

吸引子用于描述相空间重构后空间点的运动轨迹，能够对系统的混沌行为进行定性分析，当吸引子呈现非周期的无序稳态的运动形态时，吸引子为奇异吸引子，对应于混沌系统。根据式(9-1)对五种模型的 PD 信号时间序列相空间重构，由重构的相空间矢量获得的吸引子如图 9-3 所示。

由图 9-3 可以看出，吸引子呈现出一种非周期的无序稳态的运动形态，且其运动轨迹具有自相似性，因此所得吸引子为奇异吸引子，这也验证了 PD 信号时间序列具有混沌特性。

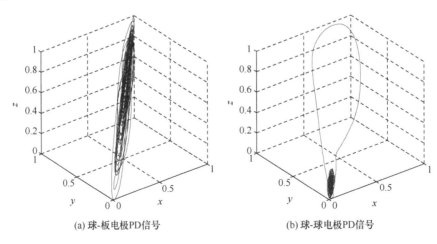

(a) 球-板电极PD信号　　　　　　　　　　(b) 球-球电极PD信号

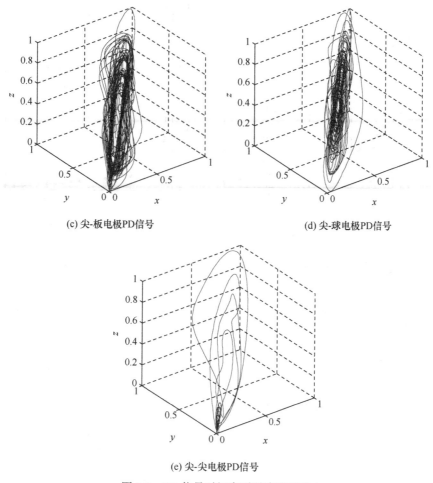

(c) 尖-板电极PD信号　　　　　　　　　　(d) 尖-球电极PD信号

(e) 尖-尖电极PD信号

图 9-3　PD 信号时间序列混沌吸引子

9.3.3　PD 混沌特征量及其提取

根据混沌系统理论和 PD 信号的混沌特性，采用混沌系统参数的计算方法挖掘出 PD 信号中的混沌特性参数，并从中提取且构建其模式特征向量空间。

1. 相空间重构参数

为了使时间序列中的信息充分表现出来，需要将时间序列扩展到高维相空间中，延迟时间和嵌入维数的合理选择对混沌特征参数的计算至关重要。

1) 延迟时间

互信息法在计算过程中考虑了时间序列的非线性特性，且可以用于高维混沌系统。虽然计算过程比较复杂，但其计算结果比自相关法显著提高，因此采用互信息法计算。首先根据式(9-2)作出 $I(\tau)$ 随 τ 变化的曲线图，当 $I(\tau)$ 首次出现极小值时的 τ 即延迟时间，由此可以计算出相应的延迟时间。图 9-4 为根据五种放电模型的 PD 信号时间序列计算得到的延迟时间函数曲线，计算结果如表 9-1 所示。

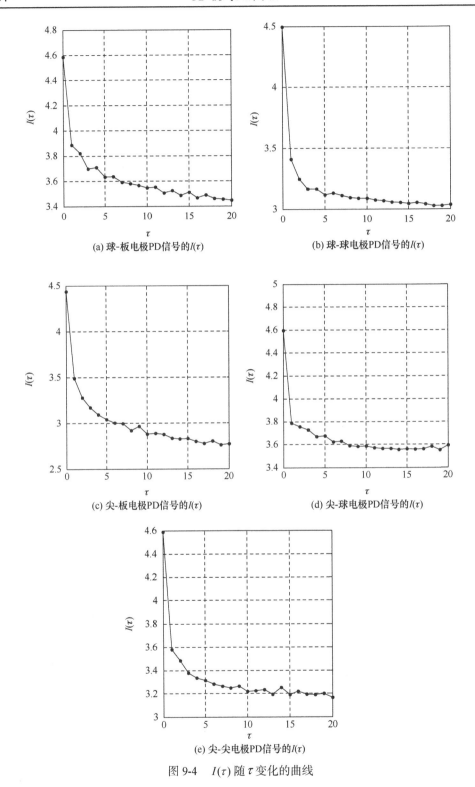

(a) 球-板电极PD信号的$I(\tau)$　　　　　　(b) 球-球电极PD信号的$I(\tau)$

(c) 尖-板电极PD信号的$I(\tau)$　　　　　　(d) 尖-球电极PD信号的$I(\tau)$

(e) 尖-尖电极PD信号的$I(\tau)$

图 9-4　$I(\tau)$ 随 τ 变化的曲线

表 9-1　五种放电类型的延迟时间

PD 放电类型	球-板电极	球-球电极	尖-板电极	尖-球电极	尖-尖电极
延迟时间 τ	3	5	8	4	8

同理，根据互信息法可以计算得到全部数据的延迟时间。

2) 嵌入维数

为了在嵌入维空间把有规律的吸引子恢复出来，而又尽可能地减少噪声的影响以及计算量，因此要合理地选择嵌入维数。研究表明，当 m 值足够大时，混沌信号将出现饱和现象，此时相关维数基本维持不变，根据这一规律来计算嵌入维数称为饱和关联维数法。通过饱和关联维中的 Cao's 方法计算嵌入维数，当 $E_1(m)$ 的函数曲线不随 m 改变即达到饱和时，此时 $m+1$ 的值即最小的嵌入维数。图 9-5 为根据式 (9-8) 与式 (9-10) 计算五种模型 PD 信号时间序列时获得的 $E_1(m)$ 和 $E_2(m)$ 随 m 变化的曲线图。计算所得结果如表 9-2 所示。同时，从 $E_2(m)$ 的波动情况可以判断此 PD 信号时间序列为混沌序列。

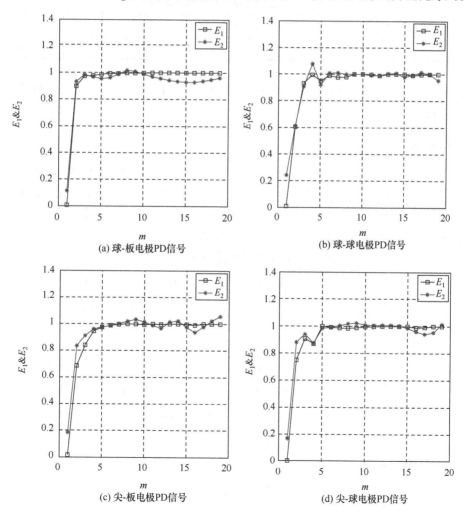

(a) 球-板电极PD信号　　　　　(b) 球-球电极PD信号

(c) 尖-板电极PD信号　　　　　(d) 尖-球电极PD信号

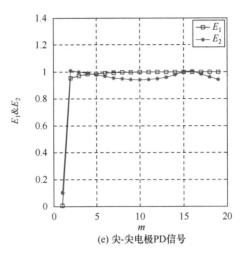

(e) 尖-尖电极PD信号

图 9-5 Cao's 方法计算的嵌入维数 m

表 9-2 五种放电类型的嵌入维数

放电类型	球-板	球-球	尖-板	尖-球	尖-尖
嵌入维数 m	8	6	7	5	6

同理,运用 Cao's 法分别对采集的五种放电类型的 PD 信号时间序列进行计算可得到相应的嵌入维数。

2. Lyapunov 指数

Lyapunov 指数定量地反映了混沌运动对初始条件的敏感程度。根据 Lyapunov 指数大小可以判断系统是否混沌,当 Lyapunov 指数大于 0 时,可以认为系统是混沌的。在实际应用中,通常计算的是时间序列的最大 Lyapunov 指数。采用小数据量法计算所采集的 PD 信号时间序列的最大 Lyapunov 指数,具体步骤如下。

(1)根据已求得的相空间重构参数 τ 和 m 进行相空间重构:

$$X_j = (x_j, x_{j+\tau}, x_{j+2\tau}, \cdots, x_{j+(m-1)\tau}), \quad j = 1, 2, \cdots, N-(m-1)\tau \tag{9-33}$$

(2)计算给定轨迹上每个相点 X_j 的最邻近点 X_k,并限制短暂分离,即

$$d_j(0) = \min_k \left\| X_j - X_k \right\|, \quad |j-k| > p \tag{9-34}$$

式中,$\|\cdot\|$ 为欧几里得距离;p 为平均周期,可通过快速傅里叶变换(FFT)求得。

(3)对相空间中的任一点 X_j,求出该邻点对的 i 个离散时间步后的距离 $d_j(i)$:

$$d_j(i) = \left\| X_{j+i} - X_{k+i} \right\|, \quad i = 1, 2, \cdots, \min(n-j, n-k) \tag{9-35}$$

式中,$n = N-(m-1)\tau$ 为相空间中相点总数。

(4)对于每个 i,求出所有 j 的 $\ln d_j(i)$ 的平均 $y(i)$,即

$$y(i) = \frac{1}{q} \sum_{i=1}^{M} \ln d_j(i) \tag{9-36}$$

式中，q 为非零 $d_j(i)$ 的数目。

(5)运用最小二乘法进行拟合，得到的直线斜率即最大 Lyapunov 指数 λ。

用小数据量法对五种模型的 PD 信号时间序列进行求解，结果如图 9-6 所示。

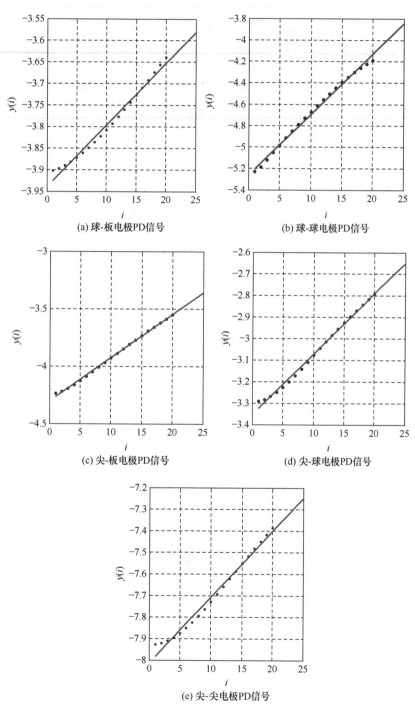

(a) 球-板电极PD信号　　　　　　　(b) 球-球电极PD信号

(c) 尖-板电极PD信号　　　　　　　(d) 尖-球电极PD信号

(e) 尖-尖电极PD信号

图 9-6　小数据量法求得的最大 Lyapunov 指数

拟合后得到各组数据的最大 Lyapunov 指数。表 9-3 给出了利用小数据量法计算图 9-6 中五种电极模型的 PD 信号时间序列的最大 Lyapunov 指数结果。

表 9-3　五种放电类型最大 Lyapunov 指数

放电类型	球-板	球-球	尖-板	尖-球	尖-尖
λ	0.0144	0.0566	0.0258	0.0215	0.0302

从表 9-3 中可以看出，五种放电类型的 PD 信号时间序列的最大 Lyapunov 指数全部大于零，这进一步验证了实验模型间隙 PD 信号的时间序列具有混沌特性。

3.关联维数

关联维数表征了混沌系统运动的奇异程度，通过 G-P 算法计算五种模型 PD 信号时间序列的关联维数，由式 (9-27) 得到 $\ln C(r) - \ln(r)$ 曲线的拟合斜率随嵌入维数的变化如图 9-7 所示。当斜率随 m 变化而趋于饱和时，其纵坐标值即关联维数 D。

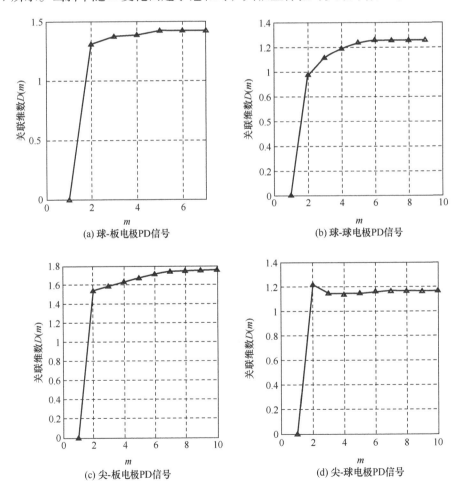

(a) 球-板电极PD信号　　　　　　　　(b) 球-球电极PD信号

(c) 尖-板电极PD信号　　　　　　　　(d) 尖-球电极PD信号

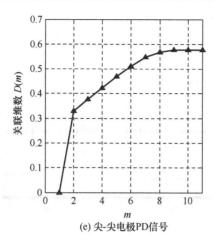

(e) 尖-尖电极PD信号

图 9-7　五种放电模型 PD 信号的关联维数 D

表 9-4 为根据 G-P 算法计算所得五种放电模型 PD 信号时间序列的关联维数，结果与图 9-7 所示完全吻合。

表 9-4　五种放电模型 PD 信号的关联维数 D

放电类型	球-板	球-球	尖-板	尖-球	尖-尖
关联维数 D	1.4239	1.2613	1.7481	1.1646	0.5776

4. Kolmogorov 熵

根据 9.2.3 节 Kolmogorov 熵算法，得到五种放电模型 PD 信号时间序列的 K 值随嵌入维数 m 变化的曲线如图 9-8 所示，计算结果如表 9-5 所示。

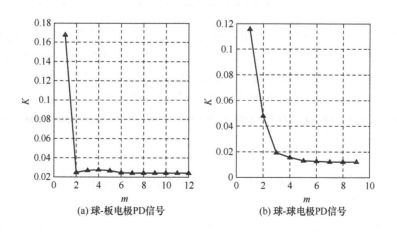

(a) 球-板电极PD信号　　　　　　　(b) 球-球电极PD信号

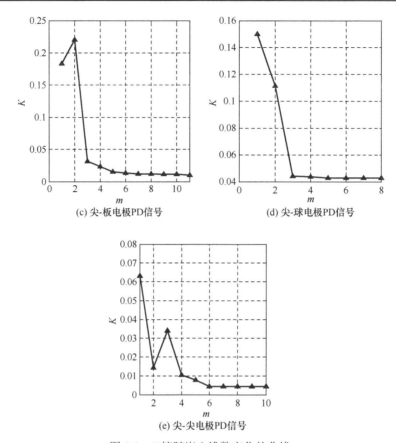

(c) 尖-板电极PD信号   (d) 尖-球电极PD信号

(e) 尖-尖电极PD信号

图 9-8 K 熵随嵌入维数变化的曲线

表 9-5 五种放电模型 PD 信号的 K 熵

放电类型	球-板	球-球	尖-板	尖-球	尖-尖
K 熵	0.0241	0.0122	0.0100	0.0429	0.0044

综上所述，本节首先根据电极间隙电场不均匀程度构建了五种局部放电模型，在搭建的信号采集系统上，应用脉冲电流法提取了五种 PD 模型的 PD 信号随时间变化的曲线。然后通过等距离采样得到混沌时间序列并将其归一化处理，应用混沌理论分析混沌时间序列得到其混沌吸引子并定性地印证了 PD 信号时间序列具有混沌特性。最后从混沌序列中求得相空间重构参数，在此基础上进一步计算得到 Lyapunov 指数、分形维数和 Kolmogorov 熵等混沌特征参数。

9.4 基于混沌特征的 PD 模式识别

人工神经网络(ANN)所具有的非线性特征、多种并行分布结构及其较强的学习能力、归纳能力，使之在模型构建、模式分类识别、图像处理、时间序列分析以及自动控制等诸多领域得到应用。特别是针对缺乏物理统计分析、采集数据中包含统计变化和由非线性因素产生的数据等复杂问题，神经网络都可以很好地解决。对 PD 信号时间序列进行特征量提取的最终目的就是用神经网络识别特征量对应的放电缺陷类型，为局部放电在实际中的检测提供理论依据。

目前用于模式识别的人工神经网络主要有 BP 神经网络、自组织竞争神经网络、径向基神经网络、遗传神经网络和小波神经网络。网络的拓扑结构及分类算法是模式识别的关键。三层和三层以上的神经网络具有对非线性函数自适应的逼近能力，因此采用三层 BP 神经网络作为模式识别分类器。众多案例表明，BP 神经网络具有出色的记忆能力，包含多种学习算法，其在局部放电模式识别中也得到广泛应用并取得很好的效果。

本节将五种放电模型的 PD 信号时间序列的混沌特征参数以及相空间重构参数作为神经网络输入向量进行 PD 信号模式识别，并以此甄别局部放电类型。同时，用神经网络对 PRPD 模式下提取的指纹图谱进行识别，其结果与混沌特征参数的识别结果进行比较分析。然后综合使用混沌特征参数以及指纹图谱作为输入特征量进行识别，以便获得最优的识别效果。

9.4.1　BP 神经网络设计

神经网络是一个非常复杂的系统，根据其基本原理，应用 MATLAB7.0 神经网络工具箱对 BP 神经网络结构进行设计，并应用提取的 PD 信号特征量对网络进行学习训练和模式识别。网络输入层神经元的数目由输入特征量的维数决定，选择一个隐层的 BP 神经网络，其隐层神经元的数目由 Kolmogorov 定理确定：当输入层神经元为 m 个时，隐层神经元数目应为 $2m+1$；隐层传递函数为 TANSIG 型：$f(x)=(e^x-e^{-x})/(e^x+e^{-x})$。输出层神经元数目由输入的模式种类决定，输出层传递函数也是 TANSIG 型。由于有五种 PD 模式，故网络输出层神经元个数为 5，其目标输出向量如表 9-6 所示。

表 9-6　目标输出向量

PD 模型	Y_1	Y_2	Y_3	Y_4	Y_5
球-板	1	0	0	0	0
球-球	0	1	0	0	0
尖-板	0	0	1	0	0
尖-球	0	0	0	1	0
尖-尖	0	0	0	0	1

训练函数采用带动量的自适应速率调整梯度下降法，即神经网络工具箱中的'traingdx'函数。其算法的数学表达式为

$$dX = mc \cdot dXprev + lr \cdot mc \cdot dperf / dX \tag{9-37}$$

式中，mc 为动量因子，其值通常为 0.9~1；$dXprev$ 为上一步权值变化量；lr 为学习速率；$dperf/dX$ 表示误差函数对权值的导数。在训练过程中，若误差降低到设定的目标值以下，则使学习速率增大 lr_inc，所增大的学习速率 lr_inc 一般小于最大误差增加因子 $\max\_perf\_inc$；若 lr_inc 过大，则学习速率要相应减小 lr_dec 使其不超过

max_$perf$_inc。由此构建的 BP 神经网络结构如图 9-9 所示。

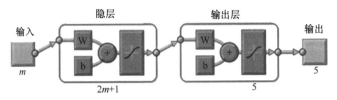

图 9-9　BP 神经网络结构

9.4.2　识别结果

　　根据混沌理论选取相空间重构参数嵌入维数 m、延迟时间 τ 以及三个特征参数：最大 Lyapunov 指数 λ、关联维数 D 和 Kolmogorov 熵作为神经网络的输入特征量。识别过程中共提取每种放电类型下输入样本 60 组共计 300 组数据，其中每种放电类型各选择 20 组作为神经网络的训练样本，剩下 40 组作为测试样本。部分基于混沌理论的 PD 模式特征量如表 9-7 所示。

表 9-7　CAPD 特征量

放电类型	输入特征量				
	延迟时间	嵌入维数 m	Lyapunov 指数	K 熵	关联维数 D
球-板放电	15		0.0133	0.0241	1.497
	15	6	0.0272	0.0311	1.4043
	10	9	0.0217	0.0282	1.2558
	10	6	0.0236	0.0278	1.4056
	6	7	0.0235	0.034	1.422
球-球放电	5	5	0.0113	0.0122	1.2613
	3	10	0.0273	0.0144	1.1709
	2	12	0.0159	0.0056	1.237
	5	6	0.0242	0.0134	1.2533
	13	5	0.0102	0.0025	1.2048
尖-板放电	8	7	0.0158	0.0198	1.7481
	4	6	0.0091	0.0209	1.6386
	4	8	0.0126	0.0229	1.9662
	12	15	0.0024	0.0184	1.8601
	4	14	0.0132	0.0274	2.1255
尖-球放电	7	5	0.0115	0.0129	1.2121
	6	7	0.0076	0.0162	1.3132
	9	6	0.0062	0.0239	1.1357
	5	8	0.0145	0.0257	1.3593
	7	11	0.0088	0.0085	1.2225

续表

放电类型	输入特征量				
	延迟时间	嵌入维数 m	Lyapunov 指数	K 熵	关联维数 D
	8	8	0.0302	0.0102	0.5025
	6	5	0.0362	0.0132	0.6849
尖-尖放电	7	5	0.0325	0.0215	0.6146
	9	5	0.0369	0.0102	0.9283
	8	6	0.0387	0.015	0.5161

将提取的 5 组具有混沌特性的 PD 特征量作为网络的训练样本，采用神经网络工具箱中的 BP 神经网络进行模式识别，其结构为：输入层神经元个数对应于输入特征量嵌入维数 $m = 5$；一个隐层包含 $2m+1=11$ 个隐层元；输出层有 5 个神经元节点。隐层、输出层的传递函数均采用 TANSIG 型：

$$f(n) = \frac{e^n - e^{-n}}{e^n + e^{-n}} \tag{9-38}$$

设定网络的最大训练次数为 5000 次，网络的学习误差精度为 0.001，学习速率为 $lr = 0.01$，动量因子 mc 为 0.9。从每种放电样本中各选 20 组样本训练 BPNN，训练函数采用 "traingdx" 函数，训练所得误差曲线见图 9-10。

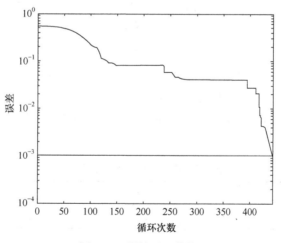

图 9-10　训练误差曲线

由图 9-10 可以看出，网络快速下降，当网络进行 443 次训练后，误差达到 0.001 小于设定的目标误差，满足训练要求。应用训练后的 BPNN 对 40×5 组样本进行检验和识别，结果如表 9-8 所示。

表 9-8　CAPD 特征量识别结果

放电类型	球-板	球-球	尖-板	尖-球	尖-尖	总体
识别率	97.5%	80%	85%	82.5%	90%	87%

由表 9-8 可知，采用混沌分析方法提取的特征量作为输入时，BP 神经网络的总体识别率达到 87%。五种放电模式中，球-板放电的识别率最高，为 97.5%；尖-尖放电次之，为 90%；而球-球放电的识别效果相对较差，为 80%。

9.4.3 基于指纹图谱特征的 PD 模式识别

采用第 3 章所述的 PD 信号统计方法，从 PRPD 模式下的 φ-q-n 三维谱图中提取指纹特征参数，分别为 S_k^+、K_u^+、A、cc 和 P_f。选择与 CAPD 模式识别相同结构的 BP 神经网络用指纹图谱特征量对其五种类别进行分类[11]。每类 PD 样本中选 20 组训练 BPNN，训练误差曲线如图 9-11 所示。

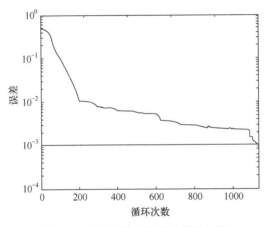

图 9-11　指纹图谱识别训练误差曲线

由图 9-11 可以看出，网络经 1143 次训练后，误差降低到目标误差以下，与图 9-10 对比可知，指纹图谱特征量的训练次数不但比 CAPD 的训练次数多，而且训练所耗费的时间也长。将指纹图谱特征量的测试样本和检验样本分别对此网络进行识别分类检验，结果如表 9-9 所示。

表 9-9　指纹图谱特征量识别结果

放电类型	球-板	球-球	尖-板	尖-球	尖-尖	总体
识别率	90%	85%	92.5%	80%	77.5%	85%

由表 9-9 可知，采用指纹图谱特征量作为输入时，BP 神经网络的总体识别率达到 85%。五种放电模式中，尖-板和球-板放电 PD 的识别率分别为 92.5% 和 90%，而尖-尖放电的识别效果较差，仅为 77.5%。

对比表 9-8 和表 9-9 可以看出，通过 CAPD 获得的特征量与 PRPD 方法获得的指纹图谱特征量的识别结果比较接近，CAPD 获得的特征量对尖-尖及球-板电极的识别结果具有明显的优越性，神经网络对各种放电类型的识别率虽不相同，但总体识别率非常相近，因此两种类型的特征量均可用于局部放电模式识别，且可以互补。

9.4.4　特征量综合识别结果

为了充分利用所提取特征量以提高五种放电类型的识别率，综合选取 CAPD 方法获得的混沌特征量和 PRPD 方法获得的指纹图谱特征量作为 BP 神经网络的输入特征量。特征量的选取方法根据基于类的可分性准则[12]，从两类特征量中分别选取类间距离大而类内方差小的参数：在混沌特征参数中选取最大 Lyapunov 指数、关联维数和 K 熵三个参数，在指纹图谱特征参数中选取 S_k^+、K_u^+ 和 A 三个参数，由两种模式下的特征参数共同组成新的特征量。

由 Kolmogorov 定理可知，此时 BP 神经网络的隐层神经元数为 13。将综合特征量训练样本 20 组输入神经网络，得到其训练误差曲线如图 9-12 所示。

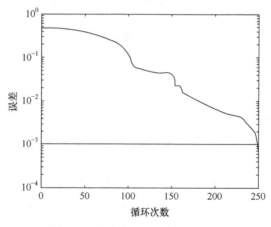

图 9-12　综合特征量训练误差曲线

从图 9-12 可以看出，网络经 250 次训练后，误差达到目标误差及以下，与图 9-10 和图 9-11 对比可知，综合特征量的训练次数及训练时间要比混沌特征量和指纹图谱特征量的步数及时间少得多，且收敛速度更快。网络经过样本的测试和检验，最终结果如表 9-10 所示。

表 9-10　综合特征量识别结果

放电类型	球-板	球-球	尖-板	尖-球	尖-尖	总体
识别率	100%	95%	97.5%	92.5%	95%	96%

由表 9-10 可知，采用 PD 综合特征量作为 BP 输入时，五种 PD 信号的模式识别率很高，总体识别率达 96%；其中，球-板的识别率最高，可达 100%，尖-板放电的识别率次之，尖-球放电的识别率最低，为 92.5%。

为了直观对比综合特征量、混沌特征量以及指纹图谱特征量的识别效果，将三种特征量的识别结果绘制成直方图，如图 9-13 所示。

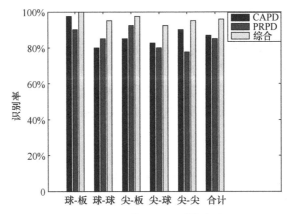

图 9-13　三种特征量识别结果对比

通过图 9-13 对三种方法提取的特征量识别结果进行对比可知，基于综合特征量的局部放电模式识别对五种 PD 模式类的识别率均显著提高。综合特征量应用于五种 PD 信号模式识别更为合理，原因可能是不同特征参数组合后使得各种放电类型的类间距离增大而类内距离减小，从而使其具有更明显的分类效果。

综上所述，为了更好地利用 PD 信号脉冲之间的关联信息，探索 PD 信号蕴含的内在动力学运动机制，本章基于混沌理论和方法，分析了五种局部放电模型产生的 PD 信号，通过混沌理论对 PD 信号时间序列进行分析，得到五种 PD 模型的 PD 信号时间序列的混沌吸引子，印证了 PD 信号时间序列具有混沌特性，同时获得了 PD 信号的相空间重构参数、最大 Lyapunov 指数、关联维数和 K 熵混沌特征参数。另外，本章对比印证了基于 BP 神经网络的 PD 信号的混沌特征、指纹特征和混合特征的模式识别效果，结果表明 PD 信号的混沌特征、指纹特征的模式识别率处于同一数量级，但是将混沌和指纹构成联合特征的 PD 信号模式识别率显著提高，验证了联合特征优越性。

参 考 文 献

[1] 黄润生, 黄浩. 混沌及其应用[M]. 武汉: 武汉大学出版社, 2005.
[2] DISSADO L A, SUZUOKI Y, KANEIWA H. Are partial discharges in artificial tubes chaotic[C]. Proceedings of the 7th international conference on IEEE, 2003, 3: 871-874.
[3] LUO Y F, JI H Y, HUANG P, et al. Chaotic characteristics of time series of partial discharges in oil-paper insulation and their applications in pattern recognition[J]. Przegląd Elektrotechniczny, 2011, 87(7): 219-224.
[4] CHEN X R, XU Y, CAO X L. Nonlinear time series analysis of partial discharges in electrical trees of XLPE cable insulation samples[J]. IEEE transactions on dielectrics and electrical insulation, 2014, 21(4): 1455-1461.
[5] 吕金虎, 陆君安, 陈士华. 混沌时间序列分析及其应用[M]. 武汉: 武汉大学出版社, 2002.
[6] 王兴元. 复杂非线性系统中的混沌[M]. 北京: 电子工业出版社, 2003.
[7] SCHOUTEN J C, TAKENS F, VAN DEN BLEEK C M. Maximum-likelihood estimation of the entropy of an attractor[J]. Physical review E, 1994, 49(1): 126.
[8] 雷绍兰. 基于电力负荷时间序列混沌特性的短期负荷预测方法研究[D]. 重庆: 重庆大学, 2005.
[9] 郑殿春. 基于 BP 网络的局部放电模式识别[D]. 哈尔滨: 哈尔滨理工大学, 2005.

[10] ZHAO C J. Research of expression recognition base on optimized BP neural network[C]. The 16th international conference on industrial engineering and engineering management, 2009, 2(4): 21-23.

[11] 侯佩景. 局部放电混沌特征量提取及其模式识别方法[D]. 哈尔滨: 哈尔滨理工大学, 2016.

[12] 边肇祺, 张学工. 模式识别[M]. 2 版. 北京: 清华大学出版社, 2000.

第 10 章 基于 PSO 优化的 PD 模式识别

粒子群(particle swarm optimizer，PSO)算法是一种群进化算法，其特点是能在全局内寻优，其收敛的速度较快，只要能给定适应度值，对于离散或者连续的问题都能求解。PSO 算法不需要梯度信息[1]，运用 PSO 优化的神经网络训练过程可以克服神经网络使用梯度下降算法容易陷入局部最小值的问题，不但增强了神经网络的泛化性能，而且提高了神经网络的收敛速度和学习能力。基于主成分分析方法的特征量优化可以将高维度的空间向量降到低维度空间，可以降低识别网络结构的复杂性并节省计算时间。

10.1 反向传播神经网络

神经系统中神经细胞为基本构造单元，即神经元。神经元可以产生、处理和传递信号。神经元由细胞体、树突和轴突组成。通过研究信息在神经元中的处理以及神经元之间传递的过程规律，可构造出人工神经元并组合成人工神经网络。最初建立这样的网络是期望探究人的思维行为，尝试阐明大脑的认知过程。BP 神经网络是目前研究较为成熟、应用较为广泛的人工神经网络模型之一。由于其结构简单、可操作性强、具有较好的自学习能力、能够有效地解决非线性目标函数的逼近问题等，因此被广泛应用于自动控制、模式识别、图像识别、信号处理、预测、函数拟合、系统仿真等学科领域。

10.1.1 BPNN 学习与优化

BPNN 的学习过程分别包括正向传播和反向传播。正向传播是输入信息从输入层经隐层激励函数环节逐层计算传向输出层，每一层神经元的状态经过数学公式整合后只影响下一层神经元的状态，如果输出层得到的值与期望的输出值有差别，则计算输出层的误差值，然后把这个误差值转向反向传播。通过网络将误差信号沿原来的连接通路反向回传，根据回传的差值逐层修改神经元的权值和阈值，一直回传到输入层，修改所有的权值和阈值，再进行正向过程得到一个误差，再回传修改权值和阈值，直至达到与期望输出一致，具体步骤如下。

(1)初始化。确定神经元的转换函数(通常取为 Sigmoid 函数)，给定精度控制参数 ε（$\varepsilon > 0$）、学习率 L 及动量系数 α，并选择初始权值 w。

(2)计算网络输出 y_k。

(3)计算误差函数 E。如果 $E < \varepsilon$，则转步骤(5)，否则转步骤(4)。

(4)调整输出层和隐层的权值，转步骤(2)。

(5)存储最优权值 w，算法结束。

需要强调的是，权值的调整过程是在误差向后传播过程中逐层进行的。当网络的所有权值都被更新一次后，网络经过了一个学习周期。网络经过若干次训练迭代后，得到了网络的最优权值 w。

传统网络模型把一组样本的输入输出问题变为一个非线性优化问题，网络是根据 Window-Hoff 规则，使用优化中的最普通的梯度下降算法，能够有效地解决非线性目标函数的逼近问题，但它仍然存在一些不足，具体如下。

(1)传统网络既然是一个非线性优化问题，这就不可避免地存在局部极小问题。网络的极值通过沿局部改善的方向一小步一小步进行调整，力求达到使误差函数最小化的全局解，但实际上常得到的是局部极小点。

(2)算法收敛速度很慢。学习过程中，下降慢，学习速度缓，易出现一个长时间的误差平坦区。

(3)网络结构选择不一，网络过大，在训练中效率不高，而且会由于过拟合造成网络性能脆弱，容错性下降，浮点溢出，而太小的网络可能根本不收敛。

(4)神经网络的信息是分布在整个系统内部的，网络的信息存储在整个网络连接权中，各单个神经元并不存储信息，信息表达不明确，对于所采取的结论不能做出令人信服的解释。

BP 神经网络是非线性的前馈式网络，具有很好的非线性映射能力。理论已证明，只要有足够的隐层和隐层单元数，网络可以逼近任意的非线性映射关系，且无须建立数学解析式模型。这是因为它主要是根据所提供的原始数据，通过训练和学习，找出输入和输出之间的内在联系，从而求得问题的解答，而不是依靠对问题的先验知识和规则，所以具有很好的适应性。

为了克服 BP 网络自身存在的不足，许多学者对其做了深入的研究，提出了许多优化算法，包括网络结构和学习算法两个方面。网络结构的优化主要有附加动量法、归一化权值更新法、RPROP 法和自适应学习率法等；学习算法的优化主要有共轭梯度法、拟牛顿法、Levenberg-Marquardt 法、快速传播算法和最优滤波法等[2]。

对于神经网络结构优化问题，通常是关于网络的层数、隐层神经元个数以及激励函数优选过程。一般输出层按照模式的种类确定，因此输出层神经元个数是确定的。网络的层数和神经元的个数过多或者过少都不能发挥网络的分类性能，故需要选择输入层层数和隐层层数及神经元的最佳数量。

神经网络的学习算法是对误差函数进行求解而得到极值，误差函数求解的寻优过程有多种方法。当一个网络陷入局部最小值时，对于特定的分类对象，此种网络结构注定不能发挥最好的拟合能力。遍历方法是全局寻优中最稳妥的技术途径。但是，遍历方法所用的时间往往不能保证，特别是权值和阈值元素数量非常多且连续变化，在有时间限制的情况下会发生困难，故遍历方法不可取。随着神经网络理论研究的深入，科研人员提出了一系列的优化算法，如遗传算法、PSO 算法、蚁群算法等，这些仿照自然界生命活动中的特定有序规律建立的模型，不仅极大地丰富了神经网络理论，也拓展了应用领域。

10.1.2　神经网络泛化能力

人工神经网络是一种按照人脑的组织和活动原理而构造的一种数据驱动型非线性映

射模型，它可以实现任何复杂的因果关系映射，能够从大量的历史数据中进行聚类和学习，进而找到某些行为变化的规律。它可以处理那些难以用数学模型描述的系统，具有很强的并行处理、自适应、自组织、联想记忆、容错鲁棒以及任意逼近非线性等特性，特别适用于处理复杂问题，在预测评估、智能控制、模式识别、信号处理、非线性优化、函数逼近、自适应控制和预测及管理工程等领域具有广泛的应用。实践证明，人工神经网络在很多方面的应用结果都优于其他现有方法或理论，表现出良好的应用前景和潜力。神经网络具有非常好的非线性逼近特性，算法结构是分布式并行，容错能力强，具有自学习和归纳能力，在故障诊断领域有广泛的应用。神经网络的训练有两种方式[3]：一种是有监督学习；另一种是无监督学习。有监督训练在训练过程中有标签对训练过程进行指导，目前大多数情况下有监督学习效果较好，只要有大量的数据标签，就能够很好地学习到特定问题的分类规则。

有监督学习是一个循环迭代的过程，批量的数据输入网络与期望输出做差，对差的平方求和得到神经网络的误差函数。误差函数通常具有多个极值，使用学习算法寻求一个全局最小值点，这是有监督循环迭代过程的任务。神经网络在学习训练后最终获取的是大量样本隐含的内在规律，由此可以对未经过训练的样本做出正确的辨识和分类。

分类器在应用阶段一个重要的性能是神经网络的泛化性能，而泛化性能是指训练后网络对未在训练集中出现的新数据样本做出正确分类的能力。

影响网络泛化能力的因素归纳如下。

(1) 待解决问题的复杂度。取决于问题的实际模态，不易预先给出确切表征和设定。

(2) 样本特性。当训练样本量达到能很好表征现象的主要规律和特征时，网络才能够有可能通过合理的训练学习方式获得样本规律以及具有泛化能力，样本数据量和网络结构设置是网络训练后具有泛化能力的前提条件。

(3) 网络自身因素。网络自身因素包括网络拓扑结构、网络初始权值和阈值设置，以及激励函数和神经网络学习算法的选择。

网络拓扑结构包括网络隐层数和神经元数量对泛化能力的影响。通常网络的隐层层数和神经元数量过多会导致"过拟合"现象，"过拟合"现象虽然有较小的训练集误差，但会降低网络的泛化性能。在网络设计过程中，应当使用尽可能简单的网络结构，但也应避免欠拟合。

10.2　PSO 优化的神经网络

由于 BP 神经网络采用的算法是基于误差函数梯度下降的方法，该算法实质上是单点搜索算法，不具有全局搜索能力，因此存在学习过程收敛速度慢、容易陷入局部极小点、鲁棒性不好以及网络性能差等缺点。PSO 的原理和机制简单，仅通过更新速度和位置来不断进化到全局最优解，无需梯度信息，可调参数少，算法容易实现且运行效率高，具有良好的全局搜索性能，通过个体间的协作和竞争可实现全局搜索，减少了陷入局部最优解的风险，有极强的鲁棒性。

PSO 优化 BPNN 的基本思想是：将 PSO 算法与 BP 神经网络的基于梯度下降的反向传播训练方法相结合，利用 PSO 算法对 BP 神经网络权值和偏置进行优化，充分利用 PSO 算法的全局搜索特性，得到一个初始的权值矩阵和偏置向量，再用 BP 训练算法得到最终优化的神经网络结构。

10.2.1　粒子群算法

粒子群算法属于群体优化类算法中的一种，起源于对鸟群觅食过程中的迁徙和集聚的模拟。PSO 算法具有对于不同的优化问题具有通用性，只需要该类问题能够提供适应度值。基于 PSO 算法优化的分类器在局部放电模式识别中也有许多应用，文献[4]是利用 PSO 优化 SVM 算法在局部放电模式识别中的应用，文献[5]是利用 PSO 优化小波神经网络在局部放电模式识别中的应用。PSO 本身策略比较简单，在优化过程中需要调整的算法参数较少，因此优化过程简单，易于实现，对于计算复杂的神经网络学习优化问题表现出很大的优势。

1. PSO 算法模型

在 D 维搜索空间内，一个群体包含 N 个粒子，记作 $E=[e_1,e_2,\cdots,e_N]^T$，粒子 i 的位置变化率记作 $v_i=[v_{i1},v_{i2},\cdots,v_{iD}]^T$，其位置记作 $e_i=[e_{i1},e_{i2},\cdots,e_{iD}]^T$，其中 $i=1,2,\cdots,N$；粒子 i 到当前迭代为止自身发现的最优位置记作 $p_i=[p_{i1},p_{i2},\cdots,p_{iD}]^T$，所有的粒子截至当前发现最优的位置记作 $p_g=[p_{g1},p_{g2},\cdots,p_{gD}]^T$，在挑选出这两个值后，所有粒子都通过以下公式逐一进行迭代更新：

$$v_{id}(t+1)=\omega(t)v_{id}(t)+c_1r_1\big(p_{id}-e_{id}(t)\big)+c_2r_2\big(p_{gd}-e_{id}(t)\big) \tag{10-1}$$

$$e_{id}(t+1)=e_{id}(t)+v_{id}(t+1) \tag{10-2}$$

$$v_{id}=\begin{cases} v_{max}, & v_{id}>v_{max} \\ -v_{max}, & v_{id}<v_{max} \\ v_{id}, & |v_{id}|<v_{max} \end{cases} \tag{10-3}$$

其中

$$\omega(t)=\omega_{max}-\frac{\omega_{max}-\omega_{min}}{T_{max}}t=0.9-\frac{t}{2T_{max}}$$

式中，$i=1,2,\cdots,N$；c_1、c_2 为学习因子，是非负常数，一般设为 2；r_1 和 r_2 为在[0, 1]内的随机数；$\omega(t)$ 为权重因子；t 为迭代次数；T_{max} 为最大迭代次数；$v_{id}(t)$、$e_{id}(t)$ 分别为粒子 i 当前的速度和位置；p_{id} 为粒子 i 发现的个体最优位置。

2. PSO 算法参数设置

基本 PSO 算法包含的参数有种群规模 P、粒子的维度 d、粒子的取值范围 e、权重因子 ω、学习因子 c_1 和 c_2、最大速度 v_{max}、最大迭代次数 T_{max}。

(1) P：种群所包含的粒子总数量，通常设置成 10～40 内一个常数。

(2) d：与具体优化问题有关，表示问题解的空间维度。

(3) e：粒子的取值范围，与优化问题有关，各个维数可设定不同范围。

(4) $v_{\max}$：最大速度，表示粒子在单个循环中最大的移动距离，一般设为粒子活动范围中宽度的绝对值。例如，对于 n 维粒子 $(e_1,e_2,\cdots,e_n)$，其中 e_1 的活动范围属于 $[-10,10]$，那么 $v_{\max}$ 的大小是 20。如果 $v_{\max}$ 的取值过大，粒子容易在迭代的过程中越过较好解，那么在接下来的搜索中很可能会失败；如果 $v_{\max}$ 较小，粒子不能在局部区间之外做更多的尝试，则导致陷入局部极值。

(5) 权重因子 ω：这一项可使粒子具有保持运动方向的惯性，粒子不会突然改变前进的方向，故具有扩展搜索空间的能力，可以探索新的区域，一般情况下 $\omega \leqslant 1.4$，也可以设计为随迭代次数增加而减小的非线性变化参数。

(6) 学习因子：c_1 和 c_2 代表各个粒子朝向 pbest 和 gbest 位置方向的统计加速项的权重。较低值允许粒子在目标区域外徘徊缓慢地趋向目标前进，较高的目标值会对粒子有很强的吸引力，粒子会更具有方向性地朝向目标区域迭代。c_1 和 c_2 一般取 0 到 4 之间的一个常数。

(7) 最大迭代次数 $T_{\max}$：算法的终止约束条件，这个值的确定由具体的问题决定。

10.2.2 PSO 优化算法

将 PSO 算法与 BP 神经网络算法结合后的优化算法记为 PSO_BP。算法包含以下步骤。

(1) 初始化参数。这些参数包括种群的规模、迭代次数、学习因子、速度、位置。

(2) 按照输入层、隐层、输出层、激励函数建立 BP 神经网络。随机生成一个粒子群：

$$e_i = [e_{i1}, e_{i2}, \cdots, e_{iN}]^T, \quad i = 1, 2, \cdots, n \tag{10-4}$$

每个粒子所包含的元素是 BP 神经网络上所有的权值 W 和阈值 B，W 和 B 中的元素按照一定前后顺序对应规则放在一维向量 E 中，其中，i 为粒子的序号，n 为粒子的种群数。

(3) 通过 BP 神经网络计算每个粒子的评价函数的适应度值。初始化 BP 神经网络，把步骤 (2) 中确定的粒子群的每个粒子所包含的权值和阈值分别代入 BP 神经网络中。

(4) 输入特征量矩阵到每个粒子的 BP 神经网络中得到训练输出向量 y_i，此时该粒子的适应度值为

$$f_i = \sum_{p=1}^{P} \sum_{j=1}^{M} \left(y_{ij}^p - t_{ij}^p \right)^2, \quad i = 1, 2, \cdots, n \tag{10-5}$$

式中，y_{ij} 为网络输出向量；t_{ij} 为期望输出向量；M 为向量的维数；n 为种群的规模；p 为导入的样本数；

(5) 计算 $E = [e_1, e_2, \cdots, e_N]^T$ 对应的适应度值 f_i，对当前粒子的适应度值与先前的最佳

适应度值进行比较，将二者中较小的值替换成当前粒子的局部极值；然后选择所有粒子的适应度值最小的作为当前的全局极值。

(6)根据式(10-1)和式(10-2)中描述的位置与速度的迭代公式，在每一次的迭代过程中更新每个粒子的速度和位置。

(7)计算新粒子的适应度值，根据粒子群此时的各粒子的适应度值按照步骤(4)更新粒子个体极值和群体极值。

(8)满足最大迭代次数或者满足设定的误差标准后退出 PSO 算法，否则返回步骤(2)。

(9)将 PSO 算法得到的最优粒子所包含的权值和阈值分别赋给 BP 神经网络进行二次优化，二次优化时寻找最优的过程是按梯度规则下降的过程，经过 PSO 算法训练的权值和阈值是接近全局最优的，这是由于 PSO 算法终止时可能由于其迭代步长比较长，并没有完全达到最优。此时预先设置一个较小学习效率的 BP 神经网络，在其学习过程的最后阶段采用紧缩范围的小步长搜索。如果搜索的步长使得 BP 神经网络输出结果优于搜索前的结果，即输出此结果，否则保持原有结果不变。PSO 算法优化神经网络的流程如图 10-1 所示。

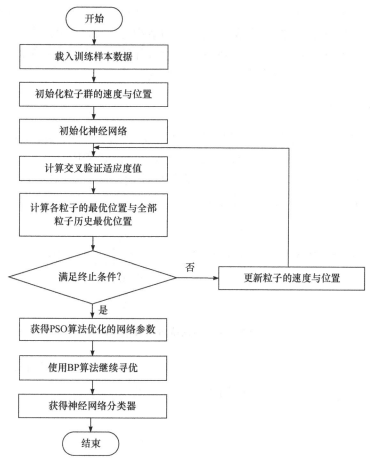

图 10-1　PSO 算法优化神经网络的流程图

10.3　PD 特征空间降维

局部放电的特征量是用于表征特定的 PD 类型，是区别于其他放电类型的集合，能够表示不同种类的放电属性。因此局部放电的特征量可以用于识别、预测其对应的放电类型。一般地，PD 特征提取有两种方式，一种是通过函数映射把高维的数据缩减到较为低维的数据空间，从而可以获得较少的新特征。另一种是从原始数据中通过某种规则选取具有代表性的数据作为其特征量。其本质都是实现数据特征量的缩减，从而有利于分类器的结构、参数设置、训练和识别。特征量的提取将极大地影响分类器对 PD 模式的识别效果。

从五种实验电极模型采集的 PD 信号中提取得到的 29 维指纹特征量，由于特征量的维数过高，直接输入会使分类网络复杂，且训练、学习和计算速度会变慢，不易收敛到全局最优，甚至可能发生不收敛的结果。这是因为神经网络收敛时间与维数呈指数级数增长，网络输入特征量的维数高，会导致"维数灾难"现象。因此，在神经网络训练和学习之前，需要对特征量进行降维和归一化处理，从而提高网络的识别效果和泛化能力。

所以，对 PD 信号指纹特征量降维是实现网络构建和提高其识别能力的前提。主成分分析(principal component analysis，PCA)方法是将高维数据空间变换至低维数据空间，此方法已被应用到各种领域并取得了较好的识别效果[6]。

10.3.1　PCA 降维算法

PCA 是高维数据空间降维至低维空间的基本方法之一。该方法降维时优先保留数据的主要成分，使得高维数据空间在变成低维数据空间过程中，在损失最少信息的情况下将众多原有的特征量转化缩减到少数的新特征量，从而使问题得以简化，提高分析效率 [7]。图 10-2 为 PCA 方法降维过程示意图。

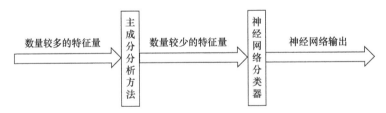

图 10-2　PCA 方法降维过程示意图

现设有 m 维的特征向量 $X = (x_1, x_2, \cdots, x_k, \cdots, x_m)^{\mathrm{T}}$，有 n 个样本，相应的值为 $x_k = (x_{1k}, x_{2k}, \cdots, x_{nk})^{\mathrm{T}}$。设 $\overline{x}_k$ 为 x_k 的均值，s_k 为 x_k 的标准差[8]。

有标准变换：

$$x_k^* = (x_k - \overline{x}_k)/s_k, \quad k = 1, 2, \cdots, m \tag{10-6}$$

式中，x_k^* 的均值是 0，标准差是 1。

根据样本 $x_{ik}(i=1,2,\cdots,n)$ 进行标准变换后的 x_{ik}^*，求系数 b_{kj}，其中 $k=1,2,\cdots,m$，$j=1,2,\cdots,p,p<m$。用 x_{ik}^* 表示综合指标 z_j 的方程为 $z_j=\sum_{k=1}^{m}b_{kj}x_k^*$。

系数 b_{kj} 需满足下列要求：

(1) 使综合指标 z_j $(j=1,2,\cdots,p)$ 彼此间互相独立不相关。

(2) 既满足综合指标 z_j，又能够反映样本集 x_k^* 的总信息。

假设 λ_j 是 z_j 的方差，那么 m 个 λ_j 之和是 m 个 x_k^* 的方差之和，可表示为 $\sum_{j=1}^{m}\lambda_j=m$，且此时有 $\lambda_1\geqslant\lambda_2\geqslant\cdots\geqslant\lambda_m$。

满足上述条件的各个综合指标 z_j 称为主成分，其中第一主成分 z_1 的方差最大，含有原始 m 个指标的总信息最多，第二主成分 z_2 的方差和含有原始指标的总信息较 z_1 次之。以此类推，$z_3,z_4,\cdots,z_m$ 分别为第三主成分、第四主成分，直到第 m 主成分。

定义 $(\lambda_j/m)\times100\%$ 是 z_j 的方差贡献率，$\left(\sum_{i=1}^{p}\lambda_i\big/m\right)\times100\%$ 是 $z_1,z_2,\cdots,z_m$ 中前 p 个主成分的方差贡献率之和，称为累积贡献率，一般设置当累积贡献率超过 80% 时，以后的主成分就可以忽略，不予考虑。此结论证明如下。

设

$$z=\begin{bmatrix}z_1\\z_2\\\vdots\\z_m\end{bmatrix},\ x=\begin{bmatrix}x_1^*\\x_2^*\\\vdots\\x_m^*\end{bmatrix},\ B=\begin{bmatrix}b_{11}&b_{21}&\cdots&b_{m1}\\b_{12}&b_{22}&\cdots&b_{m2}\\\vdots&\vdots& &\vdots\\b_{1m}&b_{2m}&\cdots&b_{mm}\end{bmatrix} \tag{10-7}$$

则 $z=Bx$，根据主成分分析要求有

$$D(z)=D(Bx)=BR^{\mathrm{T}}B=\begin{bmatrix}\lambda_1& & & \\ &\lambda_2& & \\ & &\ddots& \\ & & &\lambda_m\end{bmatrix}=\Lambda \tag{10-8}$$

式中，R 为相关性系数矩阵。

R 为实对称矩阵，故其特征根都是实数，有

$$\begin{bmatrix}r_{11}&r_{12}&\cdots&r_{1m}\\r_{21}&r_{22}&\cdots&r_{2m}\\\vdots&\vdots& &\vdots\\r_{m1}&r_{m2}&\cdots&r_{mm}\end{bmatrix}\begin{bmatrix}b_{11}&b_{12}&\cdots&b_{1m}\\b_{21}&b_{22}&\cdots&b_{2m}\\\vdots&\vdots& &\vdots\\b_{m1}&b_{m2}&\cdots&b_{mm}\end{bmatrix}=\begin{bmatrix}\lambda_1b_{11}&\lambda_2b_{12}&\cdots&\lambda_mb_{1m}\\\lambda_1b_{21}&\lambda_2b_{22}&\cdots&\lambda_mb_{2m}\\\vdots&\vdots& &\vdots\\\lambda_1b_{m1}&\lambda_2b_{m2}&\cdots&\lambda_mb_{mm}\end{bmatrix} \tag{10-9}$$

或写成以下形式：

$$Rb_j=\lambda_jb_j \tag{10-10}$$

式中， $j = 1,2,\cdots,m$; $b_j = \left(b_{1j}, b_{2j}, \cdots, b_{mj}\right)^{\mathrm{T}}$ 。

为了使得到的 b_{kj} 所构成的矩阵是正交矩阵，将方程组中的 b_{kj} 换成 $x_k^{(j)}$ ，得到如下方程组：

$$
\begin{cases}
r_{11}x_1^{(j)} + r_{12}x_2^{(j)} + \cdots + r_{1m}x_m^{(j)} = \lambda_j x_1^{(j)} \\
r_{21}x_1^{(j)} + r_{22}x_2^{(j)} + \cdots + r_{2m}x_m^{(j)} = \lambda_j x_2^{(j)} \\
\qquad\qquad\vdots \\
r_{m1}x_1^{(j)} + r_{m2}x_2^{(j)} + \cdots + r_{mm}x_m^{(j)} = \lambda_j x_m^{(j)}
\end{cases}
\tag{10-11}
$$

该方程组的矩阵形式为

$$
Rx^{(j)} = \lambda_j x^{(j)} \tag{10-12}
$$

式中， $j = 1,2,\cdots,m$; $x^{(j)} = \left(x_1^{(j)}, x_2^{(j)}, \cdots, x_m^{(j)}\right)$ 。

解式(10-10)方程组，令 $b_{kj} = x_k^{(j)} \left/ \sqrt{\sum_{k=1}^{m}\left(x_k^{(j)}\right)^2}\right.$ 及 $\sum_{k=1}^{m}x_k^{(j)}x_k^{(l)} = 0$ ，式中， $i,j,l = 1,2,\cdots,m$;

但 $j \neq l$ ，使得 $\sum_{k=1}^{m}b_{kj}^2 = 1$ 及 $\sum_{k=1}^{m}b_{kj}b_{lj} = 0$ ， $B^{\mathrm{T}}B = I$ 。

根据 $BRB^{\mathrm{T}} = \Lambda$ ，可求出：

$$
\mathrm{tr}(\Lambda) = \mathrm{tr}\left(BRB^{\mathrm{T}}\right) = \mathrm{tr}(R) = m \tag{10-13}
$$

即 $\lambda_1 + \lambda_2 + \cdots + \lambda_m = m$ ；式中， tr 表示矩阵的迹运算符号。

z_j 与 x_k^* 的相关系数 $r\left(z_j, x_k^*\right) = \sqrt{\lambda_j}\, b_{kj}$ ， $r\left(z_j, x_k^*\right)$ 称为因子载荷，根据相关系数定义，因子载荷的绝对值可反映 z_j 与 x_k^* 之间相关关系密切的程度。

10.3.2 PCA 降维计算步骤

基于 PCA 进行特征量降维的计算步骤如下：

(1)根据 x_k 计算 $\bar{x}_k$ 、 s_k 及 r_{kj} ，其中 $k,j = 1,2,\cdots,m$ 。

(2)由相关系数矩阵 R 求其矩阵特征值，得到矩阵特征值 λ_j ， $j = 1,2,\cdots,m$ 。计算出各个主成分的方差贡献率和累积贡献率，然后根据累积贡献率确定主成分保留的样本特征量个数 p 。

(3)列出基本方程组(10-9)，利用施密特正交化方法，获得 λ_j 对应的基本方程组的解为 $x_1^{(j)}, x_2^{(j)}, \cdots, x_m^{(j)}, j = 1,2,\cdots,m$ 。令

$$
b_{kj} = x_k^{(j)} \left/ \sqrt{\sum_{k=1}^{m}\left(x_k^{(j)}\right)^2}\right. \tag{10-14}
$$

得到用 $x_1^*, x_2^*, \cdots, x_m^*$ 的主成分 $z_j = \sum_{k=1}^{m}b_{kj}x_k^*$ ，其中 $x_k^* = (x_k - \bar{x}_k)/s_k$ 。

(4)将 $x_1, x_2, \cdots, x_m$ 代入表达式 $z_j = \sum_{k=1}^{m} b_{kj} x_k^*$ 中，计算各个主成分的值。

利用 PCA 方法对实验室 PD 信号中提取的 29 个统计特征量进行降维处理，保留累积贡献率超过 90%的主成分，从原来 29 个特征中提取了 17 个特征量构建表征 PD 图谱的特征空间。

10.4　基于 PSO_BP 的 PD 模式识别

结合以上所述的 BPNN PSO 算法优化和 PCA 数据降维方法，针对信号统计分布参数与指纹提取的高维特征量进行降维、网络优化和 PD 模式分类，分别对比相同网络结构条件下的 BPNN 梯度下降法和 PSO_BP(首先使用 PSO 算法，然后以 PSO 算法给出的权值和阈值作为梯度下降法的初始值继续精调寻优)算法的分类结果，结果表明 BPNN_PSO 算法的分类效果明显优于 BPNN 梯度下降法的分类效果。

10.4.1　PD 信号模式预处理

对本书实验获得的五种 PD 模式信号利用统计特征参数法计算出的 29 个特征量，经过 PCA 降维，保留累积贡献率超过 90%的主成分，将 29 维统计特征量缩减成 17 维的新特征量。需要对五种模式的 17 维局部放电特征量进行预处理，评价其可分性和归一化处理，方便利用后续的神经网络分类器进行分类研究。

1. PD 特征量可分性测量

根据 2.4.2 节所述内容，计算五种 PD 信号的 17 维特征量 S_w、S_b 和 S_m，于是计算得到

$$J_3 = \mathrm{tr}\left\{ \vec{S}_w^{-1} \vec{S}_m \right\} = 180.099$$

根据文献[9]，当 $J_3 > 10$ 时可分性比较好。这里的 J_3 约等于 180，可以认为经过降维处理后的 17 维特征量的可分性良好。

2. 数据归一化

数据归一化是运用神经网络进行训练或者分类时对数据的一种预先处理方法。数据归一化是取消数据间数量级差别，使得输入与输出数据数量级差别不会造成网络预测误差较大。数据归一化的最大最小值法如下：

$$x_k = (x_k - x_{\min})/(x_{\max} - x_{\min}) \tag{10-15}$$

式中，$x_{\min}$ 为数据序列中的最小数值；$x_{\max}$ 为数据序列中的最大数值。

10.4.2　误差分析方法

误差分析对神经网络分类学习算法步骤中的各个部分的调整起指导作用[10]。判断训

练的网络是否恰当，需要将数据集分为三部分：第一部分是训练集（traning set）；第二部分是交叉验证集（cross validation set）；第三部分是测试集（test set）。这三个部分在获取的总数据量中的比例为 6∶2∶2 较为合适。

三种数据集分别对应三个误差函数，分别如下。

（1）训练误差（training error）函数：

$$J_{\text{train}} = \frac{1}{2m}\sum_{i=1}^{m}\left(h_\theta\left(x^{(i)}\right)-y^{(i)}\right)^2 \tag{10-16}$$

（2）交叉验证误差（cross validation error）函数：

$$J_{\text{cv}} = \frac{1}{2m_{\text{cv}}}\sum_{i=1}^{m_{\text{cv}}}\left(h_\theta\left(x_{\text{cv}}^{(i)}\right)-y_{\text{cv}}^{(i)}\right)^2 \tag{10-17}$$

（3）测试误差（test error）函数：

$$J_{\text{test}} = \frac{1}{2m_{\text{test}}}\sum_{i=1}^{m_{\text{test}}}\left(h_\theta\left(x_{\text{test}}^{(i)}\right)-y_{\text{test}}^{(i)}\right)^2 \tag{10-18}$$

当运行一个设置好参数的分类器时，该分类器可能会出现偏差比较大，即欠拟合，也可能出现方差比较大，即过拟合。通常将训练误差函数、交叉验证误差函数和网络识别率函数绘制在同一坐标系中，构成神经网络的学习曲线族。学习曲线是神经网络学习算法的一个公认的检验（sanity check）准则。

10.4.3　PD 识别结果

为了比较 PSO 算法对 BP 网络分类效果的影响，设置两个对照组，一组是普通的 BPNN 梯度算法，另一组是在 PSO 算法给出权值和阈值后，将其作为梯度下降法的初始值继续精调寻优。

将通过 PCA 降维以及归一化处理后的局部放电特征量作为输入，故输入层神经元数是 17。输出层设置 5 个神经元，分别表示 5 个不同的 PD 信号模式类。为了寻找最优隐层结构，这里只考虑单隐层 BPNN。由于输入的 PD 信号特征量和输出的 PD 信号模式类已经确定，故设置隐层神经元数分别为 14、15、16、17、18、19、20。

PD 样本数量为 300 组，将其分为训练集、验证集和测试集，180 组为训练样本，60 组为验证样本，另外 60 组为测试样本。选 TANSIG 函数为隐层激励函数，表达式为 $f(x)=(e^x-e^{-x})/(e^x+e^{-x})$。识别结果如表 10-1 所示。

表 10-1　局部放电识别率对照表

输入层单元个数	隐层单元个数	BP 网络识别率	PSO_BP 网络识别率
17	14	96%	100%
	15	100%	100%
	16	48%	100%
	17	100%	100%
	18	96%	100%
	19	100%	100%
	20	80%	100%

从表 10-1 中可以看出，当输入输出层单元数为 17 个时，隐层单元数从 14 到 20 的神经网络识别率。BP 神经网络是经典梯度下降算法的识别结果，而 PSO_BP 是应用 PSO 算法寻得了一个理想的权值和阈值初始值之后，再用梯度下降算法获得的识别效果。

此处仅仅利用 PSO 算法的全局寻优特性，给出一个较好的权值和阈值初始值，让梯度下降算法在这个初始值前提下寻得更优的解，充分发挥了神经网络分类器的功能。需要说明的是，并非每一次计算结果都能达到 100%识别率。由于初始粒子的产生是随机的，其种群的多样性可能会不丰富，可能导致这些粒子有很强的趋同性，致使识别率有所下降。100%识别率是在屏蔽实验室理想条件下 PD 信号采样取得的结果。在实际应用过程中，由于存在各种干扰以及 PD 信号采样环境的变化，结果可能不会如此理想，还需要进一步探索和研究。

10.4.4　隐层元数量的影响

由于输入的 PD 信号特征量和输出的 PD 信号模式类已经确定，故设置隐层神经元数分别为 14、15、16、17、18、19、20。对于不同的隐层元数量，通过网络收敛过程的误差分析，可以获得最佳结构的分类器。图 10-3～图 10-9 为 BPNN 均方误差曲线。

比较图 10-7 可以发现，当隐层神经元为 18 时 BPNN 结构最佳，其误差接近10^{-2}。

PSO_BP 网络的结构与 BP 神经网络一致。训练过程中先使用 PSO_BP 网络进行全局寻优，当寻优终止后，再使用已得到的权值和阈值矩阵作为 BP 网络权值阈值参数，采用梯度下降法学习，学习率为 0.009，目的是以较小的步长进行寻优。粒子群的规模是 20 个粒子，迭代步长是 0.8，$c_1 = 2$，$c_2 = 2$，最大迭代次数定为 700。结果如图 10-10～图 10-16 所示。

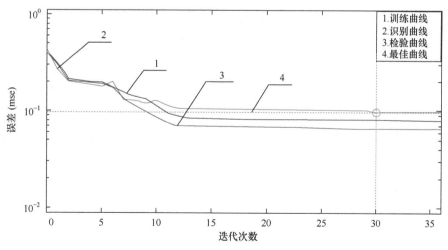

图 10-3　BPNN 隐层元为 14 的学习曲线

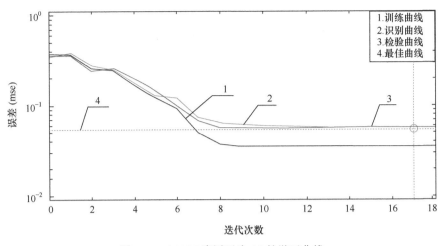

图 10-4 BPNN 隐层元为 15 的学习曲线

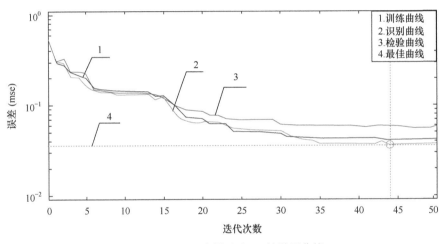

图 10-5 BPNN 隐层元为 16 的学习曲线

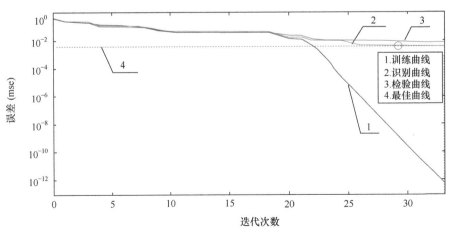

图 10-6 BPNN 隐层元为 17 的学习曲线

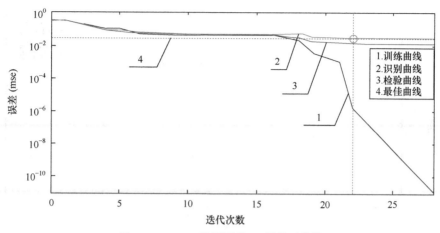

图 10-7　BPNN 隐层元为 18 的学习曲线

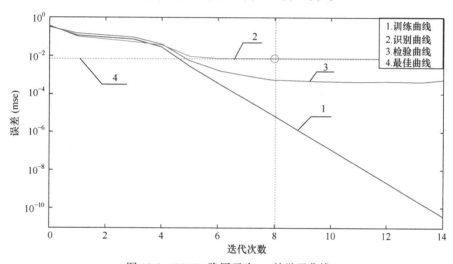

图 10-8　BPNN 隐层元为 19 的学习曲线

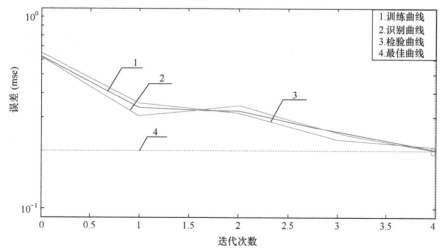

图 10-9　BPNN 隐层元为 20 的学习曲线

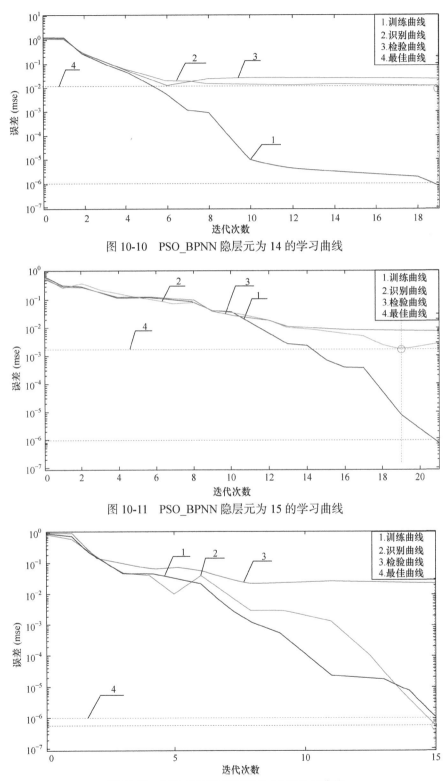

图 10-10　PSO_BPNN 隐层元为 14 的学习曲线

图 10-11　PSO_BPNN 隐层元为 15 的学习曲线

图 10-12　PSO_BPNN 隐层元为 16 的学习曲线

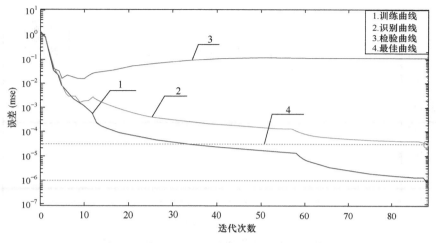

图 10-13   PSO_BPNN 隐层元为 17 的学习曲线

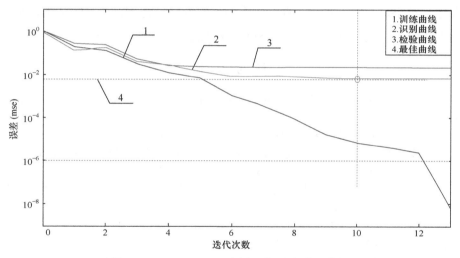

图 10-14   PSO_BPNN 隐层元为 18 的学习曲线

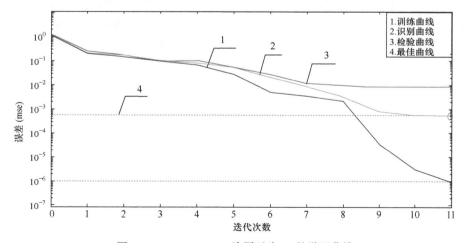

图 10-15   PSO_BPNN 隐层元为 19 的学习曲线

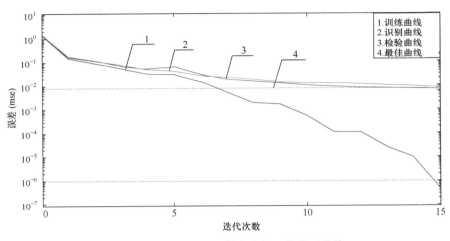

图 10-16　PSO_BPNN 隐层元为 20 的学习曲线

对比发现 PSO_BPNN 的学习曲线下降的趋势更加明显，隐层元为 16 时的分类器为最佳网络结构，方差约 10^{-6}。因此，PSO 算法优化网络的作用非常显著。

参 考 文 献

[1] DU K L, SWAMY M N S. Particle swarm optimization[M]. Berlin: Springer International Publishing, 2016.

[2] 黄志辉. 人工神经网络优化算法研究[D]. 长沙: 中南大学, 2009.

[3] 哈根, 德姆斯, 比勒, 等. 神经网络设计[M]. 章毅, 等译. 北京: 机械工业出版社, 2018.

[4] 杨三华. 一种改进的 PSO-SVM 及其在气体绝缘系统中的应用[D]. 广州: 华南理工大学, 2014.

[5] 罗新, 牛海清, 来立永, 等. 粒子群优化自适应小波神经网络在带电局放信号识别中的应用[J]. 电工技术学报, 2014, 29(10): 326-333.

[6] 林海明, 杜子芳. 主成分分析综合评价应该注意的问题[J]. 统计研究, 2013(8): 25-31.

[7] 何晓群. 多元统计分析[M]. 北京: 中国人民大学出版社, 2006.

[8] 肖枝洪, 余家林. 多元统计与 SAS 应用[M]. 武汉: 武汉大学出版社, 2013.

[9] 黄安付. 基于 PSO 的 NN 优化及 PD 模式识别方法[D]. 哈尔滨: 哈尔滨理工大学, 2017.

[10] SRIVASTAVA N, HINTON G, KRIZHEVSKY A, et al. Dropout: a simple way to prevent neural networks from overfitting[J]. Journal of machine learning research, 2014, 15(1): 1929-1958.

附　　录

附表 1　尖-板放电未归一化的十个特征量

t_{50}	t_{10}	t_d	t_r	Weibull	Fractal	Mean	S_{td}	S_k	K_u
0.2809	0.5494	0.1167	0.4239	2.9912	1.1730	−0.0096	0.0147	0.7809	−0.5329
0.3788	0.9432	0.0762	0.8642	3.9467	1.2254	0.0454	0.0645	0.7840	0.1354
0.1835	0.8717	0.0037	0.8642	4.1172	1.2329	0.0412	0.0641	0.7741	0.9404
0.1274	0.5450	0.0034	0.5393	5.7948	1.2414	−0.0062	0.0105	−0.6669	0.5137
0.2695	0.5730	0.0759	0.4950	5.8162	1.2439	−0.0050	0.0097	−0.5711	0.6512
0.1878	0.7125	0.0034	0.7067	5.8547	1.2373	−0.0030	0.0111	−0.7018	0.6171
0.1920	0.5099	0.0038	0.5035	5.7831	1.2451	−0.0060	0.0096	−0.4653	0.7673
0.1949	0.6276	0.0028	0.6218	4.9900	1.2460	−0.0028	0.0096	−0.3571	0.5253
0.0719	0.2884	0.0025	0.2837	5.0584	1.2442	−0.0119	0.0096	−0.1713	0.5471
0.3404	0.7978	0.0032	0.7915	4.9545	1.2643	0.0004	0.0096	−0.2017	0.3089
0.1275	0.2093	0.0025	0.2041	5.1073	1.2433	−0.0079	0.0102	−0.4996	0.4139
0.3738	0.6563	0.1133	0.5273	2.0604	1.1630	−0.0010	0.0217	0.8367	−0.6496
0.1137	0.7673	0.0041	0.7604	5.5231	1.2556	0.0001	0.0087	−0.1952	0.6570
0.0910	1.1766	0.0041	1.1686	5.4113	1.2491	0.0041	0.0100	−0.3193	0.6860
0.1872	0.7554	0.0038	0.7489	5.3998	1.2594	0.0006	0.0096	−0.2036	0.8011
0.1512	0.6123	0.0036	0.6055	5.6296	1.2612	−0.0036	0.0100	−0.5858	0.4688
0.1528	0.4596	0.0033	0.4541	5.6484	1.2525	−0.0074	0.0103	−0.7326	0.1388
0.2692	0.0381	0.0039	0.0315	5.6955	1.2461	−0.0019	0.0101	−0.5556	0.2550
0.2231	0.9015	0.0031	0.8956	4.9352	1.2550	0.0005	0.0101	−0.4447	−0.1026
0.3037	0.0371	0.0037	0.0305	5.0432	1.2492	0.0046	0.0102	−0.4402	−0.1696
0.1286	0.1703	0.0026	0.1646	4.9406	1.2575	−0.0076	0.0101	−0.5468	−0.1167
0.1575	0.1768	0.0026	0.1722	4.8171	1.2448	−0.0136	0.0094	0.1247	0.3662
0.3250	0.5554	0.0972	0.4463	2.4996	1.1500	−0.0058	0.0173	0.8068	−0.5958
0.1895	0.6348	0.0028	0.6291	4.7785	1.2487	−0.0028	0.0100	−0.3791	−0.0273
0.3789	0.7262	0.1187	0.5974	2.9047	1.1674	0.0015	0.0223	0.7830	−0.5809
0.3363	0.6691	0.1181	0.5417	3.0172	1.1791	−0.0016	0.0153	0.7736	−0.5235

附表 2　尖-尖放电未归一化的十个特征量

t_{50}	t_{10}	t_d	t_r	Weibull	Fractal	Mean	S_{td}	S_k	K_u
0.5972	1.2326	0.1480	0.8502	1.3409	1.0495	0.1666	0.1732	0.7191	−0.9316
0.5911	1.2456	0.1423	0.8664	1.3124	1.0610	0.2573	0.2614	0.7494	−0.8906
0.5991	1.2458	0.1471	0.8623	1.3080	1.0648	0.2588	0.2617	0.7327	−0.9176
0.5915	1.2494	0.1444	0.8683	1.3183	1.0534	0.2018	0.2080	0.7330	−0.9196
0.5946	1.2741	0.1448	0.8964	1.3402	1.0411	0.2446	0.2465	0.7356	−0.9054

t_{50}	t_{10}	t_d	t_r	Weibull	Fractal	Mean	S_{td}	S_k	K_u
0.5959	1.2599	0.1436	0.8818	1.3296	1.0478	0.2402	0.2437	0.7341	−0.9101
0.6075	1.2622	0.1456	0.8814	1.3329	1.0566	0.2541	0.2572	0.7132	−0.9378
0.5900	1.2435	0.1464	0.8660	1.3201	1.0596	0.2487	0.2537	0.7367	−0.9107
0.5891	1.2348	0.1449	0.8575	1.3080	1.0456	0.2215	0.2282	0.7407	−0.9025
0.5937	1.2394	0.1448	0.8613	1.3230	1.0511	0.2125	0.2184	0.7377	−0.9113
0.5933	1.2185	0.1449	0.8373	1.3239	1.0585	0.1793	0.1887	0.7315	−0.9188
0.5946	1.2235	0.1412	0.8473	1.3446	1.0538	0.1643	0.1727	0.7218	−0.9256
0.6011	1.3312	0.1462	0.9531	1.3173	1.0495	0.1914	0.1821	0.7432	−0.8986
0.6017	1.2466	0.1403	0.8669	1.3176	1.0535	0.2496	0.2533	0.7217	−0.9373
0.5921	1.2498	0.1470	0.8687	1.3287	1.0493	0.2337	0.2389	0.7266	−0.9134
0.6075	1.3336	0.1454	0.9480	1.2974	1.0402	0.2442	0.2315	0.7309	−0.9199
0.6002	1.2644	0.1457	0.8847	1.3396	1.0479	0.2443	0.2464	0.7296	−0.9209
0.6001	1.2485	0.1456	0.8662	1.3273	1.0445	0.2462	0.2515	0.7205	−0.9376
0.5939	1.2576	0.1466	0.8751	1.3152	1.0431	0.2583	0.2606	0.7250	−0.9291
0.6037	1.2870	0.1424	0.9052	1.3387	1.0424	0.2588	0.2544	0.7256	−0.9272
0.6078	1.2724	0.1427	0.8873	1.3202	1.0448	0.2567	0.2572	0.7114	−0.9524
0.6053	1.2876	0.1464	0.9018	1.3299	1.0429	0.2708	0.2668	0.7101	−0.9516
0.5920	1.2274	0.1434	0.8515	1.3624	1.0518	0.1837	0.1923	0.7260	−0.9222
0.6047	1.2691	0.1422	0.8892	1.3351	1.0498	0.2609	0.2639	0.7186	−0.9298
0.6051	1.3210	0.1442	0.9372	1.3198	1.0430	0.2675	0.2552	0.7372	−0.9071
0.6032	1.2671	0.1430	0.8819	1.3082	1.0409	0.2664	0.2669	0.7176	−0.9426
0.5964	1.2540	0.1460	0.8782	1.3462	1.0507	0.1706	0.1720	0.7226	−0.9221
0.5911	1.2078	0.1452	0.8360	1.3310	1.0522	0.1742	0.1842	0.7213	−0.9307
0.5940	1.2272	0.1435	0.8507	1.3288	1.0484	0.1758	0.1849	0.7199	−0.9332

附表 3　混合缺陷放电未归一化的十个特征量

t_{50}	t_{10}	t_d	t_r	Weibull	Fractal	Mean	S_{td}	S_k	K_u
0.4443	0.9363	0.1225	0.7988	2.7064	1.1610	0.7106	0.9847	0.8835	−0.3674
0.4498	0.9549	0.1231	0.8174	2.5966	1.1578	0.8573	1.1420	0.8869	−0.4208
0.4452	0.9823	0.1229	0.8453	3.0727	1.1749	0.8317	1.0960	0.8393	−0.3161
0.4448	0.9748	0.1232	0.8367	2.7584	1.1547	0.7719	1.0237	0.8662	−0.3739
0.4485	0.9808	0.1217	0.8438	3.0071	1.1714	0.7945	1.0541	0.8310	−0.3556
0.4492	1.0028	0.1221	0.8655	3.1645	1.1659	0.8467	1.0792	0.7901	−0.3300
0.4424	0.9999	0.1236	0.8636	3.0270	1.1570	0.7941	1.0227	0.8068	−0.3878
0.4452	0.9925	0.1230	0.8557	2.8718	1.1540	0.8338	1.0399	0.8422	−0.3676
0.4510	0.9924	0.1231	0.8547	2.7447	1.1519	0.8088	1.0388	0.8551	−0.3914

t_{50}	t_{10}	t_d	t_r	Weibull	Fractal	Mean	S_{td}	S_k	K_u
0.4463	0.9827	0.1228	0.8462	3.0159	1.1664	0.7838	1.0362	0.8373	−0.3418
0.4575	0.9941	0.1227	0.8561	2.7556	1.1500	0.8653	1.1087	0.8510	−0.4225
0.4525	1.0067	0.1230	0.8693	3.0472	1.1628	0.9047	1.1334	0.8105	−0.3801
0.4098	0.9916	0.1221	0.8526	2.6259	1.1370	0.7780	1.0060	0.8724	−0.4100
0.4527	0.9622	0.1220	0.8252	2.8734	1.1689	0.7649	0.9884	0.8678	−0.3783
0.4444	0.9858	0.1227	0.8493	3.1162	1.1677	0.8264	1.0817	0.8220	−0.3283
0.4451	0.9900	0.1232	0.8536	3.0325	1.1628	0.8362	1.0809	0.8123	−0.3443
0.4498	1.0019	0.1229	0.8648	3.0435	1.1573	0.8932	1.1182	0.7973	−0.3851
0.4479	0.9854	0.1226	0.8486	3.0374	1.1616	0.8217	1.0591	0.8123	−0.3763
0.4552	0.9919	0.1216	0.8537	2.8835	1.1527	0.8782	1.1173	0.8418	−0.3876
0.4466	0.9907	0.1239	0.8534	2.7792	1.1501	0.8289	1.0652	0.8353	−0.4121
0.4550	0.9951	0.1218	0.8572	3.0386	1.1578	0.9785	1.2574	0.8055	−0.3857
0.4547	1.0105	0.1212	0.8732	3.1462	1.1655	0.9193	1.1331	0.7960	−0.3403
0.4479	0.9898	0.1219	0.8521	2.9266	1.1753	0.7863	1.0361	0.8262	−0.3591
0.4460	0.9805	0.1225	0.8431	2.8923	1.1552	0.8179	1.0562	0.8357	−0.3710
0.4507	0.9771	0.1222	0.8387	2.4835	1.1446	0.8541	1.1033	0.8905	−0.4398
0.4492	0.9885	0.1222	0.8506	2.7502	1.1494	0.7838	1.0495	0.8475	−0.4266
0.4600	0.9897	0.1206	0.8496	2.7310	1.1460	0.8348	1.0770	0.8704	−0.3991
0.4462	0.9584	0.1224	0.8209	2.9563	1.1665	0.7928	1.0935	0.8333	−0.3746
0.4428	0.9558	0.1227	0.8175	2.7384	1.1563	0.7309	1.0124	0.8733	−0.3780

附表4　内部气隙放电未归一化的十个特征量

t_{50}	t_{10}	t_d	t_r	Weibull	Fractal	Mean	S_{td}	S_k	K_u
0.5370	1.1328	0.1212	0.9888	2.6128	1.1333	1.1710	1.3183	0.7848	−0.5707
0.5402	1.1337	0.1211	0.9915	2.6481	1.1279	1.3002	1.4405	0.7869	−0.5668
0.5376	1.1099	0.1221	0.9681	2.6526	1.1377	1.3486	1.5301	0.7874	−0.5655
0.5347	1.1275	0.1215	0.9854	2.6448	1.1275	1.3223	1.4818	0.7859	−0.5679
0.5334	1.1298	0.1220	0.9889	2.5851	1.1261	1.3703	1.5240	0.7867	−0.5701
0.5324	1.1121	0.1233	0.9726	2.8049	1.1427	0.9968	1.1260	0.7697	−0.5328
0.4798	1.0397	0.1228	0.9035	2.7765	1.1501	0.6914	0.8427	0.7994	−0.5048
0.5053	1.0821	0.1219	0.9437	2.9893	1.1503	1.0283	1.1981	0.7672	−0.4613
0.5015	1.0737	0.1219	0.9359	2.9868	1.1491	1.0415	1.2317	0.7907	−0.4227
0.4461	0.9898	0.1222	0.8533	3.0563	1.1670	0.7681	1.0139	0.8386	−0.3079
0.4531	0.9984	0.1223	0.8610	3.0306	1.1560	0.8944	1.1184	0.8163	−0.3413
0.4491	1.0194	0.1221	0.8823	3.0724	1.1658	0.9180	1.1617	0.8190	−0.3419
0.4576	1.0041	0.1217	0.8666	2.9966	1.1560	0.9041	1.1497	0.8183	−0.3651

续表

t_{50}	t_{10}	t_d	t_r	Weibull	Fractal	Mean	S_{td}	S_k	K_u
0.4570	1.0159	0.1224	0.8782	3.0023	1.1560	0.9674	1.1862	0.8114	−0.3578
0.4484	0.9820	0.1220	0.8449	3.0804	1.1692	0.7668	1.0089	0.8417	−0.3049
0.4471	0.9928	0.1227	0.8564	2.9175	1.1621	0.6955	0.8912	0.8558	−0.3277
0.4474	0.9838	0.1227	0.8474	2.9429	1.1614	0.6802	0.8976	0.8590	−0.3345
0.4433	0.9885	0.1231	0.8522	2.9481	1.1636	0.7035	0.9221	0.8614	−0.3106
0.4408	0.9586	0.1228	0.8228	2.9167	1.1575	0.6724	0.8881	0.8685	−0.2879
0.4440	0.9798	0.1228	0.8437	2.9867	1.1630	0.7172	0.9454	0.8620	−0.3041
0.4488	0.9760	0.1222	0.8392	2.9969	1.1640	0.7241	0.9416	0.8612	−0.2973
0.4449	0.9845	0.1223	0.8473	3.0553	1.1618	0.7690	1.0019	0.8434	−0.2839
0.4268	0.9419	0.1245	0.8066	3.1745	1.1744	0.5997	0.8336	0.8730	−0.1443
0.4448	0.9589	0.1230	0.8226	2.9085	1.1612	0.6810	0.8994	0.8705	−0.3046
0.4332	0.9456	0.1221	0.8092	3.0832	1.1652	0.6820	0.9274	0.8634	−0.2507
0.4437	0.9856	0.1222	0.8493	3.1394	1.1696	0.7856	1.0120	0.8471	−0.2330
0.4862	1.0977	0.1216	0.9594	3.1469	1.1575	1.2758	1.4302	0.7646	−0.4266
0.5124	1.1320	0.1208	0.9925	3.2541	1.1628	1.3087	1.4122	0.7359	−0.4199
0.4640	1.0680	0.1213	0.9305	3.3282	1.1653	1.1291	1.2587	0.7646	−0.3198

附表 5　悬浮电位放电未归一化的十个特征量

t_{50}	t_{10}	t_d	t_r	Weibull	Fractal	Mean	S_{td}	S_k	K_u
0.5720	1.5300	0.1530	1.3531	2.4288	1.1274	0.0244	0.0212	0.7071	−0.7536
0.5765	1.4743	0.1544	1.2961	2.5708	1.1406	0.0211	0.0191	0.6261	−0.7917
0.5730	1.7559	0.1551	1.5780	2.5793	1.1372	0.0238	0.0184	0.6727	−0.6927
0.5716	1.8078	0.1531	1.6348	2.6580	1.1361	0.0210	0.0171	0.6632	−0.6890
0.5645	1.6633	0.1540	1.4878	2.5789	1.1282	0.0236	0.0196	0.6667	−0.7474
0.4670	0.9285	0.1495	0.7542	2.1496	1.1400	0.0119	0.0203	0.8376	−0.6244
0.4789	0.9898	0.1507	0.8163	2.2285	1.1337	0.0184	0.0286	0.8002	−0.6709
0.5170	1.1095	0.1530	0.9328	2.3503	1.1413	0.0177	0.0220	0.7028	−0.7564
0.6317	1.7700	0.1551	1.5913	2.7121	1.1540	0.0250	0.0176	0.6243	−0.7038
0.6485	1.9442	0.3472	1.5804	2.7373	1.1405	0.0249	0.0166	0.6853	−0.6230
0.6374	1.7574	0.1201	1.6211	2.7109	1.1558	0.0225	0.0166	0.6656	−0.7178
0.5942	1.7427	0.1537	1.5620	2.3594	1.1232	0.0285	0.0219	0.7182	−0.7484
0.5813	1.7524	0.1546	1.5745	2.6443	1.1383	0.0220	0.0176	0.6247	−0.7342
0.5404	1.3715	0.1541	1.1957	2.6636	1.1521	0.0185	0.0185	0.6370	−0.7352
0.5108	1.1446	0.1541	0.9690	2.6430	1.1509	0.0158	0.0200	0.6487	−0.7139
0.5102	1.0893	0.1536	0.9145	2.5691	1.1475	0.0139	0.0181	0.6668	−0.7271
0.5198	1.1148	0.1526	0.9372	2.5161	1.1393	0.0179	0.0228	0.6864	−0.7346

t_{50}	t_{10}	t_d	t_r	Weibull	Fractal	Mean	S_{td}	S_k	K_u
0.5157	1.1634	0.1529	0.9888	2.7745	1.1588	0.0143	0.0181	0.5873	−0.7295
0.5791	1.5356	0.1193	1.4004	2.7226	1.1480	0.0207	0.0186	0.6387	−0.7035
0.5824	1.7689	0.1200	1.6319	2.7189	1.1415	0.0235	0.0185	0.6429	−0.7195
0.6763	1.9829	0.3166	1.6361	2.5351	1.1331	0.0221	0.0137	0.6692	−0.7284
0.4972	0.9968	0.1535	0.8227	2.7228	1.1656	0.0114	0.0191	0.6339	−0.6725
0.4721	0.8973	0.1508	0.7282	2.4968	1.1614	0.0097	0.0220	0.7276	−0.6983
0.4972	0.9968	0.1535	0.8227	2.7228	1.1656	0.0114	0.0191	0.6339	−0.6725
0.4972	0.9968	0.1535	0.8227	2.7228	1.1656	0.0114	0.0191	0.6339	−0.6725
0.4816	1.0397	0.1192	0.9075	2.8811	1.1645	0.0209	0.0314	0.6295	−0.6370
0.5369	1.1927	0.1523	1.0176	2.3756	1.1364	0.0181	0.0206	0.7019	−0.7771
0.5888	1.7462	0.1536	1.5678	2.5142	1.1322	0.0264	0.0205	0.6823	−0.7433
0.5098	1.1090	0.1527	0.9366	2.5463	1.1462	0.0162	0.0205	0.6679	−0.7482

附表 6　沿面放电未归一化的十个特征量

t_{50}	t_{10}	t_d	t_r	Weibull	Fractal	Mean	S_{td}	S_k	K_u
0.3306	0.9983	0.1246	0.8686	3.6975	1.2109	0.3422	0.3992	0.9081	0.6762
0.3370	0.9953	0.0057	0.9858	3.8277	1.2327	0.3918	0.4780	0.9429	1.1331
0.1310	0.9371	0.1243	0.8085	3.7812	1.2234	0.3951	0.4989	0.9179	1.0522
0.3002	1.0007	0.1246	0.8718	3.7997	1.2227	0.4220	0.4887	0.8852	0.8597
0.3406	0.9931	0.1237	0.8647	3.7320	1.2269	0.4364	0.5204	0.8913	0.9279
0.3313	1.0224	0.1250	0.8930	3.8830	1.2240	0.4162	0.4785	0.8866	0.9310
0.2262	1.0505	0.1238	0.9223	3.5709	1.2213	0.3935	0.4351	0.8844	0.6909
0.3447	0.9968	0.1247	0.8679	3.8294	1.2255	0.4266	0.4906	0.8991	0.9691
0.3207	1.0329	0.1250	0.9029	3.8155	1.2320	0.3546	0.3984	0.8940	0.8860
0.2228	1.0183	0.1242	0.8898	3.7420	1.2227	0.3414	0.3873	0.8642	0.7571
0.2219	1.0074	0.1241	0.8791	3.6871	1.2333	0.3302	0.3883	0.9064	0.8792
0.3789	0.9928	0.1227	0.8629	3.6157	1.2240	0.3190	0.4070	0.9413	0.7746
0.2871	0.9742	0.1248	0.8453	3.7631	1.2322	0.3275	0.3951	0.9159	0.9463
0.3383	0.9650	0.1245	0.8359	3.8063	1.2266	0.3401	0.4118	0.8714	0.7437
0.3193	0.9781	0.1244	0.8496	3.7183	1.2304	0.3293	0.4088	0.8954	0.8623
0.2998	0.9988	0.1243	0.8701	3.7833	1.2296	0.3687	0.4341	0.9029	0.9442
0.2187	1.1337	0.0064	1.1230	3.4871	1.1921	1.6275	1.7230	0.7733	0.0928
0.2998	0.9988	0.1243	0.8701	3.7833	1.2296	0.3687	0.4341	0.9029	0.9442
0.4640	1.1221	0.1225	0.9913	3.4095	1.1948	1.2947	1.4137	0.7653	−0.0462
0.4605	1.1210	0.1559	0.9559	3.1132	1.1976	1.4355	1.5699	0.7693	−0.2137
0.3515	0.9667	0.1232	0.8380	3.4764	1.2067	0.3984	0.4982	1.0001	0.8509
0.4641	1.1220	0.1552	0.9535	3.0923	1.1830	1.5135	1.6345	0.7830	−0.2046

t_{50}	t_{10}	t_d	t_r	Weibull	Fractal	Mean	S_{td}	S_k	K_u
0.4970	1.1573	0.1540	0.9879	2.9104	1.1769	1.6292	1.7227	0.7490	−0.4492
0.4650	1.1480	0.1548	0.9796	3.0036	1.1844	1.4245	1.5273	0.7793	−0.2708
0.2248	0.9406	0.1234	0.8121	3.7164	1.2236	0.3895	0.5092	0.9946	1.3261
0.3195	0.9545	0.0053	0.9454	3.8785	1.2227	0.3977	0.5070	0.9697	1.3124
0.2228	0.9364	0.0056	0.9271	3.8774	1.2278	0.3651	0.4799	0.9902	1.4332
0.3485	0.9743	0.1231	0.8462	3.7017	1.2191	0.4131	0.5042	0.9405	1.0581
0.2232	0.9358	0.1241	0.8072	3.8314	1.2236	0.3790	0.4857	0.9741	1.3457

附表 7　金属颗粒放电未归一化的十个特征量

t_{50}	t_{10}	t_d	t_r	Weibull	Fractal	Mean	S_{td}	S_k	K_u
0.3821	0.9915	0.1233	0.8610	3.5457	1.2360	0.2627	0.3226	0.9111	0.5524
0.3566	1.0051	0.1230	0.8755	3.3230	1.2226	0.2365	0.2883	0.8966	0.2750
0.3681	0.9918	0.1230	0.8612	2.9557	1.2239	0.2310	0.2865	0.9154	0.0197
0.3830	1.0024	0.1232	0.8731	3.1923	1.2217	0.2520	0.2957	0.9144	0.2314
0.1349	1.0072	0.1230	0.8771	3.1452	1.2212	0.2487	0.2909	0.9217	0.1966
0.3570	0.9920	0.1230	0.8624	3.2415	1.2258	0.2439	0.2957	0.9229	0.2633
0.2594	0.9813	0.1230	0.8514	2.9454	1.2169	0.2393	0.2937	0.9374	0.0638
0.1778	0.9856	0.1229	0.8554	3.0064	1.2185	0.2279	0.2856	0.9271	0.0607
0.3814	0.9445	0.1230	0.8154	3.1060	1.2202	0.2269	0.3001	0.9247	0.1726
0.2613	1.0041	0.1235	0.8755	3.1328	1.2226	0.2454	0.2843	0.9318	0.2367
0.3014	0.9736	0.1243	0.8450	3.5043	1.2217	0.2611	0.3234	0.9010	0.5005
0.1780	0.9783	0.1237	0.8492	2.8399	1.2193	0.2312	0.2766	0.9731	0.1272
0.3801	0.9787	0.1237	0.8495	2.9171	1.2230	0.2193	0.2590	1.0088	0.2920
0.3211	0.9675	0.1235	0.8388	3.1923	1.2290	0.2218	0.2845	0.9419	0.3143
0.3238	0.9675	0.1239	0.8386	2.9279	1.2188	0.2054	0.2459	0.9814	0.1968
0.3350	0.9749	0.1234	0.8464	3.3160	1.2305	0.2329	0.2835	0.9441	0.4687
0.2971	0.9407	0.1247	0.8116	2.9918	1.2209	0.2186	0.2599	1.0317	0.4168
0.2880	0.9836	0.1247	0.8544	3.3940	1.2239	0.2400	0.2797	0.9520	0.4814
0.3307	0.9856	0.1247	0.8566	3.5373	1.2285	0.2389	0.2844	0.9160	0.5750
0.2943	1.0680	0.1800	0.8820	2.9232	1.2278	0.2188	0.2347	1.0362	0.3698
0.3631	1.0080	0.1230	0.8775	3.5233	1.2277	0.2730	0.3287	0.8989	0.4666
0.3892	0.9682	0.1235	0.8393	2.8615	1.2213	0.1923	0.2186	1.0266	0.3050
0.3958	1.0362	0.1629	0.8661	2.8505	1.2212	0.2368	0.2619	1.0234	0.2352
0.3862	0.9885	0.1232	0.8588	3.1526	1.2271	0.2439	0.2781	1.0154	0.4389
0.2883	0.9797	0.1233	0.8510	3.2205	1.2320	0.2136	0.2509	0.9890	0.4763
0.3409	0.9269	0.1232	0.7981	3.3238	1.2362	0.1897	0.2560	0.9618	0.4758
0.3820	0.9865	0.1233	0.8561	3.5640	1.2301	0.2515	0.3180	0.9022	0.5300

t_{50}	t_{10}	t_d	t_r	Weibull	Fractal	Mean	S_{td}	S_k	K_u
0.3757	0.9848	0.1232	0.8544	3.5585	1.2304	0.2548	0.3187	0.8940	0.4888
0.2443	0.9672	0.1236	0.8368	3.5585	1.2333	0.2475	0.3202	0.9050	0.5351

附表 8　尖-板放电归一化的十个特征量

t_{50}	t_{10}	t_d	t_r	Weibull	Fractal	Mean	S_{td}	S_k	K_u
0.8441	1.7759	0.1295	1.6302	3.0273	1.1246	0.5088	0.1864	0.7809	−0.5329
0.8219	1.5575	0.0845	1.4691	3.9713	1.1866	0.5002	0.1357	0.7840	0.1354
0.7489	0.0784	0.0140	0.0593	4.1531	1.1871	0.4799	0.1224	0.7741	0.9404
0.0355	0.0788	0.0137	0.0603	5.9007	1.1887	0.6083	0.1288	−0.6669	0.5137
0.1045	0.1125	0.0854	0.0226	5.8709	1.1880	0.6237	0.1297	−0.5711	0.6512
0.1035	0.0788	0.0138	0.0604	5.9572	1.1761	0.6180	0.1300	−0.7018	0.6171
0.0493	0.0763	0.0130	0.0579	5.8068	1.1764	0.6095	0.1254	−0.4653	0.7673
0.0367	0.0787	0.0141	0.0593	5.0978	1.2015	0.5753	0.1333	−0.3571	0.5253
0.0642	0.0793	0.0143	0.0604	5.2170	1.1894	0.5670	0.1253	−0.1713	0.5471
0.0716	0.0791	0.0144	0.0596	4.9501	1.2001	0.5660	0.1332	−0.2017	0.3089
0.0531	0.0784	0.0139	0.0591	5.1622	1.1880	0.5841	0.1369	−0.4996	0.4139
0.6738	1.7391	0.1366	1.5118	2.0874	1.1226	0.4365	0.2380	0.8367	−0.6496
0.0357	0.0786	0.0135	0.0603	5.5357	1.1927	0.5802	0.1208	−0.1952	0.6570
0.0488	0.0763	0.0126	0.0579	5.5235	1.1970	0.5929	0.1257	−0.3193	0.6860
0.0723	0.0792	0.0141	0.0607	5.4488	1.1860	0.5593	0.1180	−0.2036	0.8011
0.0719	0.0760	0.0123	0.0577	5.7084	1.2251	0.6155	0.1326	−0.5858	0.4688
0.0643	0.0785	0.0135	0.0603	5.8333	1.1933	0.6176	0.1359	−0.7326	0.1388
0.1020	0.0782	0.0134	0.0598	5.7392	1.1931	0.6095	0.1311	−0.5556	0.2550
0.1017	0.0793	0.0144	0.0602	4.9879	1.1975	0.5708	0.1397	−0.4447	−0.1026
0.0471	0.0793	0.0143	0.0606	5.1450	1.1917	0.5710	0.1360	−0.4402	−0.1696
0.0715	0.0774	0.0132	0.0581	5.1023	1.1818	0.6054	0.1472	−0.5468	−0.1167
0.0354	0.0792	0.0141	0.0606	4.9321	1.1833	0.5462	0.1241	0.1247	0.3662
0.7634	1.6799	0.1626	1.4634	2.5233	1.1036	0.4730	0.2106	0.8068	−0.5958
0.0640	0.0788	0.0141	0.0595	4.8679	1.2010	0.5672	0.1403	−0.3791	−0.0273
0.8304	1.6450	0.1297	1.4994	2.9248	1.1360	0.5068	0.1928	0.7830	−0.5809
0.8357	1.6868	0.1293	1.5418	3.0665	1.1169	0.5063	0.1831	0.7736	−0.5235
0.8642	0.0762	0.0123	0.0577	4.5645	1.1829	0.5085	0.1145	0.8550	1.7629
0.9383	0.0758	0.0120	0.0578	4.5970	1.1872	0.5183	0.1175	0.7734	1.1989
0.7732	0.0783	0.0137	0.0593	4.1787	1.1956	0.4854	0.1230	0.7643	0.9323

附表 9　尖-尖放电归一化的十个特征量

t_{50}	t_{10}	t_d	t_r	Weibull	Fractal	Mean	S_{td}	S_k	K_u
0.6403	1.6353	0.1584	1.2371	1.3456	1.0476	0.3793	0.3068	0.7191	−0.9316
0.6286	1.5870	0.1520	1.1934	1.3129	1.0577	0.3716	0.3082	0.7494	−0.8906
0.6303	1.5675	0.1558	1.1697	1.3089	1.0595	0.3722	0.3086	0.7327	−0.9176
0.6381	1.5974	0.1565	1.1983	1.3197	1.0513	0.3742	0.3083	0.7330	−0.9196
0.6321	1.6388	0.1549	1.2456	1.3411	1.0355	0.3759	0.3057	0.7356	−0.9054
0.6318	1.6069	0.1564	1.2056	1.3362	1.0364	0.3767	0.3073	0.7341	−0.9101
0.6469	1.6232	0.1539	1.2268	1.3392	1.0408	0.3788	0.3073	0.7132	−0.9378
0.6306	1.6004	0.1552	1.2083	1.3219	1.0408	0.3734	0.3076	0.7367	−0.9107
0.6258	1.5984	0.1552	1.2043	1.3128	1.0389	0.3723	0.3084	0.7407	−0.9025
0.6349	1.5946	0.1576	1.1948	1.3234	1.0541	0.3745	0.3082	0.7377	−0.9113
0.6331	1.6175	0.1557	1.2198	1.3264	1.0450	0.3754	0.3080	0.7315	−0.9188
0.6398	1.6864	0.1673	1.2761	1.3482	1.0519	0.3797	0.3067	0.7218	−0.9256
0.6304	1.6122	0.1537	1.2208	1.3196	1.0402	0.3722	0.3074	0.7432	−0.8986
0.6394	1.5891	0.1535	1.1902	1.3229	1.0393	0.3769	0.3093	0.7217	−0.9373
0.6347	1.6170	0.1573	1.2189	1.3300	1.0434	0.3763	0.3072	0.7266	−0.9134
0.6351	1.5742	0.1543	1.1741	1.2998	1.0399	0.3722	0.3099	0.7309	−0.9199
0.6391	1.6490	0.1568	1.2473	1.3406	1.0403	0.3768	0.3066	0.7296	−0.9209
0.6401	1.6095	0.1545	1.2112	1.3305	1.0421	0.3764	0.3076	0.7205	−0.9376
0.6337	1.6074	0.1571	1.2093	1.3190	1.0370	0.3736	0.3075	0.7250	−0.9291
0.6393	1.6296	0.1552	1.2296	1.3426	1.0404	0.3787	0.3073	0.7256	−0.9272
0.6449	1.6178	0.1530	1.2186	1.3262	1.0392	0.3785	0.3094	0.7114	−0.9524
0.6445	1.6408	0.1573	1.2396	1.3355	1.0394	0.3788	0.3079	0.7101	−0.9516
0.6399	1.7310	0.1718	1.3187	1.3632	1.0467	0.3810	0.3055	0.7260	−0.9222
0.6464	1.6441	0.1542	1.2467	1.3412	1.0382	0.3795	0.3077	0.7186	−0.9298
0.6341	1.6093	0.1559	1.2089	1.3230	1.0387	0.3750	0.3084	0.7372	−0.9071
0.6377	1.5968	0.1528	1.1978	1.3135	1.0355	0.3762	0.3100	0.7176	−0.9426
0.6416	1.6800	0.1717	1.2695	1.3505	1.0436	0.3796	0.3062	0.7226	−0.9221
0.6379	1.6330	0.1551	1.2430	1.3344	1.0448	0.3768	0.3070	0.7213	−0.9307
0.6397	1.6575	0.1567	1.2595	1.3314	1.0404	0.3767	0.3073	0.7199	−0.9332

附表 10　混合缺陷放电归一化的十个特征量

t_{50}	t_{10}	t_d	t_r	Weibull	Fractal	Mean	S_{td}	S_k	K_u
0.6911	1.8940	0.1341	1.7402	2.7249	1.1127	0.4523	0.1852	0.8835	−0.3674
0.6699	1.8712	0.1345	1.7175	2.6141	1.1245	0.4445	0.1907	0.8869	−0.4208
0.7428	1.7923	0.1335	1.6398	3.0950	1.1368	0.4846	0.1726	0.8393	−0.3161
0.7032	1.7825	0.1339	1.6275	2.7775	1.1095	0.4596	0.1843	0.8662	−0.3739

t_{50}	t_{10}	t_d	t_r	Weibull	Fractal	Mean	S_{td}	S_k	K_u
0.7483	1.8121	0.1326	1.6595	3.0290	1.1201	0.4819	0.1759	0.8310	−0.3556
0.7733	1.7677	0.1330	1.6147	3.1877	1.1266	0.4937	0.1706	0.7901	−0.3300
0.7441	1.7925	0.1346	1.6403	3.0485	1.1109	0.4786	0.1739	0.8068	−0.3878
0.7191	1.8023	0.1347	1.6488	2.8922	1.1097	0.4662	0.1790	0.8422	−0.3676
0.7072	1.7695	0.1356	1.6148	2.7638	1.1080	0.4577	0.1846	0.8551	−0.3914
0.7339	1.7600	0.1340	1.6078	3.0372	1.1204	0.4787	0.1742	0.8373	−0.3418
0.7204	1.7551	0.1347	1.6002	2.7740	1.1171	0.4639	0.1865	0.8510	−0.4225
0.7579	1.8428	0.1339	1.6892	3.0687	1.1136	0.4855	0.1750	0.8105	−0.3801
0.7080	1.7449	0.1343	1.5877	2.6433	1.0962	0.4544	0.1923	0.8724	−0.4100
0.7156	1.7522	0.1327	1.6003	2.8935	1.1396	0.4699	0.1803	0.8678	−0.3783
0.7588	1.7650	0.1332	1.6131	3.1387	1.1254	0.4877	0.1712	0.8220	−0.3283
0.7407	1.8006	0.1346	1.6479	3.0548	1.1139	0.4779	0.1729	0.8123	−0.3443
0.7581	1.8063	0.1344	1.6528	3.0659	1.1110	0.4831	0.1744	0.7973	−0.3851
0.7446	1.7780	0.1336	1.6254	3.0594	1.1263	0.4814	0.1741	0.8123	−0.3763
0.7354	1.7991	0.1332	1.6446	2.9038	1.1071	0.4750	0.1816	0.8418	−0.3876
0.7044	1.7386	0.1357	1.5845	2.7988	1.1057	0.4585	0.1826	0.8353	−0.4121
0.7615	1.7585	0.1331	1.6046	3.0605	1.1133	0.4864	0.1758	0.8055	−0.3857
0.7717	1.7921	0.1320	1.6390	3.1694	1.1162	0.4933	0.1716	0.7960	−0.3403
0.7299	1.7826	0.1333	1.6286	2.9479	1.1180	0.4739	0.1781	0.8262	−0.3591
0.7326	1.8140	0.1341	1.6606	2.9133	1.1166	0.4713	0.1795	0.8357	−0.3710
0.7759	1.8275	0.1330	1.6716	3.0060	1.1011	0.4943	0.1822	0.7990	−0.4510
0.8229	1.8913	0.1332	1.7329	2.9489	1.1063	0.5013	0.1889	0.7529	−0.5191
0.6590	1.7614	0.1346	1.6064	2.4995	1.1087	0.4343	0.1958	0.8905	−0.4398
0.7119	1.7759	0.1346	1.6206	2.7698	1.1075	0.4632	0.1865	0.8475	−0.4266
0.7188	1.8822	0.1323	1.7253	2.7495	1.1094	0.4675	0.1895	0.8704	−0.3991

附表 11　内部气隙放电归一化的十个特征量

t_{50}	t_{10}	t_d	t_r	Weibull	Fractal	Mean	S_{td}	S_k	K_u
0.7359	1.7864	0.1379	1.6334	2.4503	1.1266	0.4564	0.2102	0.7892	−0.6501
0.7515	1.7780	0.1346	1.6120	2.6295	1.1123	0.4752	0.2024	0.7848	−0.5707
0.7589	1.7518	0.1340	1.5909	2.6644	1.0997	0.4779	0.2009	0.7869	−0.5668
0.7527	1.7102	0.1345	1.5506	2.6693	1.0949	0.4737	0.1989	0.7874	−0.5655
0.7487	1.6979	0.1342	1.5377	2.6614	1.0998	0.4742	0.1996	0.7859	−0.5679
0.7365	1.7268	0.1356	1.5663	2.6015	1.0938	0.4676	0.2017	0.7867	−0.5701
0.7666	1.7633	0.1353	1.6066	2.8232	1.1033	0.4833	0.1909	0.7697	−0.5328
0.7346	1.7835	0.1353	1.6301	2.7951	1.1085	0.4705	0.1879	0.7994	−0.5048

t_{50}	t_{10}	t_d	t_r	Weibull	Fractal	Mean	S_{td}	S_k	K_u
0.7845	1.8152	0.1340	1.6604	3.0101	1.1072	0.4932	0.1817	0.7672	−0.4613
0.7697	1.8274	0.1340	1.6731	3.0079	1.1034	0.4885	0.1799	0.7907	−0.4227
0.7423	1.7785	0.1335	1.6263	3.0786	1.1157	0.4825	0.1729	0.8386	−0.3079
0.7421	1.7681	0.1381	1.6146	2.4609	1.1093	0.4598	0.2107	0.7996	−0.6348
0.7537	1.8140	0.1339	1.6602	3.0529	1.1115	0.4859	0.1757	0.8163	−0.3413
0.7646	1.7963	0.1332	1.6433	3.0949	1.1146	0.4884	0.1742	0.8190	−0.3419
0.7538	1.8130	0.1333	1.6592	3.0184	1.1133	0.4854	0.1779	0.8183	−0.3651
0.7500	1.7836	0.1343	1.6296	3.0236	1.1106	0.4847	0.1773	0.8114	−0.3578
0.7511	1.8234	0.1326	1.6709	3.1022	1.1292	0.4870	0.1730	0.8417	−0.3049
0.7243	1.8287	0.1341	1.6764	2.9384	1.1205	0.4706	0.1774	0.8558	−0.3277
0.7323	1.8293	0.1339	1.6773	2.9638	1.1127	0.4745	0.1772	0.8590	−0.3345
0.7233	1.7673	0.1343	1.6154	2.9691	1.1145	0.4711	0.1755	0.8614	−0.3106
0.7027	1.8283	0.1345	1.6763	2.9375	1.1102	0.4653	0.1753	0.8685	−0.2879
0.7281	1.8250	0.1338	1.6733	3.0076	1.1134	0.4750	0.1745	0.8620	−0.3041
0.7728	1.7676	0.1375	1.6151	2.6727	1.1248	0.4776	0.2004	0.7713	−0.6006
0.7339	1.8257	0.1331	1.6738	3.0190	1.1140	0.4785	0.1750	0.8612	−0.2973
0.7355	1.8034	0.1327	1.6503	3.0771	1.1131	0.4823	0.1727	0.8434	−0.2839
0.7162	1.8235	0.1342	1.6716	2.9290	1.1197	0.4675	0.1767	0.8705	−0.3046
0.7328	1.7533	0.1330	1.6017	3.1062	1.1141	0.4813	0.1705	0.8634	−0.2507
0.7385	1.7522	0.1334	1.6003	3.1624	1.1195	0.4872	0.1692	0.8471	−0.2330
0.8156	1.6635	0.1324	1.5094	3.1685	1.1174	0.5035	0.1756	0.7646	−0.4266

附表 12　悬浮电位放电归一化的十个特征量

t_{50}	t_{10}	t_d	t_r	Weibull	Fractal	Mean	S_{td}	S_k	K_u
0.8049	1.7778	0.1667	1.5518	2.4323	1.1065	0.4825	0.2237	0.7071	−0.7536
0.8753	1.7868	0.1675	1.5900	2.5938	1.1160	0.5021	0.2181	0.6261	−0.7917
0.8340	1.7707	0.1682	1.5749	2.5939	1.1184	0.4933	0.2136	0.6727	−0.6927
0.8605	1.8120	0.1660	1.6179	2.6942	1.1123	0.5027	0.2095	0.6632	−0.6890
0.8393	1.7786	0.1666	1.5822	2.5890	1.1091	0.4942	0.2149	0.6667	−0.7474
0.6685	1.7623	0.1649	1.5570	2.1534	1.1094	0.4343	0.2293	0.8376	−0.6244
0.6866	1.7394	0.1643	1.5193	2.2589	1.1048	0.4456	0.2238	0.8002	−0.6709
0.7980	1.7838	0.1684	1.5561	2.3512	1.1236	0.4760	0.2284	0.7028	−0.7564
0.8804	1.7844	0.1680	1.5890	2.7017	1.1220	0.5079	0.2109	0.6243	−0.7038
0.8466	1.7305	0.1327	1.5789	2.7480	1.1271	0.5002	0.2037	0.6853	−0.6230
0.8705	1.7710	0.1326	1.6194	2.6985	1.1349	0.4964	0.2066	0.6656	−0.7178
0.7544	1.7577	0.1673	1.5300	2.3672	1.1067	0.4765	0.2271	0.7182	−0.7484

续表

t_{50}	t_{10}	t_d	t_r	Weibull	Fractal	Mean	S_{td}	S_k	K_u
0.8854	1.7642	0.1678	1.5672	2.6774	1.1143	0.5058	0.2122	0.6247	−0.7342
0.8667	1.7686	0.1675	1.5727	2.6790	1.1227	0.5057	0.2121	0.6370	−0.7352
0.8409	1.7137	0.1676	1.5182	2.6578	1.1169	0.4996	0.2112	0.6487	−0.7139
0.8451	1.8056	0.1674	1.6094	2.6031	1.1134	0.4975	0.2148	0.6668	−0.7271
0.8356	1.7825	0.1670	1.5825	2.5336	1.1069	0.4935	0.2191	0.6864	−0.7346
0.9095	1.7172	0.1668	1.4921	2.7826	1.1211	0.5181	0.2091	0.5873	−0.7295
0.8826	1.7849	0.1326	1.6328	2.7334	1.1208	0.5101	0.2093	0.6387	−0.7035
0.8884	1.7827	0.1327	1.6304	2.7418	1.1299	0.5086	0.2082	0.6429	−0.7195
0.8452	1.8353	0.1678	1.6079	2.5866	1.1201	0.4979	0.2162	0.6692	−0.7284
0.8834	1.8047	0.1677	1.6076	2.7682	1.1152	0.5134	0.2077	0.6339	−0.6725
0.8014	1.7947	0.1676	1.5677	2.4919	1.1089	0.4858	0.2193	0.7276	−0.6983
0.8834	1.8047	0.1677	1.6076	2.7682	1.1152	0.5134	0.2077	0.6339	−0.6725
0.8834	1.8047	0.1677	1.6076	2.7682	1.1152	0.5134	0.2077	0.6339	−0.6725
0.8792	1.8160	0.1330	1.6653	2.8872	1.1412	0.5078	0.1968	0.6295	−0.6370
0.7642	1.7788	0.1664	1.5520	2.4093	1.1092	0.4829	0.2262	0.7019	−0.7771
0.8162	1.7611	0.1669	1.5635	2.5209	1.1139	0.4905	0.2191	0.6823	−0.7433
0.8494	1.7286	0.1667	1.5029	2.5822	1.1102	0.4964	0.2163	0.6679	−0.7482

附表 13　沿面放电归一化的十个特征量

t_{50}	t_{10}	t_d	t_r	Weibull	Fractal	Mean	S_{td}	S_k	K_u
0.7137	1.5676	0.1349	1.4259	3.7248	1.1797	0.4631	0.1329	0.9081	0.6762
0.7400	0.0819	0.0159	0.0610	3.8555	1.1796	0.4768	0.1303	0.9429	1.1331
0.6678	1.7004	0.1356	1.5592	3.8104	1.1760	0.4514	0.1257	0.9179	1.0522
0.6988	1.8281	0.1356	1.6868	3.8283	1.1700	0.4564	0.1270	0.8852	0.8597
0.7064	1.8213	0.1350	1.6799	3.7598	1.1951	0.4613	0.1306	0.8913	0.9279
0.7190	1.8323	0.1353	1.6910	3.9111	1.1735	0.4674	0.1267	0.8866	0.9310
0.6449	1.7704	0.1356	1.6292	3.5959	1.1783	0.4408	0.1319	0.8844	0.6909
0.6853	1.8218	0.1355	1.6808	3.8562	1.1738	0.4538	0.1250	0.8991	0.9691
0.7275	1.8040	0.1349	1.6623	3.8442	1.1826	0.4683	0.1294	0.8940	0.8860
0.6971	1.7582	0.1356	1.6171	3.7678	1.1741	0.4527	0.1286	0.8642	0.7571
0.6607	1.8273	0.1355	1.6862	3.7146	1.1865	0.4462	0.1283	0.9064	0.8792
0.7263	1.6025	0.1333	1.4602	3.6430	1.1887	0.4698	0.1375	0.9413	0.7746
0.6421	1.7846	0.1358	1.6434	3.7907	1.1837	0.4476	0.1257	0.9159	0.9463
0.7277	1.8345	0.1351	1.6932	3.8336	1.1744	0.4672	0.1300	0.8714	0.7437
0.6793	1.8280	0.1358	1.6868	3.7468	1.2012	0.4490	0.1279	0.8954	0.8623
0.6883	1.7886	0.1352	1.6476	3.8110	1.1795	0.4599	0.1282	0.9029	0.9442
0.8602	1.6399	0.1345	1.4899	3.3025	1.1418	0.5103	0.1691	0.7654	−0.0884

续表

t_{50}	t_{10}	t_d	t_r	Weibull	Fractal	Mean	S_{td}	S_k	K_u
0.8517	1.7118	0.1343	1.5620	3.3127	1.1394	0.5068	0.1674	0.7722	−0.0722
0.8491	0.0492	0.0187	0.0250	3.5125	1.1604	0.5048	0.1561	0.7733	0.0928
0.6883	1.7886	0.1352	1.6476	3.8110	1.1795	0.4599	0.1282	0.9029	0.9442
0.8603	1.7906	0.1340	1.6451	3.4342	1.1470	0.5154	0.1636	0.7653	−0.0462
0.6563	1.4554	0.1343	1.3138	3.5026	1.1631	0.4487	0.1369	1.0001	0.8509
0.8185	1.8371	0.1676	1.6518	3.1136	1.1420	0.4815	0.1707	0.7830	−0.2046
0.8128	1.7812	0.1677	1.5951	3.0240	1.1420	0.4764	0.1745	0.7793	−0.2708
0.6908	1.5737	0.1344	1.4323	3.7437	1.1749	0.4610	0.1295	0.9946	1.3261
0.7072	0.0313	0.0159	0.0104	3.9074	1.1698	0.4651	0.1249	0.9697	1.3124
0.6947	0.0819	0.0159	0.0611	3.9069	1.1863	0.4591	0.1230	0.9902	1.4332
0.6885	1.8412	0.1343	1.7003	3.7293	1.1633	0.4572	0.1300	0.9405	1.0581
0.6930	1.7511	0.1351	1.6101	3.8606	1.1679	0.4586	0.1247	0.9741	1.3457

附表 14　金属颗粒放电归一化的十个特征量

t_{50}	t_{10}	t_d	t_r	Weibull	Fractal	Mean	S_{td}	S_k	K_u
0.7117	1.7622	0.1339	1.6195	3.5715	1.1840	0.4615	0.1389	0.9111	0.5524
0.6815	1.7765	0.1345	1.6336	3.3478	1.1745	0.4484	0.1457	0.8966	0.2750
0.6263	1.7626	0.1349	1.6185	2.9740	1.1681	0.4298	0.1598	0.9154	0.0197
0.6508	1.7564	0.1349	1.6138	3.2160	1.1757	0.4345	0.1478	0.9144	0.2314
0.6530	1.7765	0.1346	1.6333	3.1662	1.1738	0.4369	0.1512	0.9217	0.1966
0.6528	1.7703	0.1343	1.6279	3.2647	1.1907	0.4410	0.1474	0.9229	0.2633
0.6154	1.7492	0.1345	1.6062	2.9650	1.1728	0.4212	0.1571	0.9374	0.0638
0.6244	1.7608	0.1341	1.6178	3.0286	1.1740	0.4308	0.1569	0.9271	0.0607
0.6206	1.7715	0.1348	1.6290	3.1274	1.1772	0.4280	0.1503	0.9247	0.1726
0.5839	1.6540	0.1363	1.5118	2.8811	1.1615	0.4000	0.1547	0.9246	−0.0005
0.6056	1.7548	0.1351	1.6132	3.1550	1.1817	0.4213	0.1465	0.9318	0.2367
0.6221	1.7704	0.1359	1.6288	3.5288	1.1765	0.4360	0.1336	0.9010	0.5005
0.5809	1.7630	0.1353	1.6210	2.8576	1.1828	0.4015	0.1561	0.9731	0.1272
0.5777	1.7401	0.1349	1.5984	2.9348	1.1844	0.4039	0.1520	1.0088	0.2920
0.6133	1.7311	0.1351	1.5893	3.2157	1.1853	0.4267	0.1449	0.9419	0.3143
0.5798	1.6994	0.1354	1.5578	2.9486	1.1782	0.4043	0.1516	0.9814	0.1968
0.6117	1.7610	0.1350	1.6196	3.3406	1.1869	0.4304	0.1398	0.9441	0.4687
0.5548	1.7135	0.1360	1.5722	3.0100	1.1897	0.3925	0.1436	1.0317	0.4168
0.6158	1.7468	0.1355	1.6055	3.4177	1.1800	0.4313	0.1367	0.9520	0.4814
0.6236	1.7459	0.1359	1.6043	3.5609	1.1816	0.4374	0.1324	0.9160	0.5750
0.5781	1.7559	0.1345	1.6141	2.9424	1.1885	0.4079	0.1526	1.0362	0.3698
0.7217	1.7289	0.1336	1.5861	3.5498	1.1887	0.4660	0.1414	0.8989	0.4666

续表

t_{50}	t_{10}	t_d	t_r	Weibull	Fractal	Mean	S_{td}	S_k	K_u
0.5649	1.7365	0.1349	1.5951	2.8802	1.1857	0.3982	0.1530	1.0266	0.3050
0.5876	1.7236	0.1339	1.5811	2.8682	1.1907	0.4108	0.1584	1.0234	0.2352
0.6073	1.7537	0.1338	1.6120	3.1728	1.1828	0.4291	0.1473	1.0154	0.4389
0.6103	1.7497	0.1345	1.6082	3.2429	1.1915	0.4268	0.1430	0.9890	0.4763
0.6464	1.7553	0.1345	1.6135	3.3464	1.1867	0.4386	0.1419	0.9618	0.4758
0.7153	1.7614	0.1338	1.6187	3.5889	1.1770	0.4644	0.1391	0.9022	0.5300
0.7243	1.7540	0.1338	1.6113	3.5843	1.1966	0.4653	0.1397	0.8940	0.4888

附表 15　IRIS 数据集

序号	x_1	x_2	x_3	x_4	序号	x_1	x_2	x_3	x_4	序号	x_1	x_2	x_3	x_4	序号	x_1	x_2	x_3	x_4
1	5.1	3.5	1.4	0.2	29	5.2	3.4	1.4	0.2	57	6.3	3.3	4.7	1.6	85	5.4	3.0	4.5	1.5
2	4.9	3.0	1.4	0.2	30	4.7	3.2	1.6	0.2	58	4.9	2.4	3.3	1.0	86	6.0	3.4	4.5	1.6
3	4.7	3.2	1.3	0.2	31	4.8	3.1	1.6	0.2	59	6.6	2.9	4.6	1.3	87	6.7	3.1	4.7	1.5
4	4.6	3.1	1.5	0.2	32	5.4	3.4	1.5	0.4	60	5.2	2.7	3.9	1.4	88	6.3	2.3	4.4	1.3
5	5.0	3.6	1.4	0.2	33	5.2	4.1	1.5	0.1	61	5.0	2.0	3.5	1.0	89	5.6	3.0	4.1	1.3
6	5.4	3.9	1.7	0.4	34	5.5	4.2	1.4	0.2	62	5.9	3.0	4.2	1.5	90	5.5	2.5	5.0	1.3
7	4.6	3.4	1.4	0.3	35	4.9	3.1	1.5	0.2	63	6.0	2.2	4.0	1.0	91	5.5	2.6	4.4	1.2
8	5.0	3.4	1.5	0.2	36	5.0	3.2	1.2	0.2	64	6.1	2.9	4.7	1.4	92	6.1	3.0	4.6	1.4
9	4.4	2.9	1.4	0.2	37	5.1	3.5	1.3	0.3	65	5.6	2.9	4.7	1.4	93	5.8	2.6	4.0	1.2
10	4.9	3.1	1.5	0.1	38	4.9	3.6	1.4	0.1	66	6.7	3.1	4.4	1.4	94	5.0	2.3	3.3	1.0
11	5.4	3.7	1.5	0.2	39	4.4	3.0	1.3	0.2	67	5.6	3.0	4.5	1.5	95	5.6	2.7	4.2	1.3
12	4.8	3.4	1.6	0.2	40	5.1	3.4	1.5	0.2	68	5.8	2.7	4.1	1.0	96	5.7	3.0	4.2	1.2
13	4.8	3.0	1.4	0.1	41	5.0	3.5	1.3	0.3	69	6.2	2.2	4.5	1.5	97	5.7	2.9	4.2	1.3
14	4.3	3.0	1.1	0.1	42	4.5	2.3	1.3	0.3	70	5.6	2.5	3.9	1.1	98	6.2	2.9	4.3	1.3
15	5.8	4.0	1.2	0.2	43	4.4	3.2	1.3	0.2	71	5.9	3.2	4.8	1.8	99	5.1	2.5	3.0	1.1
16	5.7	4.4	1.5	0.4	44	5.0	3.5	1.6	0.6	72	6.1	2.8	4.0	1.3	100	5.7	2.8	4.1	1.3
17	5.4	3.9	1.3	0.4	45	5.1	3.8	1.9	0.4	73	6.3	2.5	4.9	1.5	101	6.3	3.3	6.0	2.5
18	5.1	3.5	1.4	0.3	46	4.8	3.0	1.4	0.3	74	6.1	2.8	4.7	1.2	102	5.8	2.7	5.1	1.9
19	5.7	3.8	1.7	0.3	47	5.1	3.8	1.6	0.2	75	6.4	2.9	4.3	1.3	103	7.1	3.0	5.9	2.1
20	5.1	3.8	1.5	0.3	48	4.6	3.2	1.4	0.2	76	6.6	3.0	4.4	1.4	104	6.3	2.9	5.6	1.8
21	5.4	3.4	1.7	0.2	49	5.3	3.7	1.5	0.2	77	6.8	2.8	4.8	1.4	105	6.5	3.0	5.8	2.2
22	5.1	3.7	1.5	0.4	50	5.0	3.3	1.4	0.2	78	6.7	3.0	5.0	1.7	106	7.6	3.0	6.6	2.1
23	4.6	3.6	1.0	0.2	51	7.0	3.2	4.7	1.4	79	6.0	2.9	4.5	1.5	107	4.9	2.5	4.5	1.7
24	5.1	3.3	1.7	0.5	52	6.4	3.2	4.5	1.5	80	5.7	2.6	3.5	1.0	108	7.3	2.9	6.3	1.8
25	4.8	3.4	1.9	0.2	53	6.9	3.1	4.5	1.5	81	5.5	2.4	3.8	1.1	109	6.7	2.5	5.8	1.8
26	5.0	3.0	1.6	0.2	54	5.5	2.3	4.0	1.3	82	5.5	2.4	3.7	1.0	110	7.2	3.6	6.1	2.5
27	5.0	3.4	1.6	0.4	55	6.5	2.8	4.6	1.5	83	5.8	2.7	3.9	1.2	111	6.5	3.2	5.1	2.0
28	5.2	3.5	1.5	0.2	56	5.7	2.8	4.5	1.3	84	6.0	2.7	5.1	1.6	112	6.4	2.7	5.3	1.9

序号	x_1	x_2	x_3	x_4	序号	x_1	x_2	x_3	x_4	序号	x_1	x_2	x_3	x_4	序号	x_1	x_2	x_3	x_4
113	6.8	3.0	5.5	2.1	123	7.7	2.8	6.7	2.0	133	6.4	2.8	5.6	2.2	143	5.8	2.7	5.1	1.9
114	5.7	2.5	5.0	2.0	124	6.3	2.7	4.9	1.8	134	6.3	2.8	5.1	1.5	144	6.8	3.2	5.9	2.3
115	5.8	2.8	5.1	2.4	125	6.2	3.3	5.7	2.1	135	6.1	2.6	5.6	1.4	145	6.7	3.3	5.7	2.5
116	6.4	3.2	5.3	2.3	126	7.2	3.2	6.0	1.8	136	7.7	3.0	6.1	2.3	146	6.7	3.0	5.2	2.3
117	6.5	3.0	5.5	1.8	127	6.2	2.8	4.8	1.8	137	6.3	3.4	5.6	2.4	147	6.3	2.5	5.0	1.9
118	7.7	3.8	6.7	2.2	128	6.1	3.0	4.9	1.8	138	6.4	3.1	5.5	1.8	148	6.5	3.0	5.2	2.0
119	7.7	2.6	6.9	2.3	129	6.4	2.8	5.6	2.2	139	6.0	3.0	4.8	1.8	149	6.2	3.4	5.4	2.3
120	6.0	2.2	5.0	1.5	130	7.2	3.0	5.8	1.6	140	6.9	3.1	5.4	2.1	150	5.9	3.0	5.1	1.8
121	6.9	3.2	5.7	2.3	131	7.4	2.8	6.1	1.9	141	6.7	3.1	5.6	2.4					
122	5.6	2.8	4.9	2.0	132	7.9	3.8	6.4	2.0	142	6.9	3.1	5.1	2.3					